Groundwater Resources Sustainability,
Management, and Restoration

地下水资源的可持续性、管理和修复

（美）Neven Kresic 著

刘 浩 熊 飞 彭茂林 伍松柏 译
（中）

黄河水利出版社
·郑州·

Neven Kresic

Groundwater resources:sustainability,management,and restoration

ISBN:978 - 0 - 07 -149273 -7

Copyright ⓒ 2009 by The McGraw-Hill Companies,Inc.

All Rights reserved. No part of this publication may be reproduced or transmitted in any form or by any means, electronic or mechanical, including without limitation photocopying, recording, taping, or any database, information or retrieval system, without the prior or written permission of the publisher.

This authorized Chinese translation edition is jointly published by McGraw-Hill Education (Asia) and Yellow River Conservancy Press. This edition is authorized for sale in the People's Republic of China only, excluding Hong Kong, Macao SAR and Taiwan.

Copyright ⓒ 2012 by McGraw-Hill Education (Asia), a division of the Singapore Branch of The McGraw-Hill Companies, Inc. and Yellow River Conservancy Press.

版权所有。未经出版人事先书面许可,对本出版物的任何部分不得以任何方式或途径复制或传播,包括但不限于复印、录制、录音,或通过任何数据库、信息或可检索的系统。

本授权中文简体字翻译版由麦格劳 - 希尔(亚洲)教育出版公司和黄河水利出版社合作出版。此版本经授权仅限在中华人民共和国境内(不包括香港特别行政区、澳门特别行政区和台湾)销售。

版权ⓒ 2012 由麦格劳 - 希尔(亚洲)教育出版公司与黄河水利出版社所有。

本书封面贴有 McGraw-Hill 公司防伪标签,无标签者不得销售。

著作权合同登记号:图字 16 - 2012 - 179

图书在版编目(CIP)数据

地下水资源的可持续性、管理和修复/(美)内文·克雷希克(Kresic,N.)著;熊军等译.—郑州:黄河水利出版社,2013.2

书名原文:Groundwater resources:sustainability,management, and restoration

ISBN 978 - 7 -5509 -0161 -2

Ⅰ.①地… Ⅱ.①克… ②熊… Ⅲ.①地下水资源 - 水资源管理 - 研究 Ⅳ.①P641.8

中国版本图书馆 CIP 数据核字(2012)第 317719 号

出 版 社:黄河水利出版社

地址:河南省郑州市顺河路黄委会综合楼14层 邮政编码:450003

发行单位:黄河水利出版社

发行部电话:0371 - 66026940、66020550、66028024、66022620(传真)

E-mail:hhslcbs@ 126.com

承印单位:河南省瑞光印务股份有限公司

开本:890 mm×1 240 mm 1/32

印张:29.5

字数:850 千字 印数:1—1 800

版次:2013 年 2 月第 1 版 印次:2013 年 2 月第 1 次印刷

定价(上、中、下):70.00 元

目　录

第 4 章　气候变化

4.1　气候变化简介

美国加利福尼亚州水机构协会会长莱斯特·斯诺(Lester Snow)用以下几句话总结了气候、供水和人口增长之间的重要关系。

"科罗拉多河历来就是美国和墨西哥用水户丰富的供水源。随着供水需求的增长,历史上供水源丰富的时代已经结束。在干旱的前 5 年就已出现了水库低水位。内政部已开始着手制定有关缺水的标准。这些情况表明,要了解影响科罗拉多河供水的气候和水文条件,需要一个牢固的科学基础。我们知道,在将来不可避免地会发生干旱,由于气候变化和水文变化的影响,增加了干旱的不确定性,加之由于西南地区人口的快速增长和供水规模的不确定性,因而供水的竞争增大。"

"我支持那些想知道我们目前了解的与科罗拉多河流域的气候和水文相关的不确定性的人士出席这次会议,并将这些不确定性纳入水资源管理决策。在加利福尼亚州,人们越来越重视地区水资源管理综合规划,使我们通过利用资源管理战略的一个多元化的投资组合能够更好地响应水文数据的变化(Snow,2005)。"

自 2005 年以来,发生的几个事件进一步印证了这些话。最值得注意的是,"气候变化"和"全球变暖"这些短语如同联合国政府间气候变化委员会和美国前副总统戈尔先生双双获得 2007 年诺贝尔和平奖那样,已成为世界各地家庭谈论的话题,他们在研究和宣传气候变化影响的许多方面做了大量工作。几乎没有科学的图表,如果有的话,已为媒体广泛转载,并在全球讨论,如图 4.1 所示,展示了上述两方面的情况。该图说明了人类活动(如煤炭燃烧)引起大气中二氧化碳(CO_2)浓度的增加和全球气温的升高。似乎怀疑的人不多,2007 年是南加利福尼亚

州有记录以来最干旱的年份,美国东南部也受到一次灾难性干旱的影

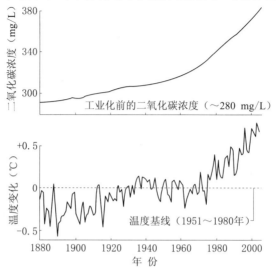

图 4.1　1880 年以来全球气候变化和二氧化碳浓度
(Riebek(2007)供稿)(NASA 图由 Robert simmon 根据美国国家海洋和大
气管理局/美国环境系统研究公司 Tans 博士提供的二氧化碳数据和
美国国家航空航天局哥达德太空研究所提供的温度数据绘制)

响。特大干旱往往激励着政治家、经济学家、水资源专家和广大市民们
在寻求很多有关干旱问题发生原因的答案,尤其是影响供水的气候变
化原因最重要。从这个意义上讲,2007 年可称为社会对水管理和气候
变化进行反思的"完美年"。

4.2　自然气候循环

气候被定义为天气条件,它代表了一个地方,或者一个地区天气变
化的一般模式,包括平均天气条件、自然因素的变异性和极端天气事件
发生的信息(Lutgens 和 Tarbuck,1995)。天气和气候的性质可用基本
要素表示,其中最主要的是:①气温;②空气湿度;③云状和云量;④降
水类型和降水量;⑤气压;⑥风速和风向。这些要素均是变量,用天气

类型和气候类型来描述(Lutgens 和 Tarbuck,1995)。天气和气候的主要区别是在这些基本要素变化的时间尺度上,天气是不断变化的,有时是每小时都在变化,而这些变化在已知时空条件下几乎会形成各种各样的天气条件。相比较而言,气候变化有些微妙,一般只考虑长时段的变化,甚至考虑数百年或更长时间。气候的一个更广泛的定义是:气候是气候系统内部相互作用的结果。它包括大气圈、水圈、岩石圈、生物圈、冰冻圈或积累在地球表面的冰和雪的长期行为。为了充分了解和预测气候系统大气成分的变化,必须了解太阳、海洋、冰盖、固体地球和所有生命的形态(Lutgens 和 Tarbuck,1995)。

有关地球运动和长期气候变化的最重要的理论是在 20 世纪 30 年代由塞尔维亚数学家和天体物理学家、贝尔格莱德大学教授米卢廷·米兰科维奇(Milutin Milankovitch)提出的。这一理论后来被世界各地收集的地质和古气候证据所证实。由塞尔维亚皇家学院发表了他 1941 年在德国撰写的著作——《地球日照原理及其在冰河期理论中的应用》(Kanon der Erdbestrahlung und seine Anwendung auf das Eiszeiten-problem),然而,该著作在很大程度上被国际科学界所忽视。1969 年,该书被美国商务部和华盛顿特区国家科学基金会译成英文"Canon of Insllation of the Earth and its Application to the Problem of the Ice Ages"。1976 年,在《科学》杂志上发表了一项研究报告,分析了深海沉积物芯样,分析发现米兰科维奇理论实际上与气候变化的时期是相符的(Hays 等,1976)。具体来说,作者们将气温变化追溯到 450 000 年的记录进行分析,发现气候的主要变化与地球轨道的几何变化(偏心率、黄赤交角和岁差)有密切关联;在地球轨道变化的不同阶段确实经历过冰河期。自此研究之后,美国国家科学院国家研究委员会已开始使用米兰科维奇周期模型(NRC,1982)。他们认为:"地球轨道变化仍然是最充分地分析数万年时间尺度气候变化的机制,日照变化对地球低层大气的影响是迄今为止研究得最清楚的。"

米兰科维奇对气候变化之谜和气候记录的研究很感兴趣,他注意到了随着时间的推移存在的差异。他推理全球气候变化是由地心倾斜和轨道规律性变化造成的,这些变化改变了行星与太阳的关系,引发了冰期。米兰科维奇已确定地球在其轨道上是摇晃的,并通过仔细测量恒星的位置,应用其他行星和恒星的万有引力计算了地球轨道的缓慢变化。由米兰科维奇量化的如下3个变量称为米兰科维奇周期。

（1）地球轨道的偏心率周期。每90 000～100 000年地球绕太阳旋转的轨道发生变化,其近圆形轨道变得近似椭圆形,使地球离太阳更远。

（2）地球自转轴的倾角或倾斜周期。平均来说,每40 000年地球的赤道平面相对应于其轨道平面的倾角有变化,不是移向北半球就是移向南半球,而远离太阳。

（3）地球的自转轴岁差或偏向。每22 000年其摆动有点变化（地球并不是完全像一个绕轴旋转的车轮,它像一个摆动轴顶一样旋转,即地轴是绕着北极星周围一个小偏角旋转的——译注）。

这3种周期意味着,在某些时期,只有较少的太阳能能抵达地球,致使只有少量的冰雪融化,寒冷使冰冻水大量增长。雪和冰持续更长的时间,并在不同季节开始积累。冰雪将一些阳光反射回太空,这也有助于冷却。气温下降,冰川开始向前推进（Teala Memorial Society of New York ,2007）。

气候受所有这3种周期循环的影响均以若干种方式组合在一起,有时彼此相互影响强烈程度加强,有时则相互作用。米兰科维奇周期对长期气候的一般影响及其目前的状态,将根据美国国家航空航天局的资料在后面作进一步详细介绍（2007,见图4.2）。

地球轨道的偏心率随时间变化缓慢,变化范围几乎为0（圆）～0.07（偏心）。由于地球轨道变得更偏心（椭圆形）,太阳到地球的距离在近日点（最接近）和远日点（离得最远）之间的差越来越大。目前,远日点与近日点的距离差只有3%（5 ×10^6 km）,它出现在每年1月3日左右,而远日点则出现在每年7月4日左右。这种距离差相当于从每年7月到次年1月地球对接收的太阳辐射（日照）能量约增加6%。目前的趋势是偏心率减小。当地球轨道是椭圆时,在近日点比在远日点接收到的日照量多20%～30%,这就造成了与今天所经历的气候差异极大。

今天,地球旋转轴与围绕太阳的轨道面呈 23.5°倾角,平均约

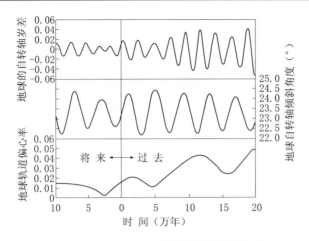

图 4.2　300 000 年米兰科维奇周期计算值

（由 NASA 提供,2007;资料来源于 Berger 和 Loute,1991）

40 000年为一个周期,地球旋转轴的倾角为 22. 1°～24. 5°。由于倾角的变化,季节的气温变化如同大家知道的那样也会增大。倾角越大,季节的气温变化也越大,夏季更热,冬季更冷;倾角越小,季节的气温变化也越小,夏季较凉,冬季就不那么寒冷。夏季凉爽就会使高纬度地区年复一年积雪和积冰,最终形成巨大的冰盖,覆盖着越来越多积雪的地球将更多的太阳能量反射到太空中,造成气候格外的寒冷。目前的趋势是地球旋转轴的倾角在减小。

轴向岁差的变化改变了远日点和近日点的日期,因此在一个半球上,季节性差异增大;而在另一个半球上,季节性差异减小。如果一个半球指向近日点,则季节的差异更为极端。另一个半球的季节影响反过来较小。目前,北半球夏季发生在远日点附近,这意味着北半球季节之间的差异不是太大。气候岁差接近其峰值,这表明季节之间的差异有减小的趋势。

虽然米兰科维奇周期可以解释关于地质时间尺度(数万年以上)的长期气候变化,但是由于其持续时间长,使其成了解释或预测气候变化无效的工具。对于水资源评价与规划具有重要意义的是几十年到几个世纪时间尺度的气候变化。然而,大家可借鉴行之有效的科学的长期气候变化和地质证据,这些证据出现在过去,也将不可避免地出现在未来。米兰科维奇未论述的第 4 个周期,可能将加速地球上自然气候变化－人类活动的加剧。图 4.3 所示为一个可以证明过去海平面比现在低的证据。其加剧的一个原因是,在冰河期累积在陆地上的冰很大程度上在融化,造成重大的全球海平面明显上升。因此,沿海地下含水层的地下水位随之上升,如同喀斯特地区墨西哥尤卡坦半岛的水下溶洞所证明的那样,图中所示的沉积景观只有在洞穴未被淹没时才能清楚可见。当海水位低于现在水位时,尤卡坦就会出现巨大的洞穴系统,其中许多洞穴与这个一样目前已完全充满淡水。

　　天气和气候要素的准确和系统的测量对于全面了解一个地区气候和预测可能影响供水的今后气候变化最为重要。不幸的是,气温和降水的记录、最重要的气候直接测量在欧洲只能追溯到几百年,低于世界其他地区。更糟糕的情况是,河道流量、泉水流量和地下水位的记录,这是淡水水量平衡

图 4.3　洞穴潜水员潜入墨西哥尤卡坦半岛诺霍奇纳赫奇奇被淹没的有丰富沉积物(钟乳石、石笋、流石和地层柱) 的洞穴

(2007,照片由全球水下探测者 David. Rhea 提供)

最重要的二项直接测量指标。尽管气候和水文直接测量指标的时间记录正在不断增加,但是越来越明显的是,收集的统计资料仅有 100 年左右的时间记录,仍然太短,这些统计资料是极端气候事件,是如洪水和干旱更准确的概率分析所必需的。例如,这是在一个雨季时的实测水文记录,1922 年,科罗拉多河公约确定了美国上科罗拉多河和下科罗拉多河之间水资源的基本分配。该公约谈判时,认为该河年均流量约为 259. 031 43 亿 m^3 (21 000 000 acre-ft) (MAF,1 acre-ft = 136. 8 m^3 ,该计算值有误,应为 1 233. 48 m^3 ——译注) 可供分配。该公约规定每个

流域年用水量为 92.511 225 亿 m³（7 500 000 acre-ft），加上下科罗拉多河开发获得的年用水量为 12.334 83 亿 m³（1 000 000 acre-ft）。随后，与墨西哥签订的 1944 年条约，每年向墨西哥提供 18.502 245 亿 m³（1 500 000 acre-ft）水。在此期间，据实测的现有水文资料，在利费里处河流的年均流量约为 185.022 45 亿 m³（15 000 000 acre-ft）（ACWA 和 CRWUAC，2005）。目前，科罗拉多河水量的这种过度分配已造成该地区发生许多政治和社会问题。

据过去 20 年的研究，曾经一度被认为是当地现象的一些气候波动是一个大尺度大气环流的组成部分，周期性地影响全球天气和促成世界不同地区形成长期的大气气候特点。最有名并且研究得最多的是厄尔尼诺和南方振动（ENSO）。几百年前，厄瓜多尔和秘鲁海岸的当地居民将每年出现有规律的圣诞节后的天气事件 El Niño 称为"圣童"（因为它通常出现在圣诞节期间）。持续几周的厄尔尼诺天气事件之后，一股弱且温暖的沿厄瓜多尔和秘鲁海岸向南的逆洋流取代了秘鲁的冷气流。然而，每隔 3～7 年，这股逆洋流就变得异常温暖和强大，并伴生一个位于太平洋中部和东部洋面的大洋暖池，从而影响全球的天气（Lutgens 和 Tarbuck，1995）。

记录上第二强的厄尔尼诺天气事件出现在 1982 年和 1983 年（见图 4.4），世界许多地区发生的各种类型的极端天气都与之有关。秘鲁和厄瓜多尔干旱地区一般都受到了暴雨和洪水的袭击。澳大利亚、印度尼西亚和菲律宾遭受了严重的旱灾，而美国许多地区都经历了有史以来最温暖的冬天，紧接着是一个潮湿的春天。1983 年春天，内华达山脉、犹他州和内华达州山区暴雪导致犹他州和内华达州，以及科罗拉多河沿岸发生泥石流和洪水泛滥。异常降雨给海湾国家和古巴带来洪水。不幸的是，正如鲁特根斯（Lutgens）和塔布克（Tarbuck）（1995）所论述的那样，厄尔尼诺的影响变化极大，这部分影响大小取决于温度和太平洋的大洋暖池。在一次厄尔尼诺发生期间，一个地区可能会遭受洪水淹没，在下次厄尔尼诺事件发生期间，该地区可能只受到干旱的袭击。水管理者恐惧和不断作准备应对的就是此类极端厄尔尼诺事件。美国国家气象局气候预测中心（CPC）、美国国家海洋和大气局设有一

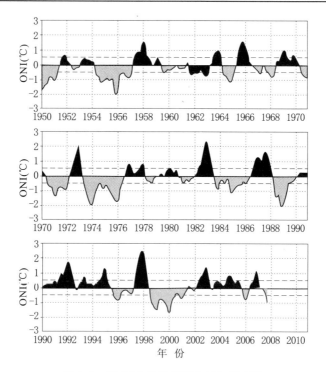

图 4.4   自 1950 年以来的海洋尼诺系数
(ONI) 的变化

(ONI 是监测、评价和预报厄尔尼诺和南方振动(ENSO)的主要度
量指标。正值大于 0.5,一般说明是厄尔尼诺现象;负值低于 -0.5,
一般说明是拉尼娜现象(由 CPC/NCEP 提供资料,2007b))

个微博网页,专用于厄尔尼诺现象和拉尼娜事件的研究和预报(CPC,
2007a)。

对于地表水供水系统来说,洪水和干旱概率是关键的设计要素。
虽然地下水供水系统受极端气候事件的影响要小许多,但由于长期干
旱对水需求的增加,这些供水系统也会承受极大的压力。爱德华兹
(Edwards)和雷德蒙(Redmonds)对美国科罗拉多河流域的讨论表明,
了解和预测供水管理的周期性气候模式是重要的(Edwards 和 Red-
mond,2005)。

　　科罗拉多河河水主要来源于犹他州、怀俄明州和科罗拉多州的高山区流域,流经 7 个州和 2 个国家。加利福尼亚湾距科罗拉多河和格林河源头分别约为 2 414 km(1 500 mi)、2 736 km(1 700 mi)。2 条河约 80% 的流量流入鲍威尔湖,其余水量主要来自圣胡安山脉。科罗拉多河美国境内河段流域面积为 626 780 km^2(242 000 mi^2),该河段高山面积仅占约 1/7,但提供了总流量的约 6/7 的水量。许多下游河段由于自然条件而水量减少。冬季降水大部分来自山脉累积的降雪。春季降水量大,但夏季降水通常微乎其微,虽然影响水的需求,还需改变水的供应方式。因此,气候是对山区影响近一年或十年河水供应的关键因素。

　　厄尔尼诺和南方振动的暖位相,通常给美国西南部带来潮湿、寒冷的冬季,而给太平洋西北及北部落基山脉带来温暖、干燥的冬季。总的来说,美国西南部厄尔尼诺的冬天往往有更多的阴雨天,每个阴雨天可下更多的雨水,雨天更持久。所有这些因素都有利于增加径流量。值得注意的是,非常大或非常小的流量与厄尔尼诺现象和总径流量有密切的关系。厄尔尼诺和南方振动的冷位相,即拉尼娜现象,它与过去 75 年美国西南部干燥、温暖的冬季有密切关系,与西北部湿润、寒冷的冬季关系不大。了解厄尔尼诺和南方振动及其对科罗拉多河流域的影响,对于预测冬季积雪至关重要。到目前为止,北美洲西部气候与 EN-SO 现象的关系似乎局限于冬季,与夏季气候关系甚微或不明确。关系极大的是圣胡安山脉南部的较低盆地,关系变得不太清楚的是再往北对怀俄明州上格林河和温德河山脉的影响明显。

　　在分析科罗拉多河流域气候的基础上,爱德华兹和雷德蒙(2005)作了以下小结:

　　"通过多次重复利用,科罗拉多河河流可为 2 800 万人提供供水,在未来几十年,由于美国西南地区人口继续以最快的速度增加,供水需求也将继续大量增长。该流域通过大量的基础设施系统开发,旨在减缓该地区显著的气候变化。然而,值得注意的是,该系统还没有充分经受过严重气候事件的考验,虽曾经从发生的古气候事件中吸取了教训。尽管该系统并不完善,但仍为最近的干旱提供了一点可实际操作的经验。"

如图 4.5 和图 4.6 所示
为最近几次干旱和水利用对
美国西部最重要的水资源米
德湖的综合影响。该湖形成
于 20 世纪 30 年代,通过胡佛
大坝拦蓄了科罗拉多河河水,
确保了亚利桑那州、内华达
州、加利福尼亚州和墨西哥北
部的稳定供水,该水库是世界
上最大的水库之一。当米德
湖蓄满水时,其容纳的水量大
致相当于流经科罗拉多河 2
年多时间的水量,蓄水量约为

图 4.5　2004 年的米德湖
(美国自然资源保护局安迪·珀尼克供稿)

35.2×10^{12} L(合 9.3×10^{12} gal)。内华达州南部 90% 的水来自米德湖,其放水由内华达州南部水资源管理局管理。当湖水位下降,并预期会低于高程 349 m(1 145 ft)时,水资源管理局宣布进入干旱警戒状态;一旦水位低于 349 m,干旱警戒状态立刻升级为干旱紧急状态。如果湖泊水位小于 343 m(1 125 ft),应立即实施干旱应急计划。每个水位警戒状态都要启动该地区各种控制措施,并加以实施。从限制花园浇水、洗车,城市公园循环喷水和公共场所用水,到采取提高水费办法激励节约用水(Allen,2003)。

在 2007 年 4 月,水位自 1965 年以来第一次下降到 343 m,直至 2007 年 9 月仍维持并低于这一基准。由图 4.6 可知,大约花了 20 年的时间,米德湖湖水位才从 1965 年的低水位得以恢复。正如本章所讨论的,科罗拉多河河水的过度分配,再加上由于人口增长和干旱的影响,给这个天然地下水补给非常少的半干旱到干旱地区的地下水资源增加了额外的压力。

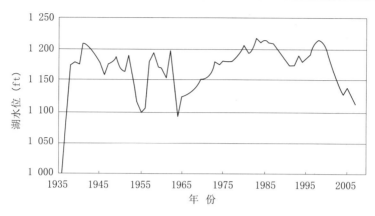

图 4.6　1935～2007 年 9 月米德湖水位

（资料来源 USBR）

4.2.1　干旱

正如美国国家干旱减灾中心（NDMC,2007）所总结的那样,干旱具有一种正常的、经常性的气候特征,虽然许多人错误地认为它是一种罕见的偶然事件。如图 4.7 所示,使人们想起经常发生这样简单的事实。但是,目前的每次干旱可能是有史以来最使人类受影响的事件,因为人们往往会忘却过去那些不愉快的经历,这是可以理解的(由于与一般公众不同,水资源管理人员不期望有这一特征)。当旱灾是历史性的时候,它们可能引发重大的社会变化,并永远影响水资源的利用和管理。例如,根据时间和空间范围,在美国干旱主要为发生于 20 世纪(被认为是)30 年代的沙尘暴,在大平原某些地区历时长达 7 年(见图 4.8)。在约翰·斯坦贝克的小说《愤怒的葡萄》中记述的这次干旱的严重性:"范围之广和时间的漫长,使它导致了数百万人口从大平原迁移到美国西部寻找工作和更好的生活条件。它还极大地改变了农业的方式,包括前所未有的大规模使用地下水灌溉整个大平原和整个美国西部。"

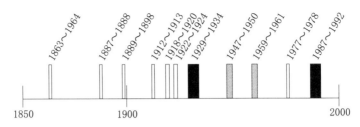

图4.7　1850～2000年加利福尼亚州全州或主要区域发生多个历史干旱期

（1900年前干旱期是用有限资料估算的,资料来源

于 http：//watersupplyconditions. water. ca. gov/. ）

　　虽然干旱已有了定
义,但它却是指在一段
较长的时间内,通常是
一个或更多个季节缺少
降水。缺少降水导致一
些机构、团体或环境部
门缺水。对于在某一特
定地区降水量和蒸发蒸
腾水量平衡的一些长期
平均条件,应该考虑干
旱,即往往被视为"正
常"的一个条件。它也
涉及时间(如干旱发生

**图4.8　在20世纪30年代沙尘暴期间横扫
科罗拉多州地面的一次"滚动"沙尘暴**

（照片由美国自然资源保护局提供）

的主要季节、雨季开始的时间推迟和主要作物生长期发生暴雨)和降
雨效果,如降雨强度和降雨次数。其他气候因素如高温、风和低相对湿
度,这些因素往往与世界许多地区的干旱有关,可能明显地加剧了其严
重性(NDMC,2007)。

　　干旱不应仅被视为一种物理现象或自然事件,它对社会的影响是
由自然事件(降水比预期的少,是自然气候变化的结果)和人们对供水
需求之间的相互作用造成的。人类往往会加剧干旱的影响。最近的干
旱无论在发展中国家和发达国家、经济和环境的影响,以及个人的困苦

都清楚地说明了整个社会对自然灾害的脆弱性(NDMC,2007)。

干旱的两个主要定义是概念性的和操作性的。概念性的定义是在广泛意义上进行的,有助于广大公众认识干旱。例如:"干旱是由于长期缺乏降水而对农作物造成大范围损害,致使产量减少"。概念上的定义对于制定干旱政策也很重要。例如,澳大利亚的干旱政策把了解正常气候变化加进了干旱的定义,当干旱情况超出被视为是正常的风险管理范围时,该国应根据"异常干旱情况"对农民提供财政援助。宣布特大干旱是建立在科学评估的基础上。以前,从政策的角度来看,干旱的定义不是十分地明确,农民也不太理解,澳大利亚半干旱气候地区的一些农户要求每隔几年进行干旱援助(NDMC,2007)。

干旱的操作定义有助于确定干旱的开始、结束以及其严重程度。为了确定干旱的开始,操作定义规定了平均降水或某时段其他一些气候变量的偏离度,这通常是通过将现状与历史平均水平作比较来确定的,它通常是建立在 30 年记录的基础上,被定为干旱开始的阈值(例如,定为指定时间段平均降水量的 75%),通常是有点武断地确定的,而不是建立在具体影响的确切关系上。

对农业干旱的操作定义可将日降水量与蒸发蒸腾量作比较,确定土壤水分耗竭,然后根据干旱对不同阶段作物行为的影响来表达这些关系(即生长和产量)。操作定义也可以用来分析干旱频率、严重程度与某一特定时间历史时期的干旱历时。研究一个地区的干旱气候可更深入地了解干旱的特征和不同严重性程度干旱的发生概率。这类信息非常有助于制订应对干旱和减灾的策略及应急计划(NDMC,2007)。

虽然 20 世纪的主要干旱是 20 世纪 30 年代的沙尘暴和 50 年代的干旱在美国中部产生的最严重的影响,但实际上在整个北美洲也经常发生干旱。1988 年,美国佛罗里达州和俄克拉荷马州以及得克萨斯州同时发生了干旱。佛罗里达州干旱严重时引发森林烧毁面积达192 232.5 hm^2(475 000 acre),造成经济损失 5 亿美元。同年,加拿大经历了 25 年中第 5 个最严重的火灾。从 1998 年开始,连续 3 年创记录的低降雨量困扰着墨西哥北部。1998 年被宣布为 70 年来最严重的旱灾。1999 年的春季是个糟糕的季节,降水量仅为正常降水量的

93%。1999 年墨西哥政府宣布北部 5 个州为灾区,2000 年墨西哥政府宣布 9 个州为灾区。美国西海岸经历了 20 世纪 80 年代后期至 90 年代初的 6 年干旱,致使加利福尼亚州采取积极的节水措施。即使是典型湿润的美国东北部地区在 20 世纪 60 年代也经历了 5 年干旱,致使纽约市水库放水,造成库水仅剩 25%(NCDC(美国国家气候数据中心),2007a)。

　　虽未对加利福尼亚南部和美国东南部 2007 年干旱的影响进行评估,但很明显,干旱对水管理决策有重大影响。例如,加利福尼亚州州长赞成修建大型地面水库,民主党领导的州议会赞成利用地下水和人工含水层补给,因而致使大型供水工程紧急状态投资陷入僵局。

　　干旱是一种自然灾害,其累积影响比其他任何自然灾害对北美洲人民的影响都大(Riebsame 等,1991)。在美国,由于干旱造成的经济损失平均每年达 6 亿~8 亿美元,而 1987~1989 年的 3 年干旱损失则达 390 亿美元,这是美国历史上记录的造成经济损失最严重的自然灾害。在加拿大西部,干旱持续时间不确定性致使农作物保险每年支出超过 1.75 亿美元(NCDC,2007a)。

　　如图 4.9 所示为由美国国家干旱减灾中心确定的 3 种不同干旱类型的概念,叙述如下。

　　农业干旱和气象(或水文)干旱各个特征对农业的影响,侧重于降水短缺、实际蒸发蒸腾和蒸发能力间的差异、土壤水分亏缺、地下水位或水库水位降低等。作物水分需求主要取决于天气条件、具体作物的生物学特性、作物的生长阶段以及土壤的物理特性和生物学特性等。农业干旱的准确定义应该能够解释作物从出苗到成熟不同生长阶段不稳定的敏感性。在种植时,如果表层土壤水分亏缺,则可能会阻碍种子萌芽,导致种植密度低,使每公顷土地的最终产量减少。然而,如果表层土壤水分足以满足植物早期生长的需求且下层土水分随着生长季节的推移得到补充或降雨能满足作物对水的需求,那么即使在作物生长初期阶段下层土水分不足,也可能不会影响作物的最终产量。

　　“水文干旱”涉及降水期(包括降雪)短对地表水或地下水供应的影响(如河道流量、水库、湖泊和地下水位)。水文干旱的频率和严重

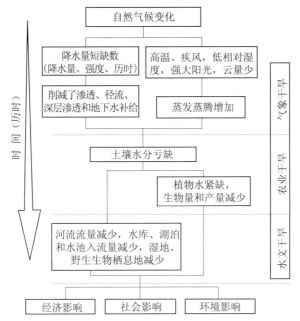

图 4.9　美国国家干旱减灾中心确定的 3 种不同干旱类型的概念
(NDMC 供稿，2007)

程度往往按分水岭或流域尺度来确定。虽然所有干旱都源于降水亏缺，但是水文学家更关心的是如何通过水文系统来体现降水亏缺的问题。水文干旱通常与气象干旱和农业干旱的发生不同时或滞后。对于降水亏缺来说，它需要较长的时间才能以水文系统的一些要素，如土壤水分、径流、地下水位和水库水位等体现出来。因此，这些影响不同于其他经济部门的影响。例如，降水量不足可能迅速导致土壤水分耗尽，这一点农学家几乎可以立即觉察到，不过降水量不足对水库水位的影响在几个月里不会影响水力发电或娱乐活动。因此，水文蓄水系统（例如水库和河流）的水通常用于多种目的和有竞争的目的（例如防洪、灌溉、娱乐、航运、水电和野生动物栖息地），从而致使这些影响进行程序化和量化更加复杂。在干旱期间，这些蓄水系统水需求的竞争逐步升级，水用户之间的冲突显著增加。

　　"社会经济干旱"定义为将经济财物的供应和需求与气象干旱、水文干旱和农业干旱等经济要素联系在一起,它不同于上述类型的干旱,因为其发生取决于供应和需求的时间和空间过程,便于干旱的识别与分类。许多经济物品(如水、饲料、食用的谷物、鱼、水电等)的供应均取决于天气。由于气候的自然变化,在一些年份水供应充足,而在其他年份则无法满足人类和生态环境的需求。当与天气有关的供水短缺导致经济物品的需求量超过供应量时,社会经济干旱就会发生。例如,乌拉圭 1988～1989 年的干旱导致水电发电量显著地降低,因为水电站都依赖于河道径流而不是靠蓄水发电。水力发电量的减少需要政府进口价格昂贵的石油,并进一步采取严格的节能措施才能满足国家的电力需求。

在大多数情况下,经济物品的需求会因人口的增长和人均消耗量的增加而增加。供应也可能因生产效率和技术的提高或建水库增加地表水蓄水能力而增加。供应和需求是否都增加,关键因素是两者的相对增加率。需求的增加速度如果超过了供应的速度,干旱的严重性和影响范围会在未来因供应和需求趋势接轨而增加(NDMC,2007)。

与气象、农业、水文干旱有关的影响顺序进一步强调它们之间存在的差异。农业部门通常在干旱开始时第一个受到影响,因为它过度依赖土壤水分的储存。在长期干旱期间,土壤水分会迅速耗竭。如果降水继续不足,那么人们开始依赖其他水源时就会感觉水不足的影响。那些依靠地表水(例如水库和湖泊)和地下水供水的人们通常是最后一个受到影响。持续 3～6 个月的短期干旱对这些部门的影响不大,这取决于水文系统的特性和用水的需求。

当降水恢复正常和气象干旱情况减轻时,在地表水和地下水供水的情况下会恢复这种影响顺序。补充土壤水分储量排第一,其次是河道流量、水库和湖泊,最后是地下水。干旱对农业部门的影响会迅速减小,这是因为农业部门依赖土壤水分,但依赖于蓄存地表水或地下水供应的其他行业,这种影响则会徘徊几个月甚至几年。地下水的用户往往是最后受到干旱的影响,也是最后一个恢复正常供水水平。恢复时期的长短随干旱强度、持续时间和降水量而变化(NDMC,2007)。

4.2.2　干旱指数

干旱指数是指将降水、积雪、河流流量和其他供水指标放在一张易于理解的大图片上进行比较。干旱指数通常是单一的数字,决策时,它比原始数据更有用。用几个指标衡量一个特定时间内降水的多少偏离了历来制定的规范。虽然本质上没有一个主要指数优于其他任何情况下的指数,但一些指数与其他指数相比,更适用于某些用途。例如,帕尔默干旱指数(PDSI 或 The Palmer)就被美国农业部广泛应用于确定拨款时间、提供干旱紧急援助。当处理较大均匀地形的地区时,帕尔默干旱指数是适用的。西方国家多山的地区以及由此产生的复杂区域小气候被发现很有用,可利用其他指数,如地表水供应指数来补充帕尔默干旱指数,该指数考虑了积雪的厚度以及其他独特的条件。海斯(Hayes,2007)详细地论述了各种干旱指数,包括它们的优点和缺点。

美国国家干旱减灾中心使用了一个新指数,即标准化降水指数(SPI),以监测水分供应情况。该指数的一些显著特点是:它确定的发生干旱的季节要早于帕尔默干旱指数,并按照不同的时间尺度来计算。科罗拉多州立大学的麦基(McKee)、多斯肯(Doesken)和克莱斯特(Kleist)在 1993 年为了确定标准化降水指数,了解了降水量不足对地下水、水库蓄水、土壤含水量、积雪和河道流量的不同影响。标准化降水指数旨在量化多种时间尺度的降水不足。时间尺度可反映干旱对不同水资源可利用性的影响。土壤含水条件能适应短期降水异常的情况。地下水、河道流量和水库蓄水能反映长期降水异常的情况。为此,麦基(Mckee)等(1993)计算了 3、6、12、24 个月的时间尺度的标准化降水指数。

任何一个地方的标准化降水指数都可根据设计时段的长期降水记录计算出。长期记录可与一个概率分布拟合,然后将其转换成一个正态分布,使那个地方和设计时段的标准化降水指数均值等于零(Edwards 和 McKee,1977)。SPI 为正值时表示大于中等降水,为负值时表示小于中等降水。由于 SPI 已标准化,因此湿润气候和干旱气候均可用同样的方法表示,湿润期也可利用 SPI 来观测。SPI 值小于 -2 表示严重干旱,大于 2 表示严重湿润情况。

4.2.3　干旱的发生

美国干旱的实测记录大约为 100 年。这些记录概括了 20 世纪的干旱信息,但要重现 20 世纪 30 年代、50 年代和 2000 年的干旱并进行评估,时间太短了。由于连续干旱对社会、经济和生态环境影响的代价较高,所以有必要将 20 世纪和 21 世纪初的严重干旱纳入一个长期的水资源远景管理中,这可以通过古气候记录的干旱,即所谓"代用指标"(Proxies)来实现。在开发出气象记录仪器之前,古气候就是指过去的气候,已在生物和地质系统结构中得到气候变化的验证。各种"代用指标"都记录着有关单季到 10 年、100 年尺度的干旱条件的变化,可为科学家提供短期和长期干旱及快速或缓慢变化的信息。

历史记录,如日记和报纸报道可提供近 200 年(美国中西部和西部)或 300 年(美国东部)有关干旱的详细信息。在大多数地区,树木的年轮记录可追溯到 300 年,有些地区可追溯到几千年。对干旱条件敏感的一些树木,年轮可提供每年树木生长的干旱记录。地质证据可用于那些比树木和历史报导所提供的记录时间更长且没有这些报道的地区,它还包括湖泊沉积物和古生物学的内容以及沙丘(NCDC,2007a)。

湖泊沉积物若按非常频繁的时间间隔采样,则可提供有关发生频率不到 10 年时间长度的相关变化。因为可以通过湖滩沉积物(浴盆状地质环)记录湖泊水位的变化,这些沉积物随着水深或者沉积在湖盆高处(接近湿润条件的中心),或者沉积在湖盆低处(接近干燥条件的中心),则湖水位随着干旱的发生而发生变化。干旱可以增加湖泊的含盐量,也可以使湖内一些小型湖泊栖息生物物种发生变化。花粉粒被水冲入湖泊,并积聚在湖泊沉积物中。湖泊沉积物内不同类型的花粉反映出湖泊周围的植物和有利于植物生长的气候条件。例如,在沉积物中许多的青草花粉变成了鼠尾草花粉,这可以说明一种从湿润到干燥条件的变化(NCDC,2007a)。

通过调查沙丘层可获得更为极端环境变化的资料。在更湿润的条件下,沙丘活跃时,沙层散布在土壤层材料之间。土层扩展需要气候有较长时期的湿润条件,因此此类沙层的变化反映出了气候缓慢的长期变化。

美国西部山区流域有沙丘和具有其他沙丘特点的区域很大,其中大部分已被植被所稳定。沙丘和小沙丘原是干旱期被风吹来的沙沉积而成的,包含有全新世过程中干旱期和干燥度的丰富信息,它是大约10 000年前分布最广的最近冰川期结束后的一个时期。土壤层中穿插有沙层,含有有机物质,可用放射性碳测年龄技术测定年代。由于有沙层这一标识,沙层之间土壤层的年代可归于干旱期类。因为植物和沙丘植被对气候条件的响应有一个滞后期,这个记录在时间尺度上相当粗略,但可以解决通常几百年或更长时间序列的土壤年代。此外,放射性碳测定年代的方法,精度为5%(在全新世时期或略大于此数),这是一个低时间分辨率。然而,最近测定年代的工作采用了光释光测年技术测定沙粒的年龄,可获得过去1 000年的10年尺度分辨率的资料(Woodhouse,2005)。

树的年轮可提供每年或每季度的数据,这些数据可准确断定历年的年代。树轮记录普遍可将断定年代延长300～500年,少数树轮记录甚至可延长数千年。对气候敏感的树木可根据年轮宽度反映气候的变化。因此,树木年轮宽度模式包含了过去气候的记录。生长在干旱地区或半干旱地区和开阔、干燥、朝南山坡上的树木处于缺乏水分状态。这些树木可用于重建气候变量,如降水、河道流量和干旱。重建的过去气候,树木年轮数据可用同年期仪器的记录验证。这个过程产生了一种统计模型,适用于全长度的树木年轮数据,生成一个重建的过去气候。重建只是估计过去的气候,因为基于树木年轮的重建并不能解释仪器记录的所有方差。但重建可以解释仪器记录高达60%～75%的总方差(见图4.10;Woodhouse 和 Lukas,2005)。梅科(Meko)等(1991)和库克(Cook)等(1999)给出了包括案例在内的树木年轮古气候的详细解释。

在美国西部,大量的各种记录中可看到16世纪一个分布范围极广和持续的干旱时期。树木年轮资料记录了整个北美洲西部从墨西哥北

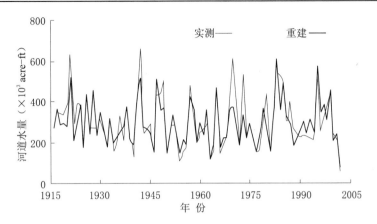

图 4.10　科罗拉多州南普拉特河树木年轮重建的径流与
实测比较/校核期(1916 ~ 2002 年)

(重建过程的方差可解释实测过程,包括极限枯水流量(包括 2002 年)

在内的方差($R^2 = 0.76$)。用于校正偏差的实测流量记录由丹弗·沃

特(Denver Water)提供。伍德豪斯和卢卡斯(Woodhouse 和 Lukas)供稿,2005)

部到加拿大不列颠哥伦比亚省的干旱情况。从萨克拉门托河和布卢里
弗河(在科罗拉多河流域上游)基于树木年轮的河道流量重建气候可
知,在 16 世纪这两个流域的干旱条件相同。这是萨克拉门托河和布卢
里弗河 500 多年重建共同经历和共同有记录的为数不多的干旱期之
一。1580 ~ 1585 年,两个流域有 4 年具有同期干旱条件。从萨克拉门
托河重建气候可知,干旱特别严重,这表明在整个气候重建期(延伸至
公元 869 年)有个最严重的 3 年干旱期,即 1578 ~ 1580 年。除美国西
部外,也有证据证明约在同一时期,大平原西部也发生了严重持续的干
旱,致使科罗拉多沙丘和内布拉斯加沙山发生大范围地移动。

尼(Ni)等(2002)的分析证实了 16 世纪后期百年一遇的干旱,并
显示了亚利桑那州和新墨西哥州也发生了类似早期严重干旱的案例研
究之一。作者们根据美国西南部 19 个树木年轮资料,按亚利桑那州和
新墨西哥州的气候分区把寒冷季节(每年 11 月至次年 4 月)降水重建
一个 1 000 年的气候过程。线性回归模型(LR)和人工神经网络模型
(NN)用以确定寒冷季节树木年轮中的降水标志。依据 1931 ~ 1988 年

的记录,逐步线性回归模型(Stepwise LR Model)采用弃一法(Leave-one-out Procedure)交叉验证,人工神经网络模型采用引导法(Bootstrap Technique)验证。最终模型使用 1896～1930 年的降水资料单独验证。在大多数气候分区中,这两种方法已成功进行了干旱年和正常年份的气候过程重建,人工神经网络模型用来获取大的降水事件和更大变异性似乎要好于线性回归模型。在千年重建气候过程中,人工神经网络模型可生成更独特的湿润事件以及更多的变异性,而线性回归模型可生成更多独特的干燥事件。如图 4.11 所示为亚利桑那州一个气候分区的组合模型(LR+NN)。

根据底图描绘的 21 年的平均降水量移动过程线谈几点看法。在持续干旱期中,可观察到 20 世纪 50 年代干旱的持续时间和降水量少,与其他干旱期进行比较可知,只有两次干旱有点类似于干旱前的多雨时期,即 18 世纪 30 年代的干旱和 17 世纪中叶的干旱。然而,在这两种情况下,持续的低降水量低于 20 世纪 50 年代干旱期间水量,之前的多雨期一般降水量低。15 世纪在经过一个长时期的中等降雨后,没有任何显著的多雨期,但发生了百年不遇的干旱。更糟糕的情况出现在 13 世纪末百年一遇的干旱中,之前在 13 世纪上半叶发生了两次短期的干旱。11 世纪后期和 12 世纪中期也可能比 20 世纪 50 年代的干旱更严重。图 4.11(a)是根据每年的模型模拟结果的,存在 4 个季节均没有任何降水的情况,这种情况发生在 1896～1988 年的观察期,但没有记录。

根据树木年轮记录科罗拉多河流域古径流的最近研究中,梅科(Meko)等(2007)证明了图 4.11 中亚利桑那州中部 12 世纪中叶降水少引起的干旱与利法里处科罗拉多河的流量十分吻合。相应的水文干旱是新重建极端低的频率特征,包括 762～2005 年,特征是 25 年间多年平均流量减少了 15% 以上,在约 60 年的一个较长的时期里未出现大的年均流量。按照大盆地和科罗拉多高原的树木年轮数据推断干旱情况,干旱在发生时间上是一致的,但不同区域的干旱强度不同,在特定流域的古气候数据量化为干旱,它对供水可能造成的影响不可忽视(Meko 等,2007)。

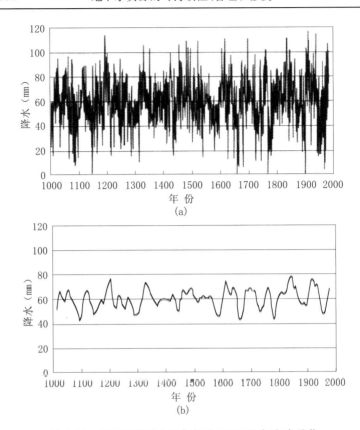

图 4.11 亚利桑那州 5 号气候分区 1 000 年寒冷季节

((a)为每年 11 月至次年 4 月降水重建过程线,(b)为 21 年的平均降水量
移动过程线(原始资料来源于尼(Ni)等,2002))

美国国家海洋和大气局(NOAA)国家气候数据中心建立了一个
根据树木年轮资料重建的加利福尼亚州现有水文气候微博网站(河
道流量、降水和干旱指数)。该网站可显示现有树木年轮年表的位
置,可用于生成更多的水文气候重建。联网可为科罗拉多河流域提
供类似的信息,该流域是加利福尼亚州的主要供水源(http://
www. ncdc. noaa. gov/paleo/streamflow/ca/reconstructions. html)。

4.3　人为气候变化

当对人为原因加快全球气温变暖作出可靠的科学论证时,世界各国政府对此可能不会有任何的怀疑。但一些科学家可能仍然觉得这不是真实的,他们认为,全球温度的上升只是正常的、有大量文献证明的米兰科维奇长期气候变化周期的一部分。很有可能有一些政府,特别是澳大利亚和美国的官方立场会发生变化,这是由联合国政府间气候变化专业委员会在 2007 年提出和公布的一系列报告引起的。

这些报告提供以下微博网址:http://www.ipcc.ch/ipccreports/assessments-repots.htm.,可免费下载。

无可否认,这有助于转移美国广大公众对这项科研工作的关注,这是地球所面临的现实。正如美国国家气象数据中心 2007 年 1 月发布的一份报告所叙述的那样:

据在北卡罗莱纳州阿什维尔的美国国家海洋和大气局以及国家气候数据中心的科学家们称,2006 年是美国本土年均气温是有史以来最暖的一年,几乎相当于 1998 年的气温纪录。在该年有 7 个月的温度超过平均水平,包括 12 月,这是自 1895 年有记录以来第 4 个最暖和的 12 月。根据初步数据统计,2006 年年均气温是 12.8 ℃(55 ℉),高出 20 世纪年均气温 1.2 ℃(2.2 ℉),比 1998 年高出 0.04 ℃(0.07 ℉)。这些值是采用美国 1 200 多个历史气候网站的网络资料进行计算得出的。网络资料主要来自农村网站,对其进行了调整,已消除了城市化、网站和仪器在记录期间发生变化等的人为影响。

美国和全球年均气温都比 20 世纪初的年均气温约高 0.6 ℃(1.0 ℉),近 30 年中气候变暖的速度已加快,自 20 世纪 70 年代中期以来,气候变暖的速度约为 20 世纪的 3 倍。过去 9 年年均气温都很高,均在美国本土有史以来最热的 25 年之中,这一连续气候变暖期是历史上从未有过的。

联合国政府间气候变化专业委员会(IPCC)(2007)证实,在过去的 12 年中 11 年(1995～2006 年)的实测气温排在全球有记录以来(自

1850 年以来)实测地面温度最热的 12 年之中。气温升高是全球各地普遍存在的,北半球高纬度地区气温升高较多,陆地各地区气温比海洋气温升高快。

地球利用来自太阳的辐射能量加热。从长远来看,地球和大气吸收的太阳辐射能量与地球和大气中释放出同量的长波(热)辐射能量平衡。入射的太阳辐射能量中约有一半被地球表面吸收。这种能量使地面空气变暖(热)、水分蒸发蒸腾及云和温室气体(GHGs)吸收的热辐射方式输送给大气。反过来,大气又将热能辐射到地球以及空间中(Kiehl 和 Trenberth,1997)。

热辐射(长波)离开地球(不是辐射回地表),使地球降温。这部分能量被大气中的水蒸气、二氧化碳和其他气体(称为温室气体,因为它具有热捕获能力)吸收,然后辐射到地球表面,使其加热。从总体上看,这些热能的重新被吸收和再辐射过程是有益的。如果大气中没有温室气体和云,地球表面的年均温度将是很低的 – 18 ℃ (0 ℉),非常寒冷,而不是今天令人舒适的温度 15 ℃ (59 ℉) 了(Riebek,2007)。

温室气体和大气微粒在大气中的浓度、土地覆被和太阳辐射的变化都能改变气候系统的能量平衡。由于人类的活动,自 1750 年以来,全球主要温室气体(如二氧化碳(CO_2)、甲烷(CH_4)和氧化亚氮(N_2O))在大气中的浓度显著地增加,已远远超过工业化前的值(该值是根据 65 万年生成的冰核确定的)。二氧化碳是最主要的人为GHGs,1970 ~ 2004 年,每年温室气体的排放量增长约 80% (IPCC,2007)。2000 年后,单位能源的二氧化碳排放量长期下降的趋势有所逆转,能源消耗的增加已越过警戒线。二氧化碳浓度的增加主要是由于矿物燃料的使用,土地的使用也有影响,但其影响较小。很有可能,所观察到的甲烷浓度的增加主要是由于农业和化石燃料的使用。自20 世纪 90 年代初以来,甲烷浓度的增长率下降,与这一时期几乎保持不变的排放总量(人为和自然排放源的总和)相符合。氧化亚氮浓度的增加主要是由于农业的发展(IPCC,2007)。

大气中二氧化碳浓度和温度升高相关(见图 4.1)的观测,以及参与联合国政府间气候变化专业委员会研究分析的数百名科学家一致支持这一理论,温室气体使全球气候变暖。1906～2006 年,地球表面平均温度上升了 0.74 ℃。20 世纪后半叶,北半球的平均温度极可能比近 500 年的其他任何 50 年期间的都高,并可能至少是过去1 300年中最高的。

与气候变暖相符,由于受热膨胀、冰川和冰盖以及极地冰盖融化的影响,自 1961 年以来,全球平均海平面按 1.8(1.3～2.3)mm /a 的速度上升;自 1993 年以来,全球平均海平面按 3.1(2.4～3.8)mm /a 的速度上升。自 1978 年以来,两半球的世界山地冰川和积雪已退缩,北极海冰范围每 10 年萎缩 2.7%,在夏天观察到其范围有较大的缩减(平均每 10 年缩减 7.4%,缩减范围为 5.0%～9.8%)IPCC,2007)。

正如联合国政府间气候变化专业委员会发布的 2007 年报告,卫星发回的新数据和地面观测数据显示,冰融化的速度比原先估计的更快。特别值得关注的进程之一是,在大陆冰川底部已加速形成了一些融水基底流(见图 4.12)。基底可能造成加快冰川的融化和退缩,并使其加快滑动滑入海洋。这意味着全世界观测

图 4.12　基底冰川水流流入美国阿拉斯加靠近苏厄德附近的阿拉斯加湾
(基底流可能加速冰流量(照片由 Jeff. Manuszak 提供))

到的海平面上升速度可能比全球变暖的各种模型预测速度更快。积雪和冰盖退缩越快,也会使全球变暖更快,因为只有少量的太阳能反射回大气中。

天气干旱已受到全球变暖的影响,例如,联合国政府间气候变化专业委员会作出了以下报告:

(1)1900～2005 年,北美、南美、欧洲北部、亚洲北部和中部地区降

水量显著增加,但在撒哈拉沙漠以南、非洲、地中海、非洲南部和亚洲南部部分地区降水量却有所下降。从全球来看,自 20 世纪 70 年代以来受干旱影响的地区数量增加。

(2)极有可能的是,在过去 50 年里,寒冷的白天、夜晚和霜冻在大多数陆地地区已不多见,但炎热的白天和夜晚越来越多。

(3)热浪在大多数陆地地区更加频繁地发生,大多数陆地地区强降水事件的发生频率增加,并自 1975 年以来全球海平面普遍升高。

(4)据观测,自 1970 年以来,北大西洋的强热带气旋活动增加,而其他地方增加的证据有限。

联合国政府间气候变化专业委员会项目利用各种建模情况作出最佳估计,到 21 世纪末,年均地表温度可能上升 1.8 ~ 4 ℃。考虑到建模的不确定性,年均地表温度变化范围可能为 1.1 ~ 6.4 ℃(IPCC,2007)。这是因为采用了环境友好技术,例如,燃料电池和太阳能电池板取代今天矿物燃料的最好情况所作的保守估计。

正如里埃贝克(Riebek)(2007)所论述的那样,这些数字乍看起来似乎没有什么威胁,但每当风暴来临时,温度通常改变了几十摄氏度。然而,这样的温度变化代表了日复一日的区域气温波动。当把全球长期的地表年温度平均时,结果是平均值非常稳定。自 20 000 年以前的最后一个冰河时代结束以来,当地球温度每升高约 5 ℃,年均地表温度急剧变化范围为 1.1 ~ 6.4 ℃,因此可见,对 21 世纪温度的预测似乎是合理的。

联合国政府间气候变化专业委员会模型预测区域尺度的变化如下:

(1)在陆地和北半球大部分高纬度地区气候变暖温度升高的最多,南大洋和部分北大西洋气候变暖温度升高的最小,最近观察到的情况是,冰雪覆盖面积收缩,大部分多年冻土区融化深度加深,海冰面积减小。据预测,到 21 世纪末,北极夏末的海冰几乎完全消失。

(2)极端炎热,热浪和暴雨的频率可能增加。

(3)热带气旋强度可能增加。

(4)特大热带风暴的路径随着风、降水和温度模式的相继变化而横向移动。

（5）在高纬度地区,降水增加;在大多数亚热带陆地地区,降水减少。正在继续观察最近的发展趋势。

尤其令人震惊的是,有一些突然的或不可逆转的变化可能性,这些变化不能用各种模型进行模拟或证明模型模拟之间的不一致,但也不能将其排除。根据联合国政府间气候变化专业委员会称,有以下几种突变情况:

（1）极地冰盖部分消失可能意味着海平面上升了几米,主要是海岸线的重大变化和低洼地区被淹没,对河流三角洲和低洼岛屿的影响最大。据目前预估,这种变化发生在千年时间尺度上,但不能排除百年时间尺度上海平面上升更快的可能性。

（2）格陵兰冰盖的收缩,预计2 100年后海平面将继续上升。目前的模型模拟格陵兰冰盖完全消融,如果在千年内全球持续变暖,使气温超过工业化前的1.9～4.6 ℃,则海平面将上升约7 m。根据当地古气候资料,当极地冰减少和海平面上升4～6 m时,格陵兰岛未来的气温将可与125 000年前末次间冰期的气温类似。然而,像南极的情况那样,如果动态冰流量主导了冰盖的质量平衡,那么冰层的净亏损可能会发生的更快(见图4.12)。

（3）有媒体相信,如果全球平均气温升高超过1.5～2.5 ℃(1980～1999年),那么到目前为止,评估的物种中有20%～30%可能面临灭绝的危险。当全球平均气温上升超过约3.5 ℃时,模型预测显示,世界各地的物种将大量灭绝(评估物种的40%～70%)。

在全球气候模型模拟的基础上,IPCC(2007)很有把握地认为,到21世纪中叶,每年河川径流和水的可获量预计在高纬度地区和热带潮湿地区会增加,而在一些中纬度和热带干燥地区则会减少。很有把握的是,许多半干旱地区(如地中海盆地、美国西部、非洲南部和巴西东北部)由于气候的变化,水资源将减少。如图4.13所示为美国西部冬季变暖的趋势,反映了全球年度温度的变化趋势。在整个地区,气温升高已明显高于冬季的平均气温,特别是在过去的6年,美国西部经历了6年的干旱。

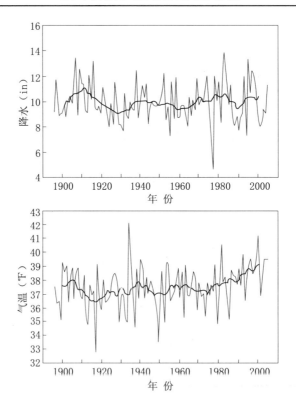

图 4.13　美国西部(11 个州)1895～2005 年每年 10 月
至次年 3 月的降水和气温情况

(粗曲线是 11 年的动态平均值(Edwards 和 Redmond 供稿,
2005;信息来源于西部地区气候中心))

　　冬季气温升高最明显的影响是积雪减少,雪水是美国西部河流径流的主要来源。2004 年,美国地质调查局模拟了气候变化对内华达山脉 3 条河流流域的影响(Dettinger 等,2004)。两条河流流域在"常规模拟"的情况下经历了积雪急剧下降(碳排放量没有削减)。如图 4.14 所示为内华达州 3 条河流流域 4 月的雪水量。美国河流流域平均海拔最低,因此对气候变化的灵敏度最高(Dettinger 等,2004)。美国地质调查局的模型预测,至 2100 年美国河流流域的积雪可忽略不计。积雪减少是因为温度升高造成降雨量占降水量的比例较高,如图 4.15 所示为默塞德河流域的情况所证实的。

美国地质调查局指出,由于全球变暖引起的最重要的水文变化,更多的降雨和早期融雪将会使晚冬或早春(每年3月)河流流量更大。如果早期的融雪幅度逐渐减小,那么在晚春和夏季,当水的需求高时,将导致水资源短缺(Dettinger等,2004)。

联合国政府间气候变化专业委员会(2007)称,一些水文系统已经受到许多冰川和融雪补给河流径流增加和早春洪峰流量的影响。全球变暖也影响变暖河流和湖泊的温度结构和水质。

联合国政府间气候变化专业委员会研究的目标是,建立由于积雪减少、冰川融化、早春径流增加影响世界各地其他山区并导致低海拔地区地表水供应短缺的应对机制产生。最值得注意的是,印度和中国人口最稠密的一些地区供水取决于源自喜马拉雅山脉的大型河流。图4.16所示为全球后退冰川的一瞥。

冬季积雪减少还将影响山间盆地地下水的补给。融雪少、时间短意味着地面水流持续的时间也较短,融雪直接转换成水补给的盆地边缘地下水和通过基岩补给的地下水也少。在山脉和盆地边缘较大比例的降水以降雨的形式立即形成地表水径流。同样,对地下水补给不利的条件就是联合国政府间气候变化专业委员会所作的预测:一些地区的降雨将以暴雨的形式出现而增加,而不是以濛濛细雨的形式出现。在这些较大的风暴期间,将有很长一个时期只有小雨或者无雨,使干旱的频率增加。

气温升高、热浪致使水的需求量增加,加上干旱加大了对地表水和地下水资源的额外压力。水库以及地表河流变暖将导致水质问题的产生,例如水华。温度越高,由于蒸发蒸腾损失的增加导致的地表水、水库水损失越大。蒸发蒸腾量的增加也将影响浅层表土,造成土壤含水量减小。在发生深循环和实际地下水补给前,入渗的降水量大部分将用于满足土壤水分亏缺的需求。在灌溉农业地区,气温升高、热浪和干旱都将增加对水资源的需求,因为要从河流和水库引提或从含水层中抽取更多的水以抵消较高的蒸发蒸腾量和较高的土壤缺水量。

强降水频繁发生,会因浊度增加而造成地面河流水质恶化以及径

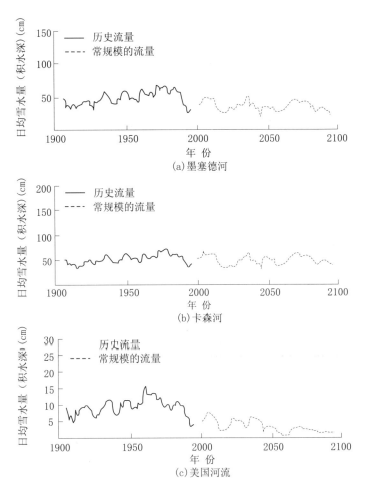

图4.14　美国西部内华达山脉3条河流流域4月1日流域平均雪水量
（Dettinger 等供稿，2004）

流遭受非点源污染。洪水相关影响的增加将会对供水基础设施产生压力以及增加水传播的疾病风险。

海平面上升将导致沿海地区灌溉水、河口和淡水系统咸化，以及海水入侵沿海低洼地区浅水层。此外，居民会从受到持续干旱严重影响

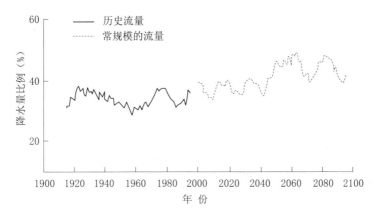

图 4.15 默塞德河流域降雨量占降水量比例

（Dettinger 等供稿，2004）

的干旱和半干旱地区以及受海平面上升影响的沿海低洼地区移民搬迁,这样将会对未受到全球变暖显著影响的其他地区水资源造成压力。

下面给出了一些受到全球变暖大陆规模影响的例子（IPCC,2007）。

（1）非洲。

① 预计到 2020

图 4.16 阿拉斯加山脉东部阿尔派恩山后退冰川

（请注意山前冰川末端的冰碛。一旦冰川完全融化,这些冰川对一个水系的补给将是短暂的(照片由 Jeff. Manuszak 提供)）

年,有 0.75 亿~2.5 亿人由于气候变化而面临日益严重的缺水问题。到 2020 年,一些国家,靠雨水灌溉的农业粮食产量可能减少高达50%。在非洲许多国家,农业生产包括获取食物,预计农业将受到严重损害。这将进一步对粮食生产的可预见性造成不利影响,并加剧这些国家人口的营养不良状况。

②到 21 世纪末,预计海平面上升将影响人口众多的沿海低洼地区。适应成本可能至少达到国内生产总值(GDP)的 5% ~10%。

③根据一系列气候情况,到 2080 年,预计非洲干旱和半干旱地区将增加 5% ~8%。

(2)亚洲。

①21 世纪 50 年代,中亚、南亚、东亚和东南亚,特别是大流域淡水可获量预计将减少。

②亚洲沿海地区,特别是人口居住密度最大的南亚、东亚和东南亚由于海水淹没增加,以及某些大三角洲遭受河流洪水淹没而处于最大风险之中。

③气候变化预计会对自然资源和环境,以及快速城市化、工业化和经济发展造成压力。

④由于预计的水文循环变化,在东亚、南亚和东南亚,预测主要由洪涝和干旱引起的腹泻地方病的发病率和死亡率将增加。

(3)澳大利亚和新西兰。

①到 2020 年,一些生态协调地带,包括大堡礁和昆士兰热带雨林地区,预计生物多样性会明显减少。

②到 2030 年,预计在澳大利亚南部和东部地区,以及新西兰北部地区和东部地区水利用问题将更严重。

③预计到 2030 年,由于干旱和火灾增加,澳大利亚南部和东部许多地区,以及新西兰东部部分地区农业和林业生产将下降,但新西兰的其他一些地区将初步受益。

④到 2050 年,澳大利亚和新西兰一些地区正在进行的沿海开发和人口增长,预计将加剧海平面上升和风暴及沿海洪灾的严重程度以及发生频率增加。

(4)欧洲。

①预计气候变化将使欧洲的天然资源和资产所在区域差异性增大。负面影响将包括内陆山洪暴发风险增加,沿海洪灾更加频繁,侵蚀增加(由于风暴增加和海平面上升)。

②山区将发生冰川后退、积雪,冬季旅游减少,物种大量减少的情况(到 2080 年,一些地区的物种减少将高达 60%)。

③在欧洲南部,预计气候变化将致气候变异本来很敏感的地区产生恶劣的气候条件(高温和干旱),导致其水的供应、水力发电量、夏季旅游减少,在一般情况下,可能会造成农作物产量减少。

④预计气候变化会由于热浪和野火频率的增加而增大对居民健康的危害。

(5)拉丁美洲。

①到 21 世纪中叶,温度升高和土壤水分减少,预计将导致热带森林逐渐被亚马孙河东部的热带稀树草原林所取代,半干旱区的植被会逐渐被干旱地区的植被所取代。

②由于拉丁美洲许多热带地区的物种灭绝,因此生物多样性面临明显减少的危险。

③预计一些主要农作物的产量将减少、畜牧业的生产力将下降,因此粮食安全成为问题。在温带地区,预计大豆的产量将增加。总体而言,预计处于饥饿风险的人数将增加。

④ 降水模式的变化和冰川的消失,预计将显著影响人类在消费、农业、发电方面对水的利用。

(6)北美洲。

①美国西部山区变暖预计会导致积雪减少、冬季洪水更多和夏季流量减少,加剧了水资源过度分配的竞争。

②在 21 世纪最初的几十年中,预计温和的气候变化将使雨水灌溉农业的总产量增加 5% ~20% ,但地区之间的差异性很大。对农作物而言,所面临的主要挑战就是其合适范围的温暖期接近结束,或取决于高度利用的水资源。

③在 21 世纪中叶,遇到热浪的城市有望进一步面临该世纪热浪次数、强度和持续时间增加的挑战,可能对健康造成不良的影响。

④沿海社区和栖息地将越来越多地受到气候变化的影响。

(7)两极地区(北极和南极)。

①主要预测的生态物理影响是:冰川、冰盖和海冰的厚度以及范围减少,掌握自然生态系统对许多生物包括候鸟和哺乳动物的不利影响的变化。

②对于北极地区而言,预计影响特别是积雪和冰条件变化的影响是各式各样的。

③不利影响,包括对基础设施和传统土著生活方式的影响。

④在两极地区,由于阻止物种入侵的气候障碍减少了,预计特定的生态系统和栖息地是脆弱的。

(8)小岛(孤岛)。

①预计海平面上升将加剧淹没、风暴潮、侵蚀和其他沿海灾害,从而对支撑岛屿社区生活的重要基础设施、定居点和政府机关的安全构成威胁。

②预计到 21 世纪中叶,气候变化会使许多小岛的淡水资源减少,如加勒比海和太平洋,以致在降雨少的时期不能满足用水的需求。

最后,作者介绍一下美国国家海洋和大气管理局以及国家气候数据中心(2007)的相关讨论。

气候变化是指较长时期,通常是百年或更长时期在平均气象条件下一般会发生的变化。有时,这些变化可能会更迅速地发生,如几十年的短时段。这样的气候变化往往具有"突变性"的特点。

直到最近,研究气候变化的许多科学家都认为气候系统的变化是缓慢的,并且认为冰冻期和其他重大事件的发生如果不是数百万年,就是数千年。科学家们刚刚开始模拟和验证关于气候突变原因的假说,但只有极少数人进行过利用计算机模型模拟气候突然变化的试验。由于在大气中温室气体的增加和温度继续上升,这些研究工作不仅集中于过去的事件,而且也集中于将来可能发生的突发事件。

关于地球气候发生突然变化的最好研究案例之一是从寒冷的冰冻期变为一个较暖的间冰冷冻期的状态。在持续了约一个世纪的一个短暂时间后,北半球大部分的气温迅速恢复到接近冰川的条件,在那里持续的时间超过 1 000 年,被称为"新仙女木"时期(后以一个小北极花的名字命名)。然后大约 11 500 年前又再次迅速升温。在一些地方,气候的突然变化可能达到10 ℃,并可能10年以上才出现一次(见图4.17)。

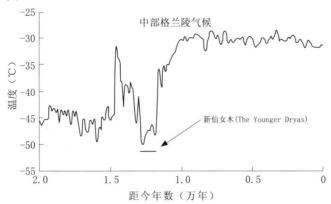

图4.17 20 000年来的地球气候变化情况
(最近冰冻期出现的地球气候始于15 000年前的气候变暖,被称为
"新仙女木"(The Younger Dryas)冷期所打断,此后气候
又突然变暖(NCDC供稿,2007c;原稿来源于Cuffey和Clow,
1997;Alley,2000)

这么大的气候变化将对现代人类社会产生巨大的影响,因此迫切需要更好地提高人们的认识和预测气候突变事件的能力。事实上,这就是一些国家和国际科学倡议的目的。

参考文献

[1] ACWA and CRWUAC (Association of California Water Agencies and Colorado River Water Users Association Conferences) , 2005. Colorado River Basin climate; palco, present, future. Special Publication for ACWA and CRWUAC, 66 p.

[2] Allen, J. , 2003. Drought lowers Lake Mead, 2003. NASA Earth Observatory. Avaialble at: http: // earthobservatory. nasa. gov/Study/LakeMead/. Accessed October 2007.

[3] Alley, R. B. , 2000. The Younger Dryas cold interval as viewed from central Greenland. *Quaternary Science Reviews*, vol. 19, pp. 213-226.

[4] Berger, A. , and Loutre, M. F. , 1991. Insolation values for the climate of the last

10 million years. *Quaternary Science Reviews*, vol. 10, pp. 297-317. Data available at: http://www.ncdc.noaa.gov/paleo/forcing.html#orbital. Accessed December 2007.

[5] Cook, E. R., Meko, D. M., Stahle, D. W., and Cleaveland, M. K., 1999. Drought reconstructions for the continental United States. *Journal of Climate*, vol. 12, pp. 1145-1162.

[6] CPC (Climate Prediction Center), 2007a. El Niño/La Niña Home. National Weather Service. Available at: http://www.cpc.ncep.noaa.gov/products/analysis_monitoring/ lanina/index.html. Accessed December 2007.

[7] CPC (Climate Prediction Center), 2007b. ENSO cycle: Recent evolution, current status and predictions, update prepared by Climate Prediction Center/NCEP, December 24, 2007. National Weather Service. Available at: http://www.cpc.ncep.noaa.gov/products/analysis _ monitoring/lanina/index.html. Accessed in December 2007.

[8] Cuffey, K. M., and Clow, G. D., 1997. Temperature, accumulation, and ice sheet elevation in central Greenland through the last deglacial transition. *Journal of Geophysical Research*, vol. 102, pp. 26383-26396.

[9] Dettinger, M. D., Cayan, D. R., Meyer, M. K., and]eton, A. E., 2004. Simulated hydrologic responses to climate variations and change in the Merced, Carson, and American River Basins, Sierra Nevada, Cahfornia, 1900-2099. *Climatic Change*, vol. 62, pp. 283-317.

[10] Edwards, D. C., and McKee, T. B., 1997. Characteristics of 20th century drought in the United States at multiple time scales. Climatology Report Number 97-2. Colorado State University, Fort Collins, CO.

[11] Edwards, L. M., and Redmond, K. T., 2005. Climate factors on Colorado River Basin water supply. In: Colorado River Basin climate: paleo, present, future. Special Publication for Association of California Water Agencies and Colorado River Water Users Association Conferences, pp. 14-22.

[12] Hayes, M. J., 2007. What is drought? Drought indices. National Drought Mitigation Center, University of Nebraska, Lincoln. Available at: http://www.drought.unl.edu/whatis/what.htm.

[13] Hays, J. D., Imbrie, J., and Shackleton, N. J., 1976. Variations in the earth's orbit: Pacemaker of the ice ages. *Science*, vol. 194, no. 4270, pp. 1121-1132.

[14] IPCC (Intergovernmental Panel on Climate Change), 2007. Summary for policy-makers of the Synthesis Report of the IPCC Fourth Assessment Report; Draft Copy 16 November 2007 [subject to final copyedit]. 23 p. Available at: http: //www. ipcc. ch/. Accessed November 2007.

[15] Kiehl, J. , and Trenberth, K. , 1997. Earth's annual global mean energy budget. *Bulletin of the American Meteorological Society*, vol. 78, pp. 197-206.

[16] Lutgens, F. K. , and Tarbuck, E. J. , 1995. *The Atmosphere*. Prentice-Hall, Englewood Cliffs, NJ, 462 p.

[17] McKee, T. B. , Doesken, N. J. , and Kleist, J. , 1993. The relationship of drought frequency and duration to time scales. Preprints, 8th Conference on Applied Climatology, January 17-22, 1993, Anaheim, CA, pp. 179-184.

[18] Meko, D. M. , Hughes, M. K. , and Stockton, C. W. , 1991. Climate change and climate variability: The paleo record. In: *Managing Water Resources in the West Under Conditions of Climate Uncertainty*. National Academy Press, Washington, DC, pp. 71-100.

[19] Meko, D. M. , Woodhouse, C. A. , Baisan, C. A. , Knight, T. , Lukas, JJ. , Hughes, M. K. , and SaNer, M. W. , 2007. Medieval drought in the upper Colorado River Basin. *Geophysical Research Letters*, vol. 34, L10705, doi:10. 1029/2007GL029988.

[20] Milankovitch, M. , 1941. *Kanon der Erdbestrahlung und seine Anwendung auf das Eiszeitenproblem*. Königlich Serbische Akademie, Belgrad, 626 p.

[21] NASA, 2007. On the shoulders of giants. Milutin Milankovitch (1879-1958). NASA Earth Observatory. Available at: http: // earthobservatory. nasa. gov/Library/Giants / Milankovitch/.

[22] NCDC (National Climatic Data Center), 2007a. North American Drought: A paleo perspective. Available at: http: //www. ncdc. noaa. gov/paleo/drought/drght _home. html. Accessed September 2007.

[23] NCDC (National Climatic Data Center), 2007b. Climate of 2006 in historical perspective. Annual report, 09 January 2007. Available at: http: // www. ncdc. noaa. gov/oa/ climate/research/2006/ann/ann06. html. Accessed February 2007.

[24] NCDC (National Climatic Data Center), 2007c. A paleo perspective on abrupt climate change. Available at: http: //www. ncdc. noaa. gov/paleo/abrupt/story, html. Accessed December 2007.

[25] NDMC (National Drought Mitigation Center), 2007. Understanding and defining drought. Available at: http: // drought. unl. edu/whatis/concept. htm#top. Accessed September 2007.

[26] Ni, F. , et al. , 2002. Southwestern USA linear regression and neural network precipitation reconstructions. International Tree-Ring Data Bank, World Data Center for Paleoclimatology, Boulder, Data Contribution Series #2002-080.

[27] Ni, F. , Cavazos, T. , Hughes, M. K. , Comrie, A. C. , and Funkhouser, G. , 2002. Cool-season precipitation in the southwestern USA since AD 1000: Comparison of linear and nonlinear techniques for reconstruction. *International Journal of Climatology*, vol. 22, no. 13, pp. 1645-1662.

[28] NRC (National Research Council), 1982. *Solar Variability, Weather, and Climate*. National Academy Press, Washington, DC, 7 p.

[29] Riebek, H. , 2007. Global warming. NASA Earth Observatory. Available at: www. earthobservatory. nasa. gov/library / globalwarmingupdate/.

[30] Riebsame, W. E. , Changnon, S. A. , and Karl, T. R. , 1991. *Drought and Natural Resources Management in the United States: Impacts and Implications of the 1987-89 Drought*. Westview Press, Boulder, CO, pp. 11-92.

[31] Snow, L. A. , 2005. Foreword. In: *Colorado River Basin Climate; Paleo, Present, Future*. Special Publication for Association of California Water Agencies and Colorado River Water Users Association Conferences.

[32] Tesla Memorial Society of New York, 2007. Milutin Milankovitch. Available at: http: // www. teslasociety. com/milankovic. htm.

[33] Woodhouse, C. , 2005. Paleoclimate overview. In: *Colorado River Basin Climate; Paleo, Present, Future*. Special Publication for Association of California Water Agencies and Colorado River Water Users Association Conferences, pp. 7-13.

[34] Woodhouse, C. , and Lukas, J. , 2005. From tree rings to streamfiow. In: *Colorado River Basin Climate; Paleo, Present, Future*. Special Publication for Association of California Water Agencies and Colorado River Water Users Association Conferences, pp. 1-6.

第5章　地下水质

5.1　地下水质简介

　　水质是指地表水或者地下水体的化学、物理、生物和放射性状态。本章论述的淡水是指溶解固体总量(TDS)少于1 000 mg/L水体的自然水质及污染情况。对于饮用水和许多工业用水来说,溶解固体总量一般不得超过500 mg/L。但美国环境保护署将用于饮用水的地下水水源定义为水体溶解固体总量少于10 000 mg/L的含水层。因为轻度含盐淡水和含盐地下水的开发日渐受到关注,所以研究不同水源的溶解固体总量浓度差异很重要。

　　地下水质评价是一项非常复杂的工作。地下水质会因人类活动引起的环境污染而受到不利影响或发生退化,也会因自然过程造成地下水体中某些成分含量增加而受影响。例如,当金属从岩体矿物质中通过自然淋滤进入地下水时,地下水的金属含量就会增加。在全球有些类型的含水层和地下水系统中经常会发现高含量的砷和铀。在美国,高含量的砷和铀主要存在于西部各州地下水系统中,其他地方也偶尔会见到砷、铀含量高出饮用水标准的情况。

　　美国环境保护署(2000a)认为,土壤提供了一个保护性滤层或者屏障,阻止了地表污染物向下迁移,还认为土壤能防止地下水受到污染。通过对地下水中农药和其他污染物的检测,发现这些地下水资源确实容易受到污染威胁。污染物影响地下水质的潜在可能性取决于其通过上覆土壤进入下伏地下水的迁移能力。各种物理、化学、生物过程和许多不同因素都会影响污染物从地表迁移到浅层含水层的地下水位面的潜在可能性。而污染物从浅层向深层地下水系的潜在迁移情况也是这样。

　　在过去的水资源管理中,一直将地表水和地下水作为两个独立的系统分别对待。但很显然,这两个系统以各种方式不断相互作用,相互影响,可参见美国地质调查局出版的《地下水与地表水——同一类资源》(Winter 等,1998)。除降雨直接补给外,湖泊、湿地和河流中的水也可补给地下水系统。反之,地下水系统也可给湖泊、湿地和河流补水。地下水为全美河流提供平均 52% 的径流量。在美国地质调查局研究的 24 个地区中,这个比例范围为 14%～90%(Winter 等,1998)。地表水和地下水的相互作用以及营养物和污染物的输移都会影响二者的水质。由于污染不能仅通过控制地下水或地表水得到限制,因此在水质评价中必须把地下水和地表水都考虑进去。在水保护和节水事业中,充分了解它们之间的这种关系至关重要。显然,如地表水保护一样,地下水的保护对于维持水的多种利用,如饮用水供应、鱼类与野生动物栖息地、游泳和垂钓都等非常重要(美国环境保护署,2000a)。

5.2　地下水的自然成分

　　英国地质学会和英国环境署最近编制了一系列报告,记述了英格兰和威尔士主要含水层的地下水基线水质(Neumann 等,2003)。这两个机构将一种物质的基线(本底)浓度定义为:由自然地质、生物或者大气源产生的溶液中存在的某种元素的化学形态或化学物质的浓度范围(在规定系统内)。这项工作旨在建立一项标准,作为判断地下水质的自然变化以及是否发生了人为污染的科学依据。定义地下水质的一个主要难点是,很多地方的基线浓度自古以来已由于人类的定居和农业活动而发生了改变,要想找到一个没有人类活动影响痕迹的地下水(实际上定义为前工业化时代,即 19 世纪之前补给的水)非常困难,这其中有几个原因,例如,由于开采地下水,最初因自然水力学坡降和含水层物理及地球化学过程的自然变化所形成的分层系统发生了混合。因此,从一个曾经处于抽水压力的系统中采集的地下水样,常常表现为最初分层系统的混合物。通过研究原生环境(未受人类活动影响)、利用历史记录及应用概率曲线图等图形过程来区分不同总体等手段可以确定自然基线（Neumann 等,2003）。此外,为了从基线角度正确解读水质变化,需要对地下水的更新时间有所了解。为此,必须运用各种惰性或活性化学剂和同位素示踪剂。

　　地下水作为最为有效的地质材料溶剂,含有大量的可溶性自然元素。对地下水进行化学全量分析（寻求"所有"可能自然发生的成分）一般会显示,在商业性实验室可检测到 50 多种元素,能够检测很低含量的科学实验室会检测到更多元素。通常将那些在大多数地质环境中以大于 1 mg/L 的浓度出现的成分称作地下水的主要成分。由于明显地反映出了地下岩体的类型,所以对这些成分采用默认分析,并用来比较地下水的一般成因类型。地下水中一些浓度为 0.01 ~10 mg/L 的元素对了解其成因很有意义,常常也采用默认分析的方法,这些元素有时候被称作次要成分。浓度小于 0.1 mg/L 或小于 0.001 mg/L 的金属元素有时候分别被称作次要成分或微量成分。然而,不同地下水成分的浓度和相对重要性因场地和法规而异,并且随时间而变化。例如,砷长期以来被认为是一种"次要"或者"微量"成分。然而,美国及世界其他国家对已经或准备用于供水水源的地下水进行了越来越多的分析,仅仅因为 0.01 mg/L 的新饮用水规范标准,砷逐渐成为一种主要地下水成分。

　　现实中,大约 35 种重要地下水天然无机成分可划分成以下两个分析组:

　　（1）常规分析的主要成分。

　　·阴离子。Cl^-、SO_4^{2-}、HCO_3^-、NO_3^-（和其他氮素形态）。

　　·阳离子。Ca^{2+}、Mg^{2+}、Na^+、K^+和Fe^{2+}（及其他铁形态）。

　　·二氧化硅（SiO_2）,大多数情况下以无电荷形态出现。

　　（2）需要时进行分析的次要成分。

　　·元素/阴离子。硼（B）、溴/溴化物（Br）、氟/氟化物（F）、碘/碘化物（I）和磷/磷化物（P）。

　　·金属、非金属元素。铝（Al）、锑（Sb）、砷（As）、钡（Ba）、铍（Be）、镉（Cd）、铯（Cs）、铬（Cr）、铜（Cu）、铅（Pb）、锂（Li）、锰（Mn）、汞（Hg）、镍（Ni）、铷（Rb）、硒（Se）、银（Ag）、锶（Sr）、锌（Zn）。

·放射性元素。镭（Rd）、铀（U）、α粒子、β粒子。

·有机质（总溶解有机碳——TOC和DOC）。

·溶解氧（和（或）氧化还原电位，Eh）。

美国环境保护署制定的一级和二级饮用水标准中几乎包含了以上全部主要和次要无机成分（详见5.4节）。当超出一定浓度时，它们中大多数将被视为污染物，而这样的地下水不适合于人类饮用。自然产生的物质以及通过人类活动引入的物质都能导致地下水污染。

5.2.1　细溶解固体总量、电导率、盐度

总体而言，水是地质材料和其他环境物质（固态、液态、气态）最有效的溶剂。水质是水分子的一种独特结构，这是一种电偶极（水分子中的重心和电荷是不对称的）。一般来说，分子极化可采用电偶极矩定量表述，即电荷和电心距之积。水的电偶极矩为 6.17×10^{-30} C·m（库仑·米），比其他任何物质都高，它解释了为什么水比其他任何液体都更能溶解固体和液体。在地表和地下环境中，水对岩石的溶解作用对地质材料的连续再分配起着重要作用。

容易被水（或者其他液体）溶解的物质称为溶质。有些物质更易溶于水，如氯化钠等离子化矿盐因其偶极分子而非常容易且极快地溶于水；甲醇等带极化分子的合成有机物也非常易溶于水。水和甲醇分子之间的氢键能很快地取代不同甲醇分子和不同水分子之间的类似氢键。因此，甲醇被称为能与水混溶（实际上它的水溶解度是无限的）的溶质。另外，苯和三氯乙烯（TCE）等很多非极性有机分子的水溶性很低。

真溶液的分子与离子处于分离状态。它们的尺寸都很小（通常为 $1 \times 10^{-6} \sim 1 \times 10^{-8}$ cm），从而使水溶液极易透光，呈透明状态。胶状溶液有着固体颗粒和大量分子群，其体积均大于溶剂（水）中的分子和离子。当胶状颗粒达到一定量时，会发生散光，使溶液呈乳白色。目前，对胶状颗粒的准确尺寸大小还没有统一的定义，通常认为是 $1 \times 10^{-6} \sim 1 \times 10^{-4}$ cm（Matthess，1982）。溶质在水中的含量称为浓度，通常以 mg/L 和 μg/L 为单位。有时候很难区分某些真溶液和可能挟带同源

物质颗粒的胶状溶液。在有些情况下,有必要在确定一种溶质在真溶液中的溶解浓度之前对胶状颗粒进行过滤和(或)沉淀。对饮用水标准来说尤其需要这么做,因为大多数情况下这些标准是以溶解浓度为基础的。通常设计实验室分析程序来确定一种物质的总浓度,并不一定要显示该物质的全部单形态(化学形态)。然而,如果需要,也要求这种物质以不同价离子形成。例如,单形态铬的确定在地下水污染研究中可能比总铬浓度的确定更为重要,因为六价铬($Cr(Ⅵ)$)比三价铬($Cr(Ⅲ)$)毒性更大,迁移性更强。

地下水中溶解物质的总浓度称为溶解固体总量(TDS)。通常采用称量水样加热到 $103 \sim 180$ ℃高温去除更多的结晶化水)后的残留干物质来确定。如果已知主要离子的含量,也可以计算出 TDS 值。然而,有些类型的水,或许需要大量的分析物才能获得准确的总量值。在蒸发过程中,大约有一半的碳酸氢离子以碳酸盐的方式沉淀下来,另一半以二氧化碳的形式随着水蒸发了。考虑到这个损失,可多加入一半的碳酸氢离子以使之残留在蒸发干的物质中。其他一些损失,如石膏和酸、氮、硼和有机物质的部分挥发等,也能说明 TDS 的计算值与测量值之间的差异。

溶于水中的固体和液体可分为电解质和非电解质。电解质包括盐、碱和酸等,可分离成离子形式(正、负电荷离子)并传导电流。非电解质包括糖、酒精和很多有机物,在水溶液中以不带电分子的形式出现,不传导电流。1 cm^3 水溶液的导电能力称为电导率(有时候简称为比电导率,但二者的单位不同)。电导率为电阻的倒数,用 S 工制(Siemen,国际单位制)的单位测量,并表示为 S/cm。由于对于大多数类型的地下水来说,S/cm 通常太大,所以电导率以 μS/cm 为单位进行描述。将仪表读数调整到 25 ℃,这样电导率的变化就仅仅是地下水中溶解成分的浓度和类型的函数(水温对电导也能产生显著影响)。电导率可采用手提式仪器在现场快速测定,这是快速估算 TDS 值和比较水质一般类型的一个便捷方法。为了初估饮用淡水的 TDS 值(单位为 mg/L),可用电导率(单位 μS/cm)乘以 0.7 得到。纯净水在 25 ℃时的电导为 0.055 μS,实验室蒸馏水的电导为 $0.5 \sim 5$ μS,雨水的电导通常为 5 ~ 30 μS,可饮用地下水的电导为 30 ~ 2 000 μS,海水的电导为 45 000 ~ 55 000 μS,油田浓盐水的电导常常高于 100 000 μS(Davis 和 DeWiest,1991)。

盐度一词常常用来表示地下水中溶解盐总量(常为离子形式),主要用于判断农业用水和人畜饮水的水质。根据特定的盐及其比率,提出了多种盐度的分类方法(Matthess,1982)。有一个问题是,尽管所有溶解盐的总体含量也许还没有"具备"使该地下水定性为"咸水"条件,但是,在氯化钠浓度较高(如 300 ~ 400 mg/L)时可能会产生咸味。在实践中,通常将氯化钠浓度小于 1 000 mg/L 的水称为溶解固体淡水,而氯化钠浓度大于 10 000 mg/L 的水则称为咸水。

5.2.2　氢离子的活性(pH 值)

氢离子的活性,或者 pH 值,可能是水最显著的化学特性。它要么直接影响地下水中大多数地球化学反应和生物化学反应,要么与此反应密切相关。任何时候都要尽可能现场直接测定 pH 值,因为地下水一旦离开它原来的自然环境(含水层),很快就会发生多种直接影响 pH 值的变化,最为重要的影响因素就是温度和二氧化碳 - 碳酸盐系统。错误的 pH 值可能是地球化学平衡和浓度计算出现误差的重要根源。

水分子可自然地分解成氢离子(H^+)和氢氧根离子(OH^-)。过去,水中氢离子的含量是用氢离子活性,即 pH 值表示,而不是用以 mg/L 或 mmol/L 为单位的浓度表示。根据定义,当氢离子数量等于氢氧根离子时,溶液为中性,氢离子活性或 pH 值为 7(注意:log[7]乘以 log[7]等于 log[14])。理论上讲,当氢离子为零时,pH 值 14,溶液为纯碱性的;当氢氧根离子为零时,溶液为纯酸性,pH 值为 1。相应地,当氢离子活性(浓度)降低,氢氧根离子的活性必然上升,因为两者的活性之积总是一样的,即 14。

二氧化碳与水的反应是确立自然水系统中的 pH 值最为重要的因素之一。该反应由以下三个步骤来表示(Hem,1989):

$$CO_2(g) + H_2O(l) = H_2CO_3(aq) \qquad (5.1)$$

$$H_2CO_3(aq) = H^+ + HCO_3^- \qquad (5.2)$$

$$HCO_3^- = H^+ + CO_3^{2-} \qquad (5.3)$$

式中　g、l 和 aq 分别代表气相、液相和水相。

第二步(式(5.2))、第三步(式(5.3))产生氢离子,会影响溶液的酸度。其他产生氢离子的普通反应涉及酸性溶质的分解。

水与固体形态之间的很多反应都要消耗氢离子,结果创造了氢氧根离子和碱性条件。最为普遍的例子是固体碳酸钙(方解石)的水解:

$$CaCO_3 + H_2O = Ca^{2+} + HCO_3^- + OH^- \qquad (5.4)$$

注意:式(5.4)解释了为什么在农业实践中常常将石灰粉(碳酸钙)加到酸性土壤中以刺激农作物的生长。

水的 pH 值对许多物质的迁移性和可溶性有着深远的影响。只有钠、钾、硝酸盐和氯等几种离子还保留在与常态地下水相关 pH 值范围内的溶液中。大多数金属元素以阳离子形式溶于酸性地下水中,但是它们会随 pH 值上升而以氢氧化物或者碱性盐的形式沉淀。例如,微量高价铁离子在 pH 值大于 3 时几乎就不存在,而亚铁离子在 pH 值上升到 6 以上时就会迅速削减(Davis 和 DeWiest,1991)。

5.2.3　氧化还原电势(Eh)

氧化和还原广义上分别定义为电子的获得和损失。对于一个特定化学反应而言,氧化剂为增加电子的物质,而还原剂为损失电子的物质。还原过程用以下表达式来阐述(Hem,1989):

$$Fe^{3+} + e^- = Fe^{2+} \qquad (5.5)$$

式中,三价铁(Fe^{3+})通过增加一个电子被还原成亚铁状态。"e^-"代表电子,或单位负荷。式(5.5)是铁氧化还原组合反应的一半。还原反应必须有一个电子源,即另一个元素必须同时氧化(损失电子)。氧化还原反应与氢离子活性(pH 值)都对不同离子物质的溶解性起关键作用。在很多氧化还原反应中都涉及微生物,当研究由于生物降解产生的污染物输移时,这种关系尤其重要。

一种自然电解溶液的电势在标准氢单电极系统测量仪器上(通常)用 μV 或 mV 来表示。这样测得的电势称为氧化还原电势,用 Eh 表示(h 代表氢)。观测到的地下水 Eh 值为 700 ~ -400 mV。正号表示系统正在氧化,负号表示系统正在还原。数值的大小是系统氧化还原趋势的一个度量标准。像 pH 值一样,Eh 值也应该在现场直接测定。某些元素的含量可作为 Eh 值可能范围的一个良好指标。例如,当大量出现硫化氢(>0.1 mg/L)时,Eh 值通常为负值。如果 Eh 值为 300～450 mV,表明盐含量增加降低了溶液的 Eh 值。

　　氧化还原状态由地下水中是出现游离氧还是缺失游离氧来确定。新近渗入(补给)的水常常会给地下水提供氧气(6～12 mg/L)。随着地下水向补给区的输移,在经过几种不同的地球化学反应后其中的氧气就会被消耗掉,最直接的是铁和镁化合物的氧化。微生物活性也会消耗掉一些氧气,并会在有着过量溶解有机碳(DOC,为微生物的营养物)的饱和区快速形成一个还原环境,如在含有有机液体的地下水污染就是这种情况。

　　确定含水层中氧化还原电势在研究污染物的输移和修复时尤其重要。例如,氧化(有氧)条件有利于石油碳氢化合物(如汽油)的生物降解,而还原(厌氧)条件有利于氯化合物(如四氯乙烯)的生物降解。根据不同菌种的需氧情况,通常将水温 8 ℃,氧含量为 0.7～0.01 mg/L定义为氧化与还原条件边界的氧浓度。然而,据现场观测,还原条件在氧浓度较高时也会出现(Matthess,1982)。

　　氧化还原电势一般随温度和 pH 值的上升而下降,而这促使水系统还原能力提高。还原水系统除缺氧或者大量还原氧外,还有大量的铁和锰含量;也会致使氢化硫、亚硝酸盐和甲烷产生;不会缺失硝酸盐,有时候还会还原硫酸盐或缺失硝酸盐(Matthess,1982)。

5.2.4　主要成分

　　通常,溶解在地下淡水中的主要成分往往占水样中 TDS 总量的 90% 以上。被广泛用来描述地下水的化学类别和起因的元素和离子形态包括阳离子钙(Ca^{2+})、镁(Mg^{2+})、钠(Na^+)和钾(K^+),阴离子氯(Cl^-)、硫酸盐(SO_4^{2-})、重碳酸盐(HCO_3^-)和碳酸盐(CO_3^{2-})。它们在自然地下水体中最占优势的原因是岩石中存在着大量最重要的可溶矿物质和盐,包括碳酸钙($CaCO_3$)、碳酸镁($MgCO_3$)及其组合($CaCO_3$ ·

$MgCO_3$)、氯化钠($NaCl$)、氯化钾(KCl)、硫酸钙($CaSO_4$)和含水硫酸钙($CaSO_4 \cdot 2H_2O$),其中的 5 种元素(Ca、Mg、Na、K 和 Cl)在各种水成岩、岩浆岩和变质岩中非常丰富,并通过风化和分解不断地释放到环境中。

铝和铁分别为地壳中第二和第三丰富的金属元素,但它们在天然地下水中浓度很少超过 1 mg/L(Hem,1989)。在近中性 pH 值时,铝的天然相态特别稳定,因此没有列为主要溶解相态。然而,酸性煤矿排放的 pH 值极低的水体却是例外。铁的化学作用及其在水中的溶解度较为复杂,在很大程度上取决于氧化还原电势和 pH 值。铁的形态也极大地受到微生物活性的影响。各种铁化合物由许多有机分子形成,有些化合物会比游离铁离子更为抗氧化,也不溶于地下水。地下水中存在的各种形态的铁对评价有机污染物降解或者铁细菌导致水井滤管老化也很重要。因此,尽管在很多地下水体中所发现的溶解态铁离子浓度比主要离子低,但铁仍被视为地下水的主要成分之一,并常常对此进行分析。

不像铝和铁,硅仅次于氧气,为地壳中第二多的物质,在许多地下水中都可大量发现。用二氧化硅(硅土)表示时,含量通常为 1 ~ 30 mg/L。天然水体中二氧化硅相对丰富的原因是其在矿物和岩体中以许多不同化学形态出现。这个事实与人们普遍认为的二氧化硅因不溶于水而不会在地下水中存在的想法相反。目前尽管对二氧化硅的复杂化学性质还尚未充分了解,但溶于水中的二氧化硅最多形态被认为不形成离子(Hem,1989;Matthess,1982)。

分析主要离子之间的关系,或者一个离子与总浓度的关系,常常有助于对地下水成因以及与水样之间异同点的理解。确立地下水化学类型的有用比率为钙与镁之比——研究根据含碳酸盐沉积物(石灰石和白云石)的水和二氧化硅与溶解固体之比——确定岩浆岩地层中各种硅酸盐矿物溶液。只要了解了含水层多孔介质的矿物质含量,就可知其他比率是否适用于不同的地层。有文献(例如 Alekin,1953,1962;Hem,1989;Matthess,1982)介绍了根据地下水中存在的不同离子和离子基团对地下水进行的各种分类,但这超出了本书的研究范围。

在诠释化学分析结果时普遍的做法是通过图展现主要离子形态的浓度派泊。三线图解（Piper，1944）能够方便地在同一图中标绘多种分析结果，揭示某些水样的分组，显示其共有或不同的成因。箱须图（或箱线图）有助于对不同含水层采集水样的统计参数进行比较。例如，图 5.1 和图 5.2 显示了美国北科罗拉多州沿海三个不同含水层地下水化学分析结果。派泊三线图中最明显的是从碳酸氢钙到氯化钠表层含水层水样分散较广，钙和重碳酸盐很可能来自表层含水层沉积物中的

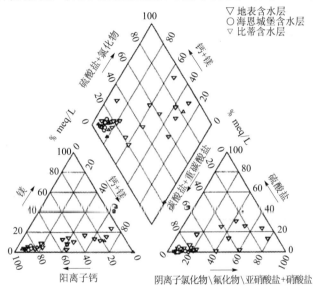

图 5.1　美国北科罗拉多州布伦斯威克县 2000 年 7~8 月地下水水质的派泊三线图

（Harden 等修订，2003 年）

碳酸盐岩壳物质。然而，相比海恩城堡（Castle Hayne）和比蒂（Peedee）含水层（见图 5.2）中那些物质，前者含量较低，可能是由于表层含水层中碳酸盐材料没有那么丰富，以及这些化学成分因降水渗入表层沉积物而淋失和去除等原因造成的。从表层含水层中提取的地下水新样本的 pH 值经过测量发现数值较低，同时还显示出碳酸盐矿物的淋失和去除（Harden 等，2003）。表层含水层地下水的 pH 值偏酸性，为 4.8 ~

7.5,中间值为6.9(见图5.2)。表层含水层的中值溶解固体浓度(温度在180 ℃时的残渣重量)大约为110 mg/L,几乎比海恩城堡(Castle-Hayne)含水层(3个含水层中最深)中的浓度少300%。在 Bald Head 岛的地表含水层中检测到最大高达870 mg/L 的浓度。同时,这口井的氯化物浓度也最高。Bald Head 岛的地下水为咸水,可通过反渗透脱盐法进行处理来达到供水目的(Harden 等,2003)。

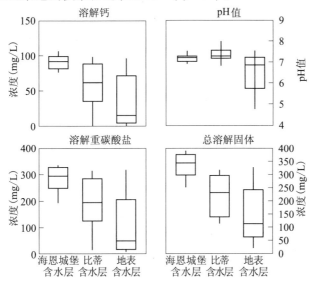

图5.2 美国北科罗拉多州布伦斯威克县2000年7~8月采集的地下水样化学成分浓度

(框图底部和上部分别为25%和75%,框中粗线为中间值,框外竖线延伸到10%和90%)(由 Harden 等修订,2003 年)

板式图解(见图5.3)给出了一个不规则多边形状,能帮助大家认识多种分析中的可能样式,因此被普遍用在水文地质图上。

累积频率图有助于数据分配可视化的应用,还可帮助确定异常数据、某些控制性化学机制和可能的污染。英国地质调查和环境署对此进行了讨论并提出了用此方法表明地下水的基线特征(见图5.4)(Neumann 等,2003):

(1)图中使用了上、中、下百分数浓度值作为元素基准线参考,可

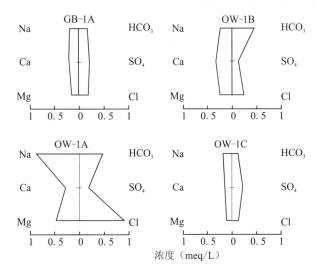

图 5.3　从纽约霍尔布鲁克公共供水井 GB－1A 和绿化带公
园大道观测井提取水样的离子浓度（Brown 等,2002）

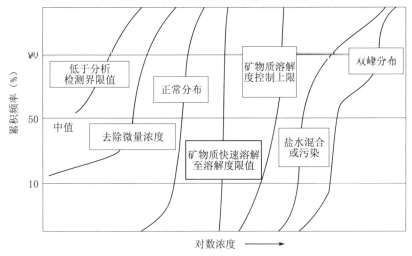

图 5.4　表明地下水的基线特性的累积频率图

（Neumann 等,2003;版权属英国地质调查和环境署）

进行区域性比较或与其他元素进行比较。

（2）预期很多元素呈常态多模型分布,反映了补水条件、水 - 岩石交互以及自然条件下的停留时间的范围等。

（3）狭窄的浓度值范围可以表示与矿物质的快速饱和（即 Si 与硅土（二氧化硅）,Ca 与方解石）。

（4）显著的负偏态可以表示通过某些地球化学过程选择性地去除某种元素（即通过原位反硝化去除硝酸盐）。

（5）正偏态极可以表示影响少量地下水体的一个污染源,这给那些基准线以上地下水体隔离提供了一个简单的方式。最高浓度可以表示自然水体盐度较高。

图 5.5 显示了英国 Cotswolds 石灰岩含水层主要成分的累积频率图。大部分绘图显示出一个相对狭窄的范围,有些接近对数正态分布,斜率相对较陡。对于碳酸氢根离子和钙离子,狭窄的浓度范围表明它

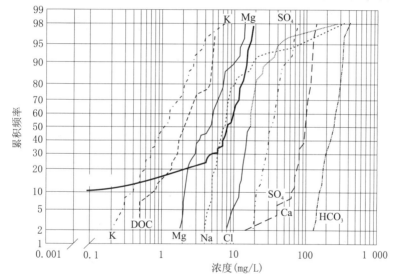

图 5.5　英国 Cotswolds 石灰岩含水层主要成分的累积频率
（Neumann 等修订,2003;版权属英国地质调查和环境署）

们在地下水中与方解石呈饱和状态,其上限受碳酸盐矿物质溶解度的控制。钠离子和氯离子浓度变化不定,特别是钠离子,在上层 10% 的

数据之内呈正偏态。图中硝酸盐的强负偏态表明有还原水出现和硝酸盐通过原位反硝化去除。此外，为防止发生农业污染，老地层水将禁止即使是低硝酸盐浓度的补水，而有些地下水，例如在林区，可能总体上不受农业污染的影响（Neumann 等，2003）。

5.2.5　次要成分

对于大多数自然地下水体的饮用水质非常重要的次要成分包括金属、氟化物和有机质。重金属（或微量金属）一词应用于金属组和半金属（准金属）组，通常指那些常见金属，如铜、铅、锌，它们与污染和潜在毒性或生态毒性相关联。有人将重金属定义为原子质量大于钠原子质量的金属，有人则定义为密度在 $3.5 \sim 6 \ g/cm^3$ 以上的金属。重金属这一术语同时也应用于半金属（如砷等元素，具有金属的物理形状和物理特性，但是在化学上表现为非金属特性），大概是因为这种隐含假设，即"重量"和"毒性"在某种程度上是相同的。尽管重金属这个术语没有什么合理术语学或科学根据，它仍然广泛用于环境科学文献（van der Perk，2006）。天然地下淡水中常见的重金属包括锌、铜、铅、镉、汞、铬、镍、砷。

自然形成的重金属是各类岩体中主要和次要矿物质的组成部分。它们在天然水体中的浓度较低（通常远小于 0.1 mg/L），而且主要是阳离子形态，但砷等半金属的形态为氧负离子（即砷酸盐 AsO_4^{3-}）。它们在地下水中浓度一般较低的原因是重金属对土壤和含水层多孔介质的吸附作用和沉淀有很强的亲合力。重金属的最大天然浓度通常与矿床和氧化了的低 pH 值水相关。一般来说，有很多固体起着控制着重金属的固定（固化）作用，例如，黏土矿物、有机物、铁、锰、氧化铝和氢氧化物等起吸附作用，而难溶性硫化物、碳酸盐、磷矿物等起沉淀作用（Bourg 和 Loch 洛克，1995；van der Perk，2006）。地下水的 pH 值是控制地下重金属输移的最重要因素。一般来说，降低 pH 值往往导致重金属有更高的输移性，反之亦然。有关地下重金属的特点、水文化学和输移性可从 Bourg 和 Loch（1995）、Appelo 和 Postma（2005）以及 van der Perk（2006）中获得更多资讯。

砷是世界各地地下水中出现的、最为广泛的天然污染物之一。因为砷既能自然产生,也能由人类活动污染造成,因此本书随后将砷作为地下水污染物进行较为详细的描述。

元素氟被高级生命体用于骨骼和牙齿结构。氟化物的重要性、氟的阴离子促进了人类牙齿的形成、通过饮用水摄入氟化物来控制牙齿结构特性等在 20 世纪 30 年代已得到认可(Hem,1989)。从那时起,对天然水体中氟化物的含量已进行了广泛研究。尽管摄入氟化物对于促进牙齿健康很有必要,然而氟化物浓度过高会造成儿童的骨病和斑釉牙齿(美国的氟化物最大污染浓度为 4 mg/L)。尽管在大多数天然水体中氟化物的浓度小于 1 mg/L,但是在美国很多地方的多种地质地形中发现了超出这个浓度值的地下水(Hem,1989)。氟石和磷灰石是岩浆岩和水成岩中非常普遍的氟化物,矿石、角闪石和云母会含有氟化物取代一部分氢氧化物。富含碱金属的岩石比大多数其他岩浆岩的氟化物含量高。淡水火山灰可能较为富含氟化物,氟化物含量的很大部分来自于其他沉淀物互层的火山灰。氟化物通常与火山气体或火山口气体相关联,在有些地区,这可能是地下水的重要氟化物来源(Hem,1989)。氟是所有元素中电子力最大的元素,其氟离子形成强烈的带很多阳离子(特别是铝、铍和铁)的溶质复合体。人类活动带来的氟化物源包括化肥和矿石加工及冶炼操作产生的氟化物,如铝厂等的排放物。

除无机(矿)物质外,地下水常常含有天然有机物,并且几乎总是含有一些活体微生物(主要为细菌),即便是在深达 3.5 km 的地下(Krumholz,2000)。地表水和地下水中的有机物质是有机化合物(从高分子到低分子量化合物),如简单的有机酸和短链碳氢化合物等的多样化混合物。在地下水中,有如下 3 种主要天然有机物源:①有机物沉淀物,如深埋泥炭、干酪根和煤炭;②土壤和泥沙有机质;③水体中出现的从河流、湖泊和海洋系统中渗透到地下的有机质(Aiken,2002)。天然产生的碳氢化合物(油、气)的各种成分和由于微生物活动形成的各种分解产物是世界上许多地方的地下水化学物质成分的重要部分。近年来,很多人工有机化学品已经成为地下水的一部分,如果使用现有最新方法进行分析,常常能够检测到它们。

地下水中的有机质在通过影响污染物的输移和降解并参与矿物溶解和沉淀反应以控制地球化学过程(这个过程充当着质子和电子供体 - 受体以及 pH 值缓冲剂)中起着非常重要的作用。溶解质和颗粒有机物也会影响营养物的获取,并作为微生物反应的碳基质。多项研究认识到在疏水(憎水)有机态、重金属、放射性核素的调动中天然有机物的重要性。很多通常被认为在水系统中基本上不移动的污染物,能与溶解有机碳(DOC)或者胶体有机物相互作用,造成疏水化学物的输移,其距离远远超出构效关系所预测的距离(Aiken,2002)。

多种重要但了解不多的机制会对有机分子在地下的输移和滞留产生影响。一旦出现在水系统中,无论人类活动带来还是自然产生的有机化合物都能真正地溶解,这一类与不动或移动的颗粒相关。移动的颗粒包括 DOC、DOC - 铁复合体、胶状物等。通过阳离子交换——一种很重要的吸附机制,带正电的有机溶质能很容易从溶解相中去除。在天然水体中以阳离子出现的有机溶质包括氨基酸和多肽。疏水中性(如碳水化合物、酒精)和低分子量阴离子有机化合物(如有机酸)被含水层固体截留的最少。疏水合成有机化合物和与多孔介质固相相关联的有机质相互之间进行强烈作用。这些作用部分受固体颗粒的有机外层特性所控制,特别是其极性和芳香碳含量。疏水有机化合物与不动的颗粒相互作用能产生强烈的黏合力,能延缓这些化合物的释放(Aiken,2002)。

5.3　地下水污染和污染物

一般来说,含有致病或毒性物质的水都被定义为受到污染的水(美国环境保护署,2002a)。这种定义没有区分可能污染源或者污染物类型——任何对人类有毒或能致病的天然或合成物质都被定义为地下水(或水)污染物。从广义上说,所有地下水污染源和污染物可归为两大类:天然产生和人为造成。有些天然污染物(如砷和铀)会对局部或区域地下水供水产生重大影响。然而,人为造成的和合成的化学物质一般均会对地下水水质产生更大的负面影响。几乎所有人类活动都在一定程度上潜在地对地下水产生直接或间接影响。图 5.6 举例说明了会产生地下水污染的几种土地利用活动。过去十年实验室分析技术的快速进步,使很多合成有机化学品(SOCs)都广泛分布在环境之中,包括地下水。而且现在世界各地研究机构都能从人类活体器官和组织中发现大量各种各样的 SOCs。

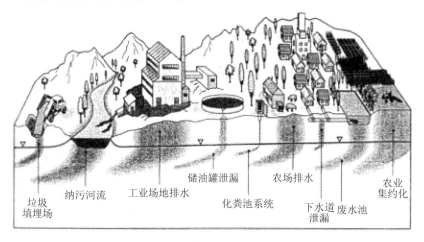

图 5.6　产生地下水污染威胁的常见土地利用活动
(Foster 等,2002~2005)

随着公众对环境污染意识的日益增强,全球对瓶装饮用水的消耗量快速增长。很多消费者情愿支付高价购买那些标榜着"纯泉水"或"来自深层原始含水层"的品牌水,因而大跨国公司目前正在疯狂地寻找能够这样标榜的地下水源。一般来说,目前仍然有很多人相信公众的说法,同时也受到很多地下水专业人员的追捧:一般来说地下水比地表水受污染影响要小;通常水质越好,供水开发投资就越小。然而,地下水一旦受到污染,要恢复地下水源需要花费更多时间,而且更为困难,这是不争的事实。

在发达的工业化国家,立法机构大多很关注 SOCs 造成的地下水污染。例如,美国环境保护署 1993 年报告称:"20 世纪下半年美国化学工业的快速增长造成了至少 63 000 种 SOCs 在工业和商业上的普遍利用,并且每年会新增 500 ~ 1 000 种。"然而,这些化学物长期、低水平暴露在环境中所带来的健康方面的影响却并不为人们所广泛知晓(美国环境保护署,1990)。

在欠发达国家,有机化学物造成的供水污染事件,受到的关注程度比落后的卫生条件和病原体(细菌、寄生虫、病毒)导致的疾病小得多,甚至是漠不关心。在这些国家,与健康有关的首要目标是饮用水消毒和发展安全供水设施。如图 5.7 所示,即便是一个简单的水井卫生设计,也能大大改善那些依赖地下水的人群的健康和生活。

地下水污染普遍发生在发达城区、农业区、工业园区。地下水污染经常在发生后很长时间才被发现。原因之一是地下水通过地下水系统的输移缓慢,有时候慢到每天不到 0.304 8 m(1 ft),这常常造成地下水污染监测的滞后。在有些情况下,几十年以前引入地下的污染物现在才被发现,这也意味着今天的环境管理实践将对将来地下水质产生影响(美国环境保护署,2000a)。

图 5.7　加纳北部儿童在一个新的卫生水井使用手动泵为家庭生活取水(图片来源:Jenny VanCalcar)

5.3.1　健康影响

饮用水中的各种物质会对人类、动物、植物产生不利影响或导致疾病,这些影响称为毒性作用。根据受影响机体的器官或系统一般将毒性分为以下几类(美国环境保护署,2003a):①胃肠道毒性,会影响胃肠。②肝脏毒性,会影响肝。③肾脏毒性,会影响肾。④心血管或血液毒性,会影响心脏、循环系统或血液。⑤神经毒性,会影响大脑、脊髓、神经系统、非人类动物。由其引起的行为的改变会导致生殖成功率低下并增加被猎杀的概率。⑥呼吸系统毒性,会影响鼻、气管、肺或者水生生物的呼吸器官。⑦皮肤毒性,会影响皮肤和眼睛。⑧生殖或发育毒性,会影响卵巢或睾丸,或导致较低的生育率、先天缺损或流产。这包括具有遗传毒性效应的污染物,也就是说,能改变脱氧核糖核酸(DNA),导致诱变效应或者基因物质变化。

　　能致癌的物质称为致癌物,可根据研究中采集的证据进行分类。美国环境保护署根据致癌性、药物代谢动力学(物质从机体的吸收、分布、代谢和排泄)、效力和暴露等证据对化合物的致癌性进行了分类。根据证据的重要性描述,美国环境保护署对污染物进行了如下分类(2005):①对人类致癌;②可能对人类致癌;③证据提示潜在致癌性;④资料不足以评估潜在致癌性;⑤不可能对人类致癌。

　　地下水中有很多合成有机化学物,如最常用的挥发性有机化合物(VOC)和杀虫剂(如苯、四氯乙烯(PCE)、三氯乙烯(TCE)和甲草胺)等,均为致癌物质,所以其最大污染物浓度(MCLs)非常低,这些是美国环境保护署法律上强制执行的饮用水标准。

　　一种污染物对各种生命形式产生的影响不仅取决于其效力和暴露途径,而且还取决于暴露时间模式。短期暴露(几分钟到几小时)称为急性,例如一个人在喝了仅仅一杯受病原体(细菌、病毒、寄生虫)污染的水后病得很重。较长时间暴露(数天、数周、数月、数年)称为慢性。

　　暴露的恒常性也是确定暴露对机体影响程度的一个因素。例如,同样是暴露7天,但影响会有所不同,这取决于暴露是连续的7天,还是分散在一个月、一年或几年中的7天。此外,有些机体可能更容易受污染物的影响。如果有证据表明某一特定亚群对一种污染物比其他大多数群体更为敏感,那么安全暴露水平就根据这个特定亚群来确定。如果没有这种科学证据,污染标准就根据暴露水平最高的群体来确定。

几种常见的敏感亚群包括婴幼儿、老人、怀孕期及哺乳期妇女和免疫力低下者等(美国环境保护署,2003a)。能导致严重健康影响的常见地下水污染物有重金属、合成有机化学物、放射性核素和微生物(病原体)。

一些重金属在其天然浓度下对生物化学过程起关键作用,且大多数有机体只需要摄入少量重金属即可满足正常和健康生长需求(如锌、铜、硒、铬)。其他金属(如镉、铅、汞、锡和半金属砷)则不是机体生长所必需的,不会因为缺少这些金属而导致缺乏症(van der Perk, 2006)。过量摄取的重金属对人类和动物几乎都是有毒的。重金属通过与有机化合物(配体)形成复合体而产生毒性,使改性分子丧失其正常功能,导致受影响细胞机能不全或死亡。在急性中毒情况下,过量的金属离子会使细胞膜破坏和线粒体功能紊乱,产生自由基。在大多数情况下,这将导致全身无力和不舒服(van der Perk,2006)。砷可能是与地下水污染有关的最常见金属。在世界各地有文献大量记载了接触地下水饮用水中天然砷的情况,对受影响人群的健康产生严重的后果,特别是在南亚和东南亚。

根据美国环境保护署报道,人类暴露于砷能造成短期和长期影响。短期或急性影响能在暴露数小时或数天后发生,长期或慢性影响在多年后出现。长期暴露于砷与膀胱癌、肺癌、皮肤癌、肾癌、鼻腔癌、肝癌、前列腺癌等相关联。短期暴露于高剂量砷可引起其他不良健康影响,但是这些影响在美国公共供水中不太可能出现,因为美国公共供水严格执行饮用水砷标准,目前设定为 0.01 mg/L(http://www.epa.gov/safewater/arsenic/basicinformation.html#three)。

美国卫生部毒物与疾病登记署(ATSDR)在其网站上就砷毒性的生理影响(包括来自饮用受污染地下水的影响)有一个非常详细的讨论(http://www.atsdr.cdc.gov/csem/arsenic/physiologic_effects.html)。例如,流行病学证据表明慢性接触砷与血管痉挛和外围血管供应不足相关。台湾的肢体坏疽,即闻名的黑脚病就与饮用砷污染井水有关,其患病率随年龄增长和井水砷含量增加(为 0.01~1.82 mg/L)而增长。黑脚病患者体内的砷引起的皮肤癌发病率也比较高。

自蕾·切尔逊(Rachel Carson)的《寂静的春天》从 1962 年出版以

来（Carson，2002），使人们已越来越意识到，环境中化学品能对野生生物种群产生深远的有害影响，人类健康与环境健康是密不可分的。特别是在过去的 20 年里，对于暴露于潜在干扰机体内分泌系统的化学品可能对人类和野生生物造成的有害影响，大家见证了科技界、公众和媒体给予的极大关注和辩论。这些被称作内分泌干扰物的化学品为外源性物质，在内分泌系统中的作用与激素一样，干扰内生激素的生理机能（Wikipedia，2007）。

美国环境保护署在其专门网页上指出："有证据提示，暴露于环境中的一些化合物会导致人类和野生动物的内分泌系统紊乱。找出各类疑似会造成内分泌紊乱的化学品都属于美国环境保护署保护公共卫生和环境的职责范围。尽管有大量有关内分泌紊乱的资料，但仍然存在着很多科学认识的不确定性。"（http：//www.epa.gov/endocrine/）。

内分泌干扰物的名单很长，随着新的科研成果的出现，这个清单还会更长。这个清单包含各类化学品，如自然和合成激素、杀虫剂，以及塑料业和消费品中所使用的化合物等。内分泌干扰物常常分散遍布于环境中，包括地下水。下面为几种主要合成化学品：持久性有机卤素（1，2－二溴乙烷、二噁英和呋喃、多溴联苯、多氯联苯和五氯苯酚）、食品抗氧化剂（丁基羟基茴香醚）、杀虫剂（主要有甲草胺、艾氏剂、莠去津、氯丹、DDT、狄氏剂、七氯、林丹、灭蚁灵、代森锌、二甲氨荒酸锌）和邻苯二甲酸酯。重金属（如砷、镉、铅、汞）除其毒性影响外也对内分泌产生干扰。

一般来说，与内分泌干扰物有关的健康影响包括各种生育问题（生育率下降、雌雄生殖道畸形、性别比例扭曲、流产、月经问题等）、激素水平变化、性早熟、大脑与行为问题、免疫功能受损和各种癌症（Wikipedia，2007）。

科伯恩（Colborn）等（1997）所写的《失窃的未来》一书对某些合成化学品对婴幼儿生长发育的激素信息产生干扰的机制进行了仔细调查。相关网站讨论了低剂量内分泌干扰物影响的科学成果，强调对内分泌干扰化合物的新研究将揭示这些化合物在远低于传统毒性学认为的含量水平上所产生的影响。网站还包括多个最近研究实例，参见 http：// www. ourstolenfuture. org/NewScience/newscience. htm。

有关饮用水中多种污染物的双重影响和风险的最新研究尤其引人关注。例如，威斯康星 – 麦迪逊大学开展的一项研究中，研究人员注意到杀虫剂与化肥进行普通混合在目前地下水中检测到的浓度水平上能产生生物学影响。具体来说，涕灭威、莠去津与硝酸盐的结合——这些都是地下水和农业地区检测到的最为普通的污染物，除影响神经健康外，还能影响到免疫系统和内分泌系统。同时，还观察到学习能力和攻击方式上的变化。一种杀虫剂与硝酸盐肥料结合时产生的影响最值得关注。研究表明，儿童和发育中胎儿面临的风险最高（Porter 等，1999；美国环境保护署，2000a）。

美国卫生部毒物与疾病登记署在其网址（http：// www. atsdr. cdc. gov）上详细讨论了地下水供水中发现的很多合成有机化学物对健康的影响。

健康筛选值（HBSL）是污染物在水中的基准浓度，如果超过这个浓度，就会对人体健康产生潜在影响。健康筛选值是美国地质调查局与美国环境保护署等机构合作，利用美国环境保护署制定饮用水指南的方法和经专家审查的最新发布的人体健康毒性信息共同制定的非强制性标准（Tocalino 等，2003，2006）。健康筛选值仅根据健康影响，不考虑去除水中污染物（即将污染物浓度减少到可检测到的水平之下）所采取的水处理的成本和技术局限。相反，最大污染物浓度（MCL）是美国环境保护署制定的法定饮用水标准，其中设定了污染物在公共供水系统向用水户供水中的最大允许浓度。在考虑了现有最好技术（BAT）、处理技术（TT）、成本、专家判断和公众意见基础上，最大污染物浓度的设定尽可能接近污染物的一个最大浓度，据此浓度，人在一生中不会发生已知或者预期的不利健康影响（美国环境保护署，2006）。

对于致癌物质，健康筛选值的范围对应终生饮用水中有 1×10^{-6} ~ 1×10^{-4} 的概率超标导致致癌危险的污染物浓度。对于非致癌物质，健康筛选值代表终生暴露于饮用水预计不会造成不利影响的最大污染物浓度。健康筛选值的计算采用美国环境保护署在制定饮用水指南时所用的假设条件，具体来说，一个体重 70 kg 的成年人一生中每天摄取

2 L水。对于非致癌物质,一般也会假定污染物暴露总量的 20% 来自饮用水源,80% 为其他来源,如食物和空气(Toccalino,2007)。健康筛选值的方法包括美国环境保护署最终的癌症分类(美国环境保护署,2005a)。

对于已知致癌物质,健康筛选值用以下公式计算(Toccalino,2007):

$$HBSL(\mu g/L) = \frac{(70\ kg\ 体重) \times (风险水平范围)}{(2\ L\ 耗水量/d) \times SF \times (mg/1\ 000\ \mu g)} \quad (5.6)$$

式中　风险水平范围为 $1 \times 10^{-6} \sim 1 \times 10^{-4}$;$SF$ 为口服致癌斜率因子,$(mg/(kg \cdot d))^{-1}$。SF 定义为终生暴露于一种污染物的致癌风险增加的上限值,置信限度接近 95%。

该估计值一般用于剂量 – 反应关系中低剂量区。如果剂量 – 反应数据外推选取的模型为线性多级模型,那么 SF 值也称为 $Q1^*$(致癌强度系数)值。

对于证据提示的潜在致癌性类的污染物来说,健康筛选值用以下公式计算终生健康建议(终生 HA)值:

$$HBSL(\mu g/L) = \left[\frac{RfD \times (70\ kg\ 体重) \times (1\ 000\ \mu g/mg) \times RSC}{2\ L\ 耗水量/d} \right]/RMF$$

$$(5.7)$$

式中　RfD 为参考剂量,即每千克体重每天暴露化学品的毫克数,$mg/(kg \cdot d)$;RSC 为污染源相对贡献率,在缺少其他数据时的默认值为 20%;RMF 为风险管理系数,在缺少其他数据时的默认值为 10%。

RFD 为经口摄入参考剂量,只是那些可能没有明显有害影响的人群(包括敏感亚群)终其一生每天摄入暴露剂量的估计值(其不确定性的跨度或许达到一个数量级水平)(美国环境保护署,2006)。

对于非致癌物质,健康筛选值使用以下公式计算终生健康建议值:

$$HBSL(\mu g/L) = \left[\frac{(RfD \times (70\ kg\ 体重) \times (1\ 000\ \mu g/mg) \times RSC}{2\ L\ 耗水量/d} \right]$$

$$(5.8)$$

5.3.2　污染源

　　地下水污染可以是点源污染,即从地下储罐泄漏(LUSTs)、溢出、垃圾填埋场、污水池和工业设施等特定点源的排污,在地下形成了比较清晰的局部羽状污染带。地下水非点源污染则指的是源自一大片区域的污染,而非某一特定位置的排污。地下水非点源污染包括多种形式,例如农业或城市开发等土地利用活动产生的沉积物、营养物、有机物和有毒物质造成的非点源污染,降雨、融雪或灌溉水能将这些物质连同土壤颗粒一并冲走,并随地表径流一起进入地表河流,其中一部分污染物溶于水中并渗入地下,最后导致地下水污染。

　　图 5.8 显示了美国环境保护署和各州环境保护署开展的一项全国性潜在污染源研究结果。该研究要求每个州确定对其地下水资源有潜在危胁的前 10 个污染源。各州也可根据自己特别关注的,必要时添加一些污染源。在选择污染源时,各州考虑了以下多种因素:①本州各种污染源的数量;②相对于地下水饮用水源的位置;③处于受污染饮用水风险之中的人口规模;④污染物释放对人类健康和环境产生的风险;⑤水文地质敏感度(污染物进入土壤并通过土壤到达含水层的难易度);⑥各州地下水评估和相关研究成果。

　　报告前 10 位污染源,均分别说明已确定会影响地下水质的特定污染物。如图 5.8 所示,各州引用最多的地下水质并有着潜在危险的污染源是地下储油罐泄漏,化粪系统、垃圾填埋、大型工业设施、化肥施用等是紧随其后的第二类频繁引用的污染源。如果将相类似的污染源结合在一起,那么最为重要的潜在地下水污染源可分为 6 大类:①燃料储存;②废物处理;③农业活动;④工业活动;⑤采矿作业;⑥污染导管和水井。

5.3.2.1　燃料储存

　　燃料储存包括将石油产品储存在地表和地下的储油罐中。地下储油罐(UST)是指油罐总存量 10% 以上部分位于地下的储油系统。尽管储油罐在所有人口居住地都有,但一般在高度开发的市区和近郊最为集中。储油罐首先用于储存石油产品,如汽油、柴油、燃油。储油罐

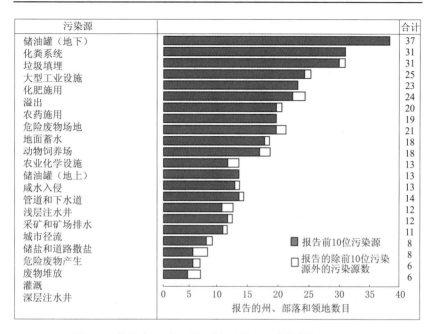

图 5.8　美国主要地下水污染源(美国环境保护署,2000a)

泄漏是地下水污染的一个重要污染源(见图 5.9)。储油罐泄漏的首要原因是油罐和管道的错误安装以及腐蚀。据美国环境保护署(2000a)报告:根据 22 个州的信息,证实在 85 000 个地下储油罐中 57% 有污染物泄漏,其中 18% 存在对地下水质有不利影响的泄漏。

石油产品为上千种不同化合物的复杂混合体。在这种混合体中能分离出 200 多种汽油化合物。在地下水中经常能检测到水溶性较高的化合物,特别是苯、甲苯、乙苯、二甲苯这 4 种与石油污染有关的化合物,通常统称为苯系物(BTEX)。与石油有关的化学品威胁着人类对地下水的利用,其中一些(如苯)在很低浓度时就能致癌。

5.3.2.2　废物处理

废物处理包括化粪系统、废物填埋、地面储存、深层和浅层注水井、干井、污水坑、废物堆、废尾矿、土地应用、非法处置等。任何涉及废物处理和处置的活动,如果不采取保护性措施,都对环境有潜在影响。最有可能影响地下水的污染物包括金属、挥发性有机化合物(VOC)、半

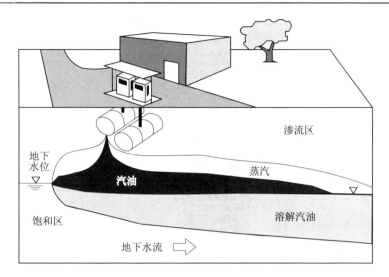

图 5.9　地下储油罐泄漏造成的地下水污染(美国环境保护署,2000a)

挥发性有机化合物(SVOC)、硝酸盐、放射性核素、病原体等。据美国
环境保护署报道(2000a),一项州调查报告认为,在很多情况下,目前
的地下水污染是由过去废物处理活动造成的。

现场污水处理的家庭化粪或者集中化粪系统采用传统设计、比较
设计或试验系统设计建造。传统的单体化粪系统包括一个化粪池(用
于滞留生活污水,使其中的固体物沉淀)和一个沥滤场(来自化粪池或
配送箱的液状物,能在此渗透到浅层未饱和土壤进行吸附)。当没有
下水道系统将生活污水输送到处理厂时,通常使用化粪池。建造不当
和维护不善的化粪池系统能导致地下水大量而广泛的营养污染和微生
物污染。例如在蒙大拿(Montana),25.2万人使用了约12.6万个现场
化粪池系统,据地下水监测,在化粪池系统集中的地方附近硝酸盐含量
升高。其他州也报称单体化粪池系统和市政污水系统的硝酸盐污染是
一个很大的地下水污染问题。

城区和工业园区下水道泄漏能导致地下水受多种污染物的污染,
加之供水管道的泄漏,导致很多大城市中心的地下水位上升。

土地应用通常是指将(家庭和动物)污水和水处理厂污泥摊铺到
成片土地上。这种做法目前仍存在争议,实施不当时会导致水文地质

敏感地区大面积的地下水污染。

　　污水处置问题是各种药品和个人护理用品(PPCP)的出现,并被不断释放到环境(包括地下水)中的结果。1999～2000 年,美国地质调查局在 36 个州就地表水和地下水中的“新型污染物”开展了有史以来第一次全美调查。这项研究的目的是建立基线发生数据,包括一些常用的药品和个人护理用品。从 142 条河流、55 个水井、7 个污水处理厂出水中采集水样。2002 年 3 月 15 日出版的《环境科学与技术》发布的调查结果显示,在地表水和地下水中广泛发现药品和个人护理用品。有关详细信息参见 http：//toxics. usgs. gov/ highlights/whatsin. html。

　　垃圾填埋法长期以来一直用于处置废物,在过去垃圾填埋场选址时,很少有人关注填埋点地下水污染的潜在可能性。垃圾填埋场一般选在没有其他用途的土地上,因此未加衬砌的废弃沙石坑、旧露天矿、沼泽地、污水坑等常常被用作垃圾填埋场。在很多情况下,地下水位处于或者非常接近地表面,地下水污染潜在可能性很高,因此各州一致将垃圾填埋场作为优先级地下水污染源并不奇怪。总体而言,大家最为关心的是建立现代垃圾填埋场必须严格遵守施工标准(见图 5.10)。

　　据美国环境保护署(2000a)报道,对向坑、塘、池、沥滤场等地表蓄水体排污的行为一般都监管不足。这些地方通常从几平方英尺到几英亩的面积,正在用于或者过去曾经用于农业、采矿业、市政和工业活动,在进行较浅的开挖后用于处理、滞留和处置有害废物和无害废物,因此存在金属、挥发性有机化合物和半挥发性有机化合物滤入地下水中的可能性。例如在科罗拉多州,位于与采矿作业有关的尾矿库下坡的水井中或者氰化堆中常常呈现出高金属浓度;在亚利桑那州,地表蓄水体和沥滤场被确定为重要挥发性有机物污染源。

　　在地表蓄水体评价(美国环境保护署,1983)过程中,在约 8 万处场地中有 18 万多个地表蓄水体。近一半场地位于很薄或渗透性强的含水层,超过一半场地含有工业废物。此外,位于深厚、渗透性强的含水层的场地中,98% 位于潜在饮用水供水约 1.609 km(1 mi)范围内(美国环境保护署,1983)。

　　在带大量近地表溶蚀孔的石灰岩地形的地表蓄水,产生了特别严

图 5.10　按照严格环境规定进行了正确封围的现代垃圾填埋场鸟瞰图
（垃圾填埋场由多层材料封盖防止降雨渗透和淋滤，确保将来不对地下
水产生不利影响。注意左侧高速公路为比例尺参照）（经美国弗吉
尼亚州弗吉尼亚海滩市许可拍摄印制）

重的问题。1990 年，美国环境保护署报告称在佛罗里达州、阿拉巴马州、密苏里州和其他地方，城市污水池坍塌进入地下空洞，将未经处理的水排入到大范围存在的地下溶蚀孔中。在有些情况下，污水重新出现在几英里远的泉水和河流中。

　　V 级注水井为浅水处置系统，用于将各种液体注入地下，或直接注入浅层含水层或注入其上。这类注水井包括浅层污水处理井（干井）、污水坑、化粪池系统、雨水渠、农业排水网等。由于 V 级注水井没有任何特定设计要求，也没有被要求对它们排泄的污水进行处理，因此美国环境保护署在意识到对地下水供水的潜在威胁后，于 2001 年对地下水注水控制规定进行了修改（美国环境保护署，2002）。

　　美国环境保护署将 I 级注水井定义为将液体注入井眼周围的 402 m(0.25 mi)范围内最深地下水饮用水水源之下的水井。在美国很多地方,这类水井主要被用来处理来自城市污水处理厂的废水,同时也有来自垃圾填埋场的滤出液和非有害性工业废水。美国环境保护署 1983 年报告,在美国至少有 188 个活跃的有害废物深层注水井。这类井大多数与化工业联系在一起,深度范围在 304.8 ~ 2 743.2 m (1 000 ~ 9 000 ft)。据调查最深的井在得克萨斯州和密西西比州。

　　在过去的 30 年里,深井注入法是美国很多地方废水处置的基本方法。例如在佛罗里达州,2002 年有大约 1 285 000 m³/d 的废水被注入到 126 口活性深层注水井(I 级)中(FDEP(佛罗里达环境保护局), 2003a,2003b;Maliva 等,2007)。由于水井施工不当,水井故障或者无法预料的水文地质条件,一个深层注水场地可能会成为潜在的地下水污染源(Maliva 等,2007)。

　　在所有生产石油的州,油田盐水既污染了地表水也污染了地下水(美国环境保护署,1990)。油田盐水作为一种有害副产品,与石油生产相伴产生,在钻井过程中也有产生。对于后一种情况,钻井液和盐水过去都储存在储备池中,在水井完工或者废弃一段时间后充满。通常,油田盐水临时储存在储水池或置于注水井中。由于盐水的侵蚀性,输水管和注水井套管会很快地腐蚀,导致地下水污染。据美国环境保护署报告,到 1983 年已有 24 000 口 II 级水井被用来注入油田盐水。

5.3.2.3　农业活动

　　有污染地下水潜在可能的农业活动包括动物饲养场、化肥和农药施用、灌溉、农业化学设施、排水井等。产生地下水污染的原因包括农药与化肥在处置及储存过程中的各种常规应用、溢出泄漏或不当使用,粪肥储存及施撒和化学品不当储存,以及作为地下水直接通道的灌溉回水排水沟等。化肥和农药的过量使用或不当使用会将氮、农药、镉、氯、汞、硒等输入地下水中。美国环境保护署(2000a)指出,各州都报告农业活动将会继续成为地下水污染的主要来源。化肥和农药既应用于农村农业地区的农作物和果园,也应用于城市和近郊的草坪和高尔夫球场。

　　牧业是美国很多州的经济主体,因此都采取了规模化畜禽养殖场(CAFOs),将畜禽圈养在有限空间里。但规模化畜禽养殖场将畜禽、饲料、粪尿、畜禽尸体、生产操作等都聚集在一小块土地上,产生大量动物粪便和污水,这会给水质和人类健康带来各种风险。在畜禽养殖场,家畜废物常常会从蓄水池渗入地下,成为地下水硝酸盐、细菌、总溶解固体和硫酸盐等的来源。

　　美国很多州的浅层非承压含水层由于施用化肥而受到污染。农作物施肥是最重要的农业生产措施,但也增加了环境中的硝酸盐含量。很多人认为硝酸盐是最常见的地下水污染物。为了帮助处理化肥过量使用带来的问题,美国农业部自然资源保护局帮助农作物生产者们制订了营养物管理计划。

　　杀虫剂的使用和施用方法引起了全美民众对地下水质的极大关注。杀虫剂进入地下水的主要途径是通过包气带浸入或由于排水系统的溢出和直接渗透。当杀虫剂施用不久并出现强降雨时,杀虫剂渗透量一般最大。在敏感地区,据对地下水监测,可在较大范围内监测到杀虫剂,特别是莠去津。

　　在大量使用灌溉的农业地区出现了人类活动引发的盐碱化。灌溉水不断地将化肥中的硝酸盐化合物连同高浓度的氯、钠和其他金属冲刷到浅层含水层中,从而增加了下伏含水层的盐度(美国环境保护署,2000a)。不当灌溉能造成地下水位上升到潜水蒸发的临界深度以上,导致溶解矿物质盐沉积在地表及附近积聚,引起土壤大面积盐碱化。

5.3.2.4　工业活动

　　工业生产过程中原材料及废物处理会对地下水质产生威胁。工业设施、有害废物产生者、生产和修配车间,都存在着排污的可能。如果存放不当或者出现泄漏或溢出,工厂原材料储存就是一个问题。例如,装化品的圆桶随意堆放或损坏,干性材料露天遇雨淋等。材料运输和搬运也是大家关注工业污染的原因之一。

　　最常见的工业污染物有金属、挥发性有机化合物(VOC)、半挥发性有机化合物(SVOC)、石油化合物等。VOC 主要与脱脂剂有关。正如美国环境保护署(2000a)指出的,替代有机溶剂的新技术和新产品的开发仍在继续。例如,正在开发来自植物的有机可降解生物溶剂,已大规模在干洗行业应用。目前正在开发各种环境保护的干洗技术,以替代对最常用的四氯乙烯(PCE)的需求。纽约和其他地方政府和州正在考虑立法,禁止在干洗行业使用四氯乙烯。

在 2000 年美国环境保护署的研究中,化学品、工业废物、石油产品等从汽车、铁路、飞机、装卸货设备、储罐等的意外泄漏事件被视为严重污染源,为大多数州所关注。例如,印第安纳州报告称,1996 年,每周大约发生 50 次 15.52 万 m^3(4 100 万 gal)的各种产品泄漏溢出的事件。蒙大拿州报告称,每年平均发生 300 次意外泄漏事件。这些泄漏中平均约 15 次需要大范围清理和后续地下水监测,例如 1995 年海伦娜铁路货场的油罐列车脱轨,65.86 m^3(1.74 万 gal)燃料油有着污染地下水的风险。据后续监测,快速的应对行动防止了大部分的污染物进入当地含水层。南卡罗来纳州确定意外泄漏和溢出是地下水污染的第二种最常见的污染源。而在亚利桑那州,这些泄漏通常与石油产品有关,归因于机械维护或者制造。

可以肯定,在美国数万英里的地下埋藏管道输送着各种石油产品和工业液体,随时都有泄漏危险。然而,这些泄漏检测起来非常困难。有时候,当泉水、水井、地表河流水质突然发生无法解释的变化或者植被死亡时,这种泄漏才会被发现。

空气污染物,如利用化石燃料的工业活动及发电和汽车排放引起空气中的硫和氮化合物,以干颗粒或者酸雨的形式降落在陆地地面,会渗透到土壤里,最终造成地下水污染。

5.3.2.5　采矿作业

采矿能引起各种水污染问题,如将矿井水抽送到地面、废弃材料的浸滤、水经过矿井自然排放、选矿废水等。实际上,数千英里的河流、数百英亩的含水层已经受到来自阿巴拉契亚(Appalachia)煤矿和排土场的高度腐蚀性矿化水的污染。在美国西部许多州,选矿废水和金属硫化物生产渗出液已经严重地影响了地表水和地下水(美国环境保护署,1990)。

许多矿井比地下水位深,为了保持干燥,大量地下水被抽出而浪费掉。如果咸水或矿化水处于相对浅的深度，为了取水而抽取淡水会造成咸水或矿化水向上迁移，有可能被抽水井截获。最普遍的情况是，矿化水被排放到地表河流（美国环境保护署，1990）。

5.3.2.6　污染导管和水井

从评价立场看，由于不当废弃、没有套管、垮塌了的水井，或者水井有着长滤管和砾石充填层并同时与多个含水层相通，造成的污染问题可以说最为突出（见图5.11）。由溶解成分或者不同密度水（咸水和浓盐水）造成的污染能通过这类水井按地下水系统不同部分之间的水头

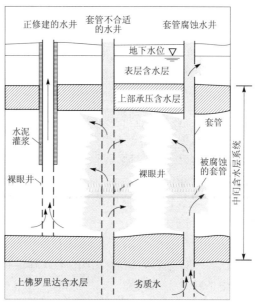

图5.11　由于失败的、无套管或不当建造的水井在不同密度或水质的含水层之间形成了一个水流管道，通过盐水倒锥或其他受污染地下水而造成污染。
左边是正确建造、进入含水层的水井（Metz 和 Bredle 修正，1996）

差和水密度差上行或者下行。例如，据美国地质调查局报告，从1900年到20世纪70年代，为了灌溉，在佛罗里达州中西部地区佛罗里达含水层打了成千上万口深井，一直到该含水层水质恶化才停止灌溉。大多数早期灌溉水井都与中间含水层系统相通。通常，水井有一小段钢

套管通过地表含水层,然后与下部两个含水层相通。这些裸眼井,长度可达数百英尺,为水流提供了上行或下行穿越承压单元的直接通道,因而缩短了通过承压单元缓慢渗漏的路径(Metz 和 Brendle,1996)。据报告,在研究区,估计有约 8 000 个水井与中间含水层系统和上佛罗里达含水层相连通。

在涉及曼纳特(Manatee)、萨拉索塔(Sarasota)、夏洛特(Charlotte)三县的一大片地区,上佛罗里达含水层地下水位比上覆中间含水层系统水位高出 6.1 m(20 多 ft)。估计每天总共 32.17 万 m^3(8 500 万 gal)的水从上佛罗里达含水层通过两个水系中的水井流入上覆淡水区。在大多数上升流区域,上佛罗里达含水层中氯、硫酸盐、溶解固体的浓度超出了推荐或者允许的饮用水标准值,说明上升流正在污染着中间含水层系统(Barlow,2003)。1974 年,佛罗里达西南水管理区启动了水质改善计划,通过封堵废弃水井以恢复由于建造不当水井所改变的水文条件。自计划开始到 2001 年 10 月,对超过 5 200 口水井进行了检查,有近 3 000 口井被封堵(SFWMD(佛罗里达西南水管理区),2002)。

5.3.3　自然产生的污染物

5.3.3.1　砷

1993 年以来,世界卫生组织(WHO)将饮用水中砷含量标准从 0.05 mg/L 下调到 0.01 mg/L,美国和欧盟等国也随之进行了调减。这个自然产生的元素已经成为大家所公认的最恶名昭彰的污染物。下面节选几段新闻稿来说明这一点。

根据今天(2007 年 8 月 29 日,星期三)在伦敦皇家地理协会(英国地理学会(IBG))的年会上提出了一项新的研究,饮用水中的砷是一个全球性健康威胁,影响着 70 多个国家和 1.37 亿人口。

剑桥大学地理系的彼得·雷文斯克罗夫特(Peter Ravenscroft)在地理学家会议上指出,大量人群在未知情况下接触着不安全的砷含量水平的饮用水。孟加拉国是目前受影响最严重的国家,成千上万的人可能因为砷导致肺癌、膀胱癌和皮肤癌而死亡。

　　根据世界卫生组织砷方面的顾问、加州大学伯克利分校阿兰·史密斯(Allan Smith)博士的研究,砷对健康有着长期的风险,"超出所有其他潜在水污染物"。史密斯博士还补充:"大多数国家有些水源带有危险的砷含量水平,但是我们直到现在才开始意识到这个问题的严重性。从长期健康风险来看,这是饮用水中最危险的污染物,我们应该在世界范围内尽快对所有水源进行检测。"(RGS,2007)

　　因饮用砷污染的饮用水对身体造成伤害最严重的情况发生在孟加拉国和印度的西孟加拉邦。在 20 世纪 70~80 年代,联合国儿童基金会(UNICEF)和其他国际机构帮助孟加拉国安装了 400 多万个手压机井,让社区能有清洁的饮用水,从而降低了痢疾发病率和婴儿死亡率。20 世纪 80 年代在西孟加拉邦,以及随后在孟加拉国均发现了与砷有关的疾病(一般指砷中毒)的病例。直到 1993 年,人们才发现水井中的砷是罪魁祸首。2000 年,一份世界卫生组织的报告(Smith 等,2000)将孟加拉国的情形描述成"历史上最大的一次集体中毒,超出了 1984 年印度波帕(Bhopal)和 1986 年乌克兰切尔诺贝利发生的意外事件"。

　　2006 年,联合国儿童基金会报告,在孟加拉国 860 万口井中 470 万口(约占 55%)进行了砷含量检测,其中 140 万口井(受检井的 30%)检测显示为红色,表示用于饮用的水不安全:在这个案例中定义为砷含量超过 0.05 mg/L(UNICEF,2006)。尽管很多人转为使用无砷水,但还有 1/3 确定有砷污染的地方没有采取任何行动。联合国儿童基金会估计 2006 年在孟加拉国有 1.2 亿人还在饮用砷污染水,而有砷中毒症状的人数达到 40 万人,还可能上升到 100 万人(UNICEF,2006)。其他人对此数据的估计更高(Petrusevski 等,2007)。

　　世界卫生组织指南规定的砷浓度值为 10 μg/L,这对于孟加拉国和印度等受砷问题影响较大的国家(这两个国家的砷浓度值维持着 50 μg/L 的限值)来说目前执行起来尚不可行。其他国家也没有对其饮用水标准进行更新,仍沿用世界卫生组织原来的标准值 50 μg/L,如巴林、玻利维亚、中国(《中华人民共和国生活饮用水卫生标准》(GB 5749—2006)已将砷指标值修订为 50 μg/L——译者注)、埃及、印度尼西亚、阿曼、菲律宾、沙特阿拉伯、斯里兰卡、越南、津巴布韦等国家。在饮用水可接受的砷含量方面,目前执行最为严格的是澳大利亚,其国家标准为 7 μg/L(Petrusevski 等,2007)。

当多年饮用砷污染水,就会产生慢性砷中毒的疾病症状。然而,目前对砷引起的疾病还没有一个统一的定义,而且目前还不可能区分哪种癌症是由于饮用了受砷影响的水而造成的。因此,各种估计差异很大。有些症状在接触砷超过 10 年之后才会出现,而对于有些癌症来说,则需要超过 20 年的接触才可能出现。长期摄取水中的砷首先会导致肾和肝功能问题,然后损害内部器官,包括肺、肾、肝和膀胱。砷能破坏外围血管系统,导致腿部肌肉组织坏死,这在有些地方称为黑脚病,这种病是 20 世纪上半叶在中国(台湾省)发现,首次报告的慢性砷中毒症状之一。高血压与饮水中砷的相关关系也在几种研究中建立起来(Petrusevski 等,2007)。

砷元素为自然界鲜有发现的铁灰色金属状物质,一般以与氧、氯、硫等其他元素形成的化合物的形式广泛分布于地壳,特别是在含有铜或铅的矿物质和矿石中。地下水中的天然砷主要来自风化岩石和土壤中的溶解矿物质。主要的砷矿石为硫化物(如 As_2S_3,As_4S_4,$FeAsS$),几乎总是与其他金属硫化物一起发现。砷的氢形式砷化三氢,是一种有毒气体。砷还有与氧组成的化合物,如三氧化二砷(As_2O_3)是一种透明的晶状体或者白色粉末,微溶于水,比重为 3.74;五氧化二砷(As_2O_5)为白色非结晶固体,极易溶于水,形成砷酸,比重为 4.32(美国环境保护署,2005b)。

地下水中的溶解砷首先以三价和五价氧化状的含氧阴离子形式存在。无论砷酸盐[As(V)]或是亚砷酸盐[As(Ⅲ)],都是地下水中主要的无机形式。在溶解氧大于 1 mg/L 的氧化水(有氧水、富氧水)中,一般主要以砷酸盐($H_nAsO_4^{n-3}$)的形式出现。在还原条件下主要为亚砷酸盐($H_nAsO_3^{n-3}$),如硫化水(溶解氧小于 1 mg/L,出现硫化物)和甲烷水(出现甲烷)。水溶液反应和固液反应,其中一些反应受细菌介导,可氧化或还原成砷溶液。两种阴离子均能吸附到不同的地下物质上,如氧化铁和黏土颗粒。对于砷酸盐的输移来说,氧化铁特别重要,因为氧化铁在地下藏量丰富,而且砷酸盐在酸性水至中性水中可强烈吸附在它们的表面。pH 值上升到碱性条件会导致亚砷酸盐和砷酸盐解吸,在碱性环境中迁移(Dowdle 等,1996;Harrington 等,1998;Welch 等,2000;美国环境保护署,2005b)。砷的毒性和迁移性随其价态和化学形式而不同。一般来说,As(Ⅲ)对人类的毒性比 As(Ⅴ)更大,其溶解性比 As(Ⅴ)高出 4～10 倍或更高(美国环境保护署,1997)。

美国消费的所有砷化合物都是进口的。砷首先被用于生产农药、杀虫剂和铬化砷酸铜(CCA)。CCA 是一种防腐剂,使木材抗腐烂和蛀蚀。由于环境方面规定的加强,加上木材加工处理业决定到 2003 年底淘汰住宅木材含砷防腐剂,导致美国 2004 年砷消费量急剧下降。其他含砷工业产品包括铅酸蓄电池、发光二极管、涂料、染料、金属制品、医药制品、杀虫剂、除草剂、肥皂、半导体等。环境中人类活动造成的砷源包括采矿和冶炼、农业应用、含砷废物清理处置(美国环境保护署,2005b)。在很多修复场地,砷是大家所关注的一种污染物。由于砷容易改变价态,并反应生成带不同毒性和输移性的化学形态,因此对砷进行有效处理正成为一个挑战。

美国地质调查局最近一次对美国主要含水层砷浓度研究(查询网址 http://water.usgs.gov/nawqa/trace/pubs/)显示,由于气候和地质原因,天然砷的区域性变化很大。尽管在美国进行的 30 000 次地下水砷分析中有近一半被研究的砷浓度等于或小于 1 μg/L,但是还是有约 10% 超出 10 μg/L。从更大的地区角度看,美国西部观测到砷浓度超过 10 μg/L 的情况比东部更多(USGS,2004)。有趣的是,据在新英格兰、密西根、明尼苏达、南达科他、奥克拉荷马、威斯康星等州最近进行的地下水详细调查,砷浓度超过 10 μg/L 的情况比先前认定的面积更广且更普遍。氧化铁释放的砷显然是地下水中砷浓度超过10 μg/L情况普遍存在的最主要原因。另外,出现这种情况是因为地球化学条件不同,包括通过氧化铁与天然或者人为(石油产品等)有机碳的反应向地下水释放砷。氧化铁还可以向碱性地下水释放砷,如美国西部长英质火山岩和碱性含水层中均发现这种情况。岩石中的硫化矿物,根据局部地球化学条件,可充当砷源和汇双重角色。在氧化水(有氧水、富氧水)中的硫化矿,最著名的是黄铁矿和含砷黄铁矿的溶解,使美国很多地方的地下水和地表水中的砷含量都有所增加。其他较为普遍的硫化矿,如方铅矿、闪锌矿、白铁矿、黄铜矿等,作为一种杂质,含砷量为1%或者更多。

5.3.3.2　放射性核素

放射性核素为天然元素,具有不稳定核,可自发地分解形成更为稳定的能量和粒子结构。在这个过程中释放的能量称为放射能,而这种元素称为放射性元素或放射性核素。最不稳定的结构分裂非常快,有些在地壳中已不再存在(如化学元素 85 和 87,砹和钫)。其他放射性元素,如铷-87,衰减速度慢,仍然大量存在(Hem,1989)。放射性核素的衰减是一个一阶动态过程,通常用固定的衰减率常数 λ 表述:

$$\lambda = \frac{\ln 2}{t_{1/2}} \tag{5.9}$$

式中　$t_{1/2}$ 为元素的半衰期,即在 0 时间出现量的一半分裂完成的时间长度。

放射能以不同方式释放,在水化学中,人们特别关注 3 种方式:①α 粒子辐射,由带正电荷氦原子核组成;②β 辐射,由电子和正电子组成;③γ 辐射,由电磁波型能量组成,类似于 X 射线(Hem,1989)。放射性核素的潜在影响取决于放射粒子或发出射线(α、β、γ)的数量,而不是放射性核素的质量(美国环境保护署,1981)。在国际单位制中,放射性活度单位为 Bq,定义为每秒一次分裂产生的辐射量(即 1 Bq = 27.0270 pCi)。这个单位是以一个法国物理学家、放射线发现者安托瓦内特·亨利·贝克勒尔(Antoine-Henri Becquerel)的名字命名的。一个居里(Ci,以镭的发现者皮尔和玛丽·居里名字命名)定义为 3.7 $\times 10^{10}$ 原子分裂量/s(即 1 Ci = 3.7 $\times 10^{10}$ Bq),约 1 g 镭的放射性活度,与其分裂产物保持平衡。镭和 α、β 辐射的最大污染浓度(MCL)在美国表述为 pCi/L。可能时,放射性以特定核素浓度值来描述,较为普遍的情况如铀,通过化学方法分析很方便(铀的最大污染物浓度表达为 μg/L)。对有些元素来说,放射性化学分析技术能检测到比目前任何化学方法所能检测到的浓度更低的浓度。跟踪放射性微尘技术,可应用到非常少量的地下水中,这具有特别意义。

接触放射性核素会增大致癌风险。某些元素会在特定器官中积聚。例如,镭积聚在骨骼中,碘积聚在甲状腺中,而铀对肾也有潜在损伤。很多水源中自然产生的放射性水平很低,通常不构成人群健康问题。然而,在美国有些地方,地下地质引起供水含水层中有些放射性核素浓度上升。

储存不当、渗漏或者运输事故等都会造成人为放射性物质对水的污染。这些放射性物质以不同方式应用于核能生产、商业产品(如电视和烟尘探测器)、电力、核武器以及核医学治疗和诊断。

人类活动产生的放射性核素也会释放到大气中,如大气层核试验、核事故和放射性药物排放等。α 粒子发射体和 β 光子发射体这两种放射性衰变会由于人类饮用污染水而造成最大的健康风险。很多放射性核素为混合型发射体,每种核素都具有裂变的基本模式。天然产生的核素大部分为 α 粒子发射体,很多短寿命粒子体产物发射 β 粒子。人为放射性核素主要为 β/光子发射体,包括核工业活动释放到环境中的发射体,也包括核武器和核反应堆设施释放的发射 α 粒子,如钚(美国环境保护署,2000b)。天然放射性核素有 3 个衰变系,以铀 – 238、钍 – 232、铀 235 开始,三者统称为铀系、钍系和锕系。每一衰变系通过不同核素阶段,在衰变时发射 α 或者 β 粒子,以稳定的铅同位素终止。有些放射性核素还伴随 α 和 β 衰变发射 γ 辐射。铀衰变系包含铀 – 238 和铀 – 234、镭 – 226、铅 – 210 和钋 – 210,钍衰变系包含镭 – 228 和镭 – 224,锕衰变系包含铀 – 235(美国环境保护署,2000b)。

美国环境保护署在与美国地质调查局合作签发的一个技术文件(美国环境保护署,2000b)中颁布了放射性核素新的最大污染物浓度标准,包括饮用水放射性基本原理、地下水中主要天然放射性核素概述、美国地质调查局在美国所有水文地层省份选取水井开展全国调查的结果等章节(Focazio 等,2001)。

5.3.4　氮(硝酸盐)

硝酸盐是人们公认的在世界上分布最广的地下水污染物,主要是由农业活动中化肥施用造成的。其他重要的、广泛分布的、人类活动造成的以氮的形式出现的地下水污染物,来自于集中式和分散式污水处理系统的污水处理、下水管道泄漏、畜禽饲养、酸雨等。硝酸盐是无机氮最主要的氧化形式。在地下水中,氮以不带电荷的气体形式氨气(NH_3)出现,这是最主要的还原无机形式,阴离子亚硝酸盐和硝酸盐(分别为 NO_2^- 和 NO_3^-),以阳离子形式铵基(NH_4^+)出现,中间氧化态为一部分有机溶液。其他一些形式如氰化物(CN^-)由于废水处理影响也会出现在地下水中(Rees 等,1995;Hem,1989)。氮也会以三种气体形式存在于地下水中:元素氮(零氧化状态)、氧化亚氮(N_2O,轻微氧化,+1)和氧化氮(NO,+2)。当溶解于地下水中时,这 3 种气体形式为不带电气体形式(Rees 等,1995)。

氮能进行多种反应,使其存储在地下,或者转化成气体形式留在土壤中数分钟乃至数年。这些主要反应包括:①固持(矿化);②硝化;③反硝化;④植物吸收和循环(Keeney,1990)。固持是氮的无机形式被植物和微生物等生物同化,形成有机化合物,如氨基酸、糖、蛋白质和核酸。矿化与固持相反,是有机氮在微生物消化过程中形成氮和铵离子。硝化是微生物先将氮和铵离子氧化成亚硝酸盐并最终氧化成硝酸盐。硝化是导致氮从地表迁移到地下水的关键反应,因为它将相对固定的铵形式(还原氮)和有机氮形式转化成更易迁移的硝酸盐形式。硝化菌科的生化能合成自养生物土壤细菌被认为是这个硝化过程的主要促成者。亚硝化单胞菌属、亚硝酸螺菌属、亚硝酸叶状菌属和亚硝酸弧菌属等的铵氧化细菌,将铵氧化成亚硝酸盐。硝化杆菌属的亚硝酸盐氧化细菌将亚硝酸盐氧化成硝酸盐。硝化还可由异养细菌和真菌进行(Rees 等,1995)。植物所用的氮大部分是氧化形式。反硝化是使用硝酸盐将有机物质氧化成(呼吸)可为微生物所用的能量的一种生物过程。该过程将硝酸盐转化成更为还原的形式,最终产生氮气扩散到大气中。植物吸取氮也去除了土壤中的氮,将其转化成维持植物生长所需的化学物质。由于植物最终会死亡,植物组织中的氮最终又会返回到环境中,从而完成循环(Rees 等,1995)。

阳离子铵强烈地吸附在矿物质表面,而硝酸盐很容易被地下水带走,并在很多条件下保持稳定。亚硝酸盐和有机形态在汽水中不稳定,容易氧化。它们一般被认为是污水和有机废物污染的指标。硝酸盐或铵的出现可能显示了有这类污染,一般说明在远离采样点的场地或时间已经发生了污染。铵和氰化物离子与一些金属离子形成可溶性合成体,某些类型的工业废水会含有这类化学形态(Hem,1989)。

硝酸盐并非直接对人类产生毒性。然而,在强烈的还原条件下,如人体胃肠道,它就转化成亚硝酸盐。亚硝酸盐离子从人体胃肠道进入血液系统,黏结在血红蛋白分子上,转化成无法输送氧气的形式(血红素)。亚硝酸盐还能与氨基化合物进行化学反应,形成高度致癌的亚硝胺盐(UNESCO,1998)。饮用水中过量摄入硝酸盐有患高铁血红蛋白血症或蓝婴综合征的风险,在卫生条件差(如污水污染或饮器不洁)的情况下会加剧其急性影响(Buss 等,2005)。如果不经处理,高铁血红蛋白血症对患病婴儿会是致命的。世界卫生组织和欧盟设定饮用水硝酸盐含量标准为 11.3 mg/L(相当于每升水含有 50 mg 硝酸盐)。在美国、加拿大和澳大利亚,该标准为 10 mg/L。

氮肥的大量施用已导致了很多国家农业地区硝酸盐含量日益增大。原生水体中硝酸盐含量在世界上平均约为 0.1 mg/L(Heathwaite 等,1996)。这与典型的现在的地下水含量相比是非常低的。例如,据对英国地下水含水层研究,目前自然背景或者基线浓度比全球平均原生水浓度高出一个量级(Buss 等,2005)。

由于化石燃料燃烧出现在大气中的氮氧化合物经过各种产生 H^+ 的化学反应,最后形成硝酸盐氮。这些过程能用氧化硫以同样的方式降低雨水的 pH 值。非工业影响的雨水中会有约 6 mg/L 的总氮含量,在这种情况下,254 mm(10 in)的年降水量会给土壤每年每英亩大约 13 磅的氮负荷。这些雨水的大量蒸发会造成渗透水高氮含量(Heaton,1986;Rees 等,1995)。受工业影响的降雨雨水的氮含量高于 6 mg/L,产生的地下氮负荷更大。

在美国人口稀少的地区,生活污水的处理主要采用现场化粪池系统。1980 年,2 090 万个居民区(约占美国总数的 24%)用现场化粪池系统处理了大约 493 392 万 m^3(400 万 acre-ft)的生活污水(Reneau 等,1989)。这种方法是将污水排入当地的地下水。为了避免一个地区地下水污染问题,经过处理的污水可从一个流域输出,排放到其他能够集中处理的地方。不幸的是,现场化粪池系统不可能去除污水,即便是设计优良和建造恰当的现场化粪池系统,也常常造成其下的地下水硝酸盐浓度超出最大污染物浓度值(Wilhelm 等,1994)。

　　化粪池出水中总氮浓度范围为 25 ~ 100 mg/L,平均值为 35 ~ 45 mg/L(美国环境保护署,1980),其中约 75% 为铵,25% 为有机物。据威尔海姆(Wilhelm)等 1994 年报告,化粪池下废水中的硝酸盐浓度能达到最大污染物浓度的 2 ~ 7 倍,地下水硝酸盐羽状污染带会从化粪池系统向外延伸。据塞勒(Seiler)(1996)估计,在内华达州瓦肖县东莱蒙区,化粪池系统对地下水中氮的贡献量为每年 16 500 ~ 42 000 kg(18 ~ 46 t)。

　　在畜禽饲养场,通过废物中氨的挥发会丢失很多氮,尤其是在不用水的畜栏。水可在氮大量挥发之前将氮输送到地下。从动物粪便渗透到地下水中的硝酸盐量取决于这些粪便形成的硝酸盐量、渗透率、粪肥清除频率、饲养密度、土壤结构、环境温度等(National Research(国家研究理事会),1978)。

　　地面自然有机物质的分解对地下水氮含量有很大贡献。例如,在 20 世纪 60 年代晚期,得克萨斯州中西部有几头牛死于饮用含高浓度硝酸盐的地下水。已确定硝酸盐来源于土壤中自然产生的有机物质(Kreitler 和 Jones,1975;Seiler,1996)。230 口水井中的平均硝酸盐浓度为 250 mg/L,最高值达 3 000 mg/L 以上。原生植被,包括一种固氮植物,受到了土壤旱地耕种的破坏,增加了输送到土壤中的氧气量,促进了土壤中自然产生有机物质的氧化作用,形成导致土壤污染的硝酸盐。

　　众所周知,硝酸盐稳定的同位素构成表明了其来源,也可用于指示正在进行生物反硝化(Buss 等,2005)。使用的变量为 $\delta^{15}N$,即将水样中的 $^{15}N/^{14}N$ 比值与国际上通用标准的比值进行比较(在氮情况下为空气),其比例为

$$\delta^{15}N(‰) = \frac{(^{15}N/^{14}N)_{sample} - (^{15}N/^{14}N)_{standard}}{(^{15}N/^{14}N)_{standard}} \times 1\ 000 \quad (5.10)$$

当追踪污染源时,有些污染源有着独特的同位素标识。例如,无机硝酸盐肥料的 $\delta^{15}N$ 值趋向于 $-7‰ \sim +5‰$,而铵肥料的 $\delta^{15}N$ 值趋向于 $-16‰ \sim -6‰$,天然土壤的 $\delta^{15}N$ 值趋向于 $-3‰ \sim +8‰$,污水的 $\delta^{15}N$ 趋向于 $+7‰ \sim +25‰$,降雨雨水的 $\delta^{15}N$ 为 $-3‰$(Fukada 等,2004;Widory 等,2004;BGS,1999;Heaton,1986)。这种方法常常结合其他相关化学形态的信息:巴里特(Barrett)等(1999)使用了 $\delta^{15}N$ 和微生物指示物以查明污水含氮量,而维多利(Widory)等(2004)使用了 $\delta^{15}N$、$\delta^{11}B$ 和 $^{87}Sr/^{86}Sr$ 来区别矿物肥料,废水和猪、牛、家禽的粪肥;波尔克(Bolke)和丹佛尔(Denver)(1995)使用了 $\delta^{15}N$、$\delta^{13}C$、$\delta^{34}S$、氟氯碳化物、氚和主要离子化学,以确定农业集水区中硝酸盐污染的应用历史和去向(Buss 等,2005)。

两个同位素质量的细微差别引起的同位素效应倾向于使较重同位素仍然保持为一个化学反应的起始物质。例如,反硝化使起始物质硝酸盐同位素变得更重。氨的挥发导致同位素更轻,优先消失到大气中,而留在后面的氨同位素变得更重。这些同位素效应意味着,根据其起源,相同化合物会有着不同的同位素组成。即使已知源物质的同位素组成稳定,如果要查明地下水中硝酸盐来源,还必须知道其沉淀后会发生什么反应及其如何影响源物质同位素的构成。因为沉淀后分馏使源物质的同位素标识模糊不清,因此仅仅使用 ^{15}N 的数据来区分不同来源是不够的。

由于人类活动以多种方式影响环境中各种形态的氮,加上人们对可饮用地下水中极高的亚硝酸盐和硝酸盐浓度而产生的健康问题的关注,因此开展了很多氮源、氮循环和相关地下水影响的科学调查(如 Feth,1966;National Research Council,1978;Zwirnmann,1982;Keeney,1990;Spalding 和 Exner,1993;Puckett,1994;Rees 等,1995;Mueller 等,1995;Buss 等,2005)。

5.3.5　合成有机污染物

人们对有些城市饮用水供水中合成有机污染物(SOC)的关注是1974 年美国《安全饮用水法》在数据缺乏情况下获得通过的重要原因。

1981年,美国环境保护署开展了地下水供水调查,以确定使用地下水的公共饮用水供水中挥发性有机化合物(VOC)的情况。调查显示,28.7%服务人口超过10 000人的公共供水系统和16.5%小型供水系统的供水中这些化学物的检测浓度。美国环境保护署的其他调查以及一些州的调查也揭示了公共供水中的合成有机污染物情况。这些调查结果支持了美国环境保护署对多种化学品进行管制的做法,因为这些化学品中有许多是致癌化学物(Tiemann,1996)。

合成有机污染物为人为化合物,被用于多种工业和农业目的,包括有机杀虫剂。合成有机污染物可分成两类:挥发性有机化合物和非挥发性(或半挥发性)化合物。

饮用水消毒是20世纪公共健康方面的一大进步。消毒是减少19世纪和20世纪初曾在美国和欧洲城市流行的伤寒症和霍乱等传染病的一个主要要素。虽然消毒在控制很多微生物上很有效,但是有些消毒剂(特别是氯)在源水和供水管道系统中与自然有机和无机物发生反应,形成消毒副产品,这些副产品几乎都是有机化学品(铬酸盐和溴酸盐除外)。美国有大部分人口通过其饮用水而潜在接触消毒副产品。在美国超过2.4亿人使用公共供水系统,并使用消毒剂防止微生物污染。据毒理学研究,有几种消毒副产品(如溴二氯甲烷、三溴甲烷、三氯甲烷、二氯乙酸、溴酸盐等)使实验室动物产生了癌症症状;其他消毒副产品(如氯酸盐、溴二氯甲烷以及一些卤乙酸)也显示出对实验室动物繁殖或发育产生的影响。流行病学和毒理学对消毒副产品的研究也显示,这些消毒副产品会涉及不同繁殖和发育阶段的毒性并会产生各种不良影响,如早期流产、死胎、胎儿体重不足、早产儿、先天性缺陷等(美国环境保护署,2003b)。当研究使用处理过的废水进行含水层人工补给的潜在可能性时,消毒副产品尤为令人关注。目前有3种消毒剂和4种消毒副产品被收录到美国环境保护署的一级饮用水标准目录中(见5.4节)。

5.3.5.1 挥发性有机化合物和半挥发性有机化合物

挥发性有机化合物(VOC)为人工合成化学品,用于多种工业和农

业目的。最常见的 VOC 包括:①脱脂剂和溶剂,如苯、甲苯、三氯乙烯;
②绝缘体和导体,如多氯联苯(PCB);③干洗剂,如四氯乙烯(PCE);
④汽油化合物等。VOC 潜在着造成染色体畸变、癌症、神经系统紊乱及肝
肾损害(美国环境保护署,2003a,2003b)等风险。目前有 54 种有机化学品
被收录到美国环境保护署的主要饮用水标准目录中(见5.4 节)。

　　在美国地调局开展的一次研究中,美国的很多含水层都被检测到
了挥发性有机化合物(Zogrski 等,2006)。在对地下水中 55 种挥发性
有机化合物进行评估时,对 1985 ~ 2001 年从不同水井、几乎代表了
100 个不同含水层采集到的 3 500 个水样进行了分析研究。这是对大
量不同用途的挥发性有机化合物进行的第一次全国性评估,探讨了含
水层中的关键问题。近20% 的含水层水样含有 55 种中的 1 种或多种
挥发性有机化合物,评估浓度为 0.2 μg/L。对于采用低浓度分析方法
(其采用的评估浓度比以上评估浓度低一个数量级,为 0.02 μg/L)进
行分析研究的水样子集来说,这个检测频率提高到稍稍超过50% 。在
全国完成的 98 个含水层研究中有 90 个被检测到了含挥发性有机化合
物,在加利弗尼亚州、内华达州、佛罗里达州和新英格兰与大西洋中部
地区各州大部分使用了最大的检测频率。可能产生加氯消毒副产品的
三卤代甲烷(THMs)和溶剂是最频繁被检测出来的挥发性有机化合物
组类。此外,检测出的三卤代甲烷、溶剂和一些单个化合物地理分布广
泛;然而,甲基叔丁基醚(MTBE)、二溴化乙烯(EDB)和二溴氯丙烷
(DBCP)等不少化合物均按存在地区或局部区域出现为主。挥发性有
机化合物的广泛出现表明了该类化合物污染源的普遍存在性以及美国
很多含水层对低浓度的 VOC 污染影响的脆弱性。据 VOC 调研成果,
与 VOC 来源分布广、行为特征及归宿等属性类似的其他化合物也可能
产生。

　　在评估浓度为 0.2 μg/L 时,1% 或以上的被测试供水井中发现
的 VOC 包括三氯甲烷(THM)、四氯乙烯(PCE)、甲基叔丁基醚(MT-
BE)、三氯乙烯(TCE)、甲苯、二氟二氯甲烷(制冷剂)、1,1,1 - 三氯
乙烯、氯甲、溴二氯甲烷(THM)、二氟三氯甲烷(制冷剂)、三溴甲烷

(THM)、二溴氯甲烷(THM)、反 – 1,2 – 二氯亚甲基、二氯甲烷、1,1
– 二氯亚甲基。

尽管在美国地调局的研究中检测到很多 VOC,但其浓度普遍较
低,均在相应的最大污染物浓度之下。例如,水样中 90% 的总 VOC 浓
度都小于 1 μg/L。当评价浓度为 0.2 μg/L 时,在 1 个或多个水样中检
测出了 55 种 VOC 中的 42 种。此外,在本次评价中考虑了熏蒸剂、汽
油烃、汽油氧化剂(如 MTBE)、有机合成化合物、制冷剂、溶剂和三卤代
甲烷共 7 组 VOC,而每组 VOC 都能在水样中被检测到。地下水中大多
数 VOC 浓度小于 1 μg/L,这很重要,因为先前多项监测项目没有使用
这些低浓度分析方法,因此就没有检测到这类污染。

在这次评价中,通过对 10 个高检出率化合物进行模型统计,证实
了含水层中 VOC 污染解释的复杂性。描述 VOC 来源、输移和归宿的
各个要素在解释全国 VOC 状况中都很重要。例如,四氯乙烯的产生与
取样井附近的城市土地利用率及化粪池系统密度(源要素)、水井滤管
段顶部的深度(输移要素)和溶解氧出现(归宿要素)等具有统计学关
联。全国性统计分析为深入理解那些与检测具体 VOC 密切相关的要
素提供了重要依据,这些信息在很多地方性含水层调查中有助于选择
需要考虑的具体化合物和含水层信息。为了进一步减少或者消除低水
平 VOC 污染,将需要对污染源和含水层特点进行深入了解(Zogorski
等,2006)。

半挥发性有机化合物(SVOC)通常是指可通过溶剂萃取的有机化
合物,可由气体色谱分析法/质谱法(GC/MS)确定,包括多环芳香烃
(PAH)、氮杂芳烃、氮化化合物、苯酚、邻苯二甲酸、奎宁等,其中有许
多因为其毒性以及与工业活动和过程的关联而被美国环境保护署指定
为优先污染物,并被 1977 年的《清洁水法》所引用。被列为优先污染
SVOC 包括在塑料中使用的邻苯二甲酸、用做消毒剂和在制造化学品
中使用的苯酚、PAH 等。PAH 和氮杂芳烃含有有机物(木材和化石燃
料,如汽油、石油、煤)在不完全燃烧过程中形成的稠合碳环。氮杂芳
烃与 PAH 不同之处在于其稠合环结构中氮原子替换了碳原子。因为

化石燃料的燃烧是氮杂芳烃和 PAH 的主要来源,因此氮杂芳烃的产生与受影响土壤和河流沉积物样本中的多环芳香烃相关。然而,PAH 的其他来源还包括自然和人为引入的未燃烧煤和石油以及在染料和塑料工业中使用 PAH(Nowell 和 Capel,2003;Lopes 和 Furlong,2001)。

大多数 SVOC 具有中度到强度疏水性(即它们具有较低和较高水溶性的辛醇 - 水分配系数)。因此,它们可吸附于土壤和沉积物而与水中有机物分离。

5.3.5.2　非水相液体

非水相液体(NAPL)为烃,当与水或空气接触时以单独的、不溶混相态方式存在。水和非水相液体 NAPL 在物理和化学特性上的不同造成液体之间形成一个物理界面,防止两种液体混合。NAPL 通常划分为低密度非水相液体(LNAPL)或高密度非水相液体(DNAPL),前者密度小于水,后者密度大于水(见表 5.1)。区分自由相实际 NAPL 和水中溶解相的同名化学物非常重要。例如,大多数普通有机污染物(如 PCE、TCE 和苯)能以自由相 NAPL 和溶于渗透水的方式进入地下。然而,自由相 NAPL 和溶于地下水中的同名化学物的输移和归宿有很大的不同。

LNAPL 影响各种场地的地下水质。最常见的污染问题均源自石油产品的释放。加油站和其他设施的地下储油罐(UST)泄漏可以说是发达国家地下水最普遍的点源污染(见图 5.9)。汽油产品为典型的多组分有机混合物,由不同水溶性化学物组成。有些汽油添加剂(如甲基叔丁基醚和酒精(如乙醇))有很高的水溶性。其他组分(如苯系物)微溶于水。很多组分(如 n - 十二烷和 n - 正庚烷)在理想条件下水溶性相对较低(Newell 等,1995)。在提炼过程的最后,成品汽油通常含有多达 1 000 个组分(Mehlman,1990;Harper 和 Liccione,1995)。除苯系物外(在一个典型的汽油混合体中平均约占 16%),在受污染的地下水中还检测到三种汽油组分分别为萘、氯乙烯和 1,2,4 - 三甲基苯(124 - TMB)(Lawrence,2006)。单个苯系物化合物也被广泛地用作溶剂和用于制造(Swoboda-Colberg,1995)。

表 5.1　选取挥发性有机化合物的密度

IUPAC 名称	常用名或别名	密度
1,2,3 - 三氯苯	1,2,6 - 三氯苯	1.690
四氯乙烯	全氯乙烯,四氯乙烯,PCE	1.623
四氯化碳	四氯化碳	1.594
1,1,2 - 三氯乙烯	1,1,2 - 三氯乙烯,TCE	1.464
1,2,4 - 三氯苯	1,2,4 - 三氯苯	1.450
1,1,2 - 三氯乙烷	三氯乙烷(甲基氯仿)	1.440
1,1,1 - 三氯乙烷	三氯乙烷(甲基氯仿)	1.339
1,2 - 二氯苯	邻二氯苯	1.306
顺 - 1,2 - 二氯乙烯	顺 - 1,2 - 二氯乙烯	1.284
反 - 1,2 - 二氯乙烯	反 - 1,2 - 二氯乙烯	1.256
1,2 - 二氯乙烷	1,2 - 乙基二氯,二氯乙烷	1.235
1,1 - 二氯乙烯	1,1 - 二氯乙烯,DCE	1.213
1,1 - 二氯乙烷	1,1 - 乙基二氯	1.176
氯苯	一氯苯	1.106
0 ℃时纯水		1.000
萘	环烷	0.997
氯甲烷	氯甲烷	0.991
氯乙烷	氯乙烷	0.920
氯乙烯	氯乙烯	0.910
苯乙烯	苯乙烯	0.906
1,2 - 二甲苯	邻二甲苯	0.880
苯		0.876
苯乙烷		0.867
1,2,4 - 三甲基苯	偏三甲苯	0.876
甲苯	甲苯	0.867
1,3 - 二甲苯	间二甲苯	0.864
1,4 - 二甲苯	对二甲苯	0.861
2 - 甲氧基 - 2 - 甲基丙烷	甲基叔丁基醚	0.740

注:IUPAC,国际理论与应用化学联合会。资料来源:Lawrence,2006。

当纯 LNAPL 的混合体(如燃料)被释放到地下时,燃料的组分仍处于原来的自由相,溶解到包气带的水中并随之输移,吸附到固体物质上,或者挥发到土壤空气中。因此,一个三相系统(水、产物和空气)在包气带中形成。渗透水溶解了低密度非水相液体内的组分(如苯、甲苯、二甲苯和其他),并将其带入地下水。这些溶解的组分随后形成一个从残留污染产物的区域向外扩散成羽状污染带,但低密度非水相液体相是不迁移的(被多孔介质吸附)。如果有足够的污染产物泄漏,自由相 LNAPL 将向下流到地下水面,因轻于水(密度比水小)而浮聚于地下水面。

LNAPL 中的很多组分都具有挥发性,能分配到土壤空气中,并通过分子扩散到包气带内输送并远离残留物区域。这些挥发出的蒸气可分离返回到水相,将污染物传播到一个更广的区域,还能穿越地表边界扩散到大气之中(Palmer 和 Johnson,1989)。地下水位的波动,加上三种污染物相(污染产物相、地下水溶解相、汽相)向下迁移,会使污染物在地下产生一个复杂的水平向和垂向分布(再分布),特别在多孔媒介为异质(出现黏土透镜体和黏土层)的情况下。

LNAPL 在地下水位或附近的聚积易受地下水位变化引起的涂抹的影响,例如由于补给和排水的季节性变化或者沿海环境下潮汐影响而出现的水位变化。浮在地下水面上的移动相 LNAPL 将随地下水位波动而垂向移动。当水位上升或者下降时,LNAPL 将滞留在经过的土壤孔隙中,形成一个残留该液体的涂抹区。如果涂抹在地下水位下降过程中发生,当地下水位重新上升时,残留的低密度非水相液体会被滞留在地下水位以下。类似的情形会在污染物修复过程中出现。LNAPL将流向修复井或槽,以适应地下水位下降引起的水位坡降变化。当地下水位恢复到抽水前的条件时,LNAPL 残留物将滞留在地下水位以下(Newell 等,1995)。

DNAPL 的主要类型有卤化溶剂、煤焦油、基于杂酚油的木材防腐油、多氯联苯和杀虫剂等。由于广泛的生产、运输、使用和处置活动,特别是 20 世纪 40 年代以来,在北美和欧洲形成了无数 DNAPL 污染场地。由于其毒性、有限水溶性(但比饮用水限值要高得多)和在土壤气体、地下水和(或)作为一种独立相的显著潜在迁移性,在很多场地的地下水受一些 DNAPL 化学品长期污染的可能性很高。该化学物质,特别是氯化溶剂,是在地下水供水中和在废物处理点处被查明的最常见的地下水污染物(Cohen 和 Mercer,1993)。

卤化溶剂,特别是氯化烃、溴化烃和少量氟化烃是许多污染场地常见的 DNAPL 化学物质。这些卤化烃用氯(或者另外一个卤素)替换石化前导品(如甲烷、乙烷、乙烯、丙烷、苯等)中的一个或多个氢原子而产生。很多溴化烃和氟化烃通过将氯化烃中间物(如三氯甲烷或四氯化碳)分别与溴化物和氟化物进行反应而制成的。高密度非水相液体卤化烃在周围环境条件下包括氯化产品,如甲烷氯化产品(二氯甲烷、三氯甲烷、四氯化碳)、乙烷氯化产品(1,1 - 二氯乙烷、1,2 - 二氯乙烷、1,1,1, - 三氯乙烷和 1,1,2,2 - 四氯乙烷)、乙烯氯化产品(1,1 - 二氯乙烯、1,2 - 二氯乙烯异构体、TCE、四氯乙烯)、丙烷氯化产品(1,2 - 二氯丙烷和 1,3 - 二氯丙烷异构体)、苯氯化产品(氯苯、1,2 - 二氯苯、1,4 - 二氯苯);甲烷和乙烷的氟化产品,如 1,1,2 - 三氯氟代甲烷(氟利昂 - 11)和 1,1,2 - 三氯三氟乙烷(氟利昂 - 113);溴化产品,如甲烷溴化产品(溴氯甲烷、二溴氯甲烷、二溴二氯甲烷、三溴甲烷)、乙烷溴化产品(溴乙烷、1,1,2,2 - 四溴乙烷)、乙烯溴化产品(二溴化乙烯)和丙烷溴化产品(1,2 - 二溴 - 3 - 氯丙烷)。

煤焦油和杂酚油为非常复杂的 DNAPL 混合物,通过煤在炼焦炉和蒸馏器中进行干馏而成。从历史上讲,煤焦油在煤焦油蒸馏厂生产,是人造煤气厂和钢铁工业炼焦的一种副产品。杂酚油混合品或者用煤焦油、石油或者五氯酚(使用受限)进行稀释后被单独用于处理木材。除了保护木材,煤焦油还用于公路、屋顶和防水,并大量用做燃料(Cohen 和 Mercer,1993)。

杂酚油和煤焦油是复杂的混合物,含有超过 250 种化合物。杂酚油估计含有 85% 的 PAHs,10% 的酚化合物,5% 的 N -、S - 和 O - 杂环化合物。杂酚油和煤焦油的构成很相近,尽管煤焦油一般包括油成分

(单环芳族化合物,如苯系物组成),但量少(小于总量的 5%)。与防腐油和煤焦油组成一致,除苯系物化合物外,PAHs 是木材加工厂所在地地下水检测到的常见污染物(Rosenfeld 和 Plumb,1991；Cohen 和 Mercer,1993)。

多氯联苯为极其稳定,不燃烧,浓稠的黏性液体,在联苯(双苯环)分子中用氯原子替换氢原子形成的。多氯联苯在美国已经不再生产且现在对其使用有非常严格的规定。过去,多氯联苯用于充油开关、电磁体、电压调节器、热转换媒介、阻燃剂、液压油、润滑剂、塑化剂、无碳复印纸、除尘剂和其他产品。使用前多氯联苯常常先与载液进行混合。由于过去大量持续的使用,在环境中常常能检测到低浓度的多氯联苯。在以前生产过、制造过程中使用过、储存过、再加工过和(或)大量处置过多氯联苯的场点高密度非水相液体流动的可能性最大(Cohen 和 Mercer,1993)。

DNAPL 的水溶性较低、密度较高和黏性较低,在地下具有很强的迁移性。疏水 DNAPL 不容易与水混合(不溶于水),会以单独的相(即非水相)保留下来。这些密度相对较高的液体提供了一个驱动力,可将泄漏的产物携带到深层地下含水层。由于溢出或者泄漏,该液体从地表向地下渗透会碰到两种基本情况:①在包气带中有水蒸气潮气(水)存在,它渗透过程中呈现出黏性指进(当高密度、低黏度液体(DNAPL)取代较低密度、较高黏度液体(水)时,水流不稳定,造成黏性指进);②如果包气带干燥,黏性指进一般观察不到(Palmer 和 Johnson,1989)。当 DNAPL 泄漏量不大时,它将流过包气带直至达到残留饱和,即直到所有移动相 DNAPL 被多孔介质俘获。该残留液体仍然会导致下伏饱和区(含水层)通过进入汽相而形成一个溶解羽状污染带;这些致密的蒸气可下沉到毛细管带,最终在此溶解于水并向下游输移。入渗水也能溶解残留高密度非水相液体并将其输移到地下水面以下。

一旦进入饱和区,DNAPL 的进一步输移取决于产品的量(质量)和含水层的异质性,如低渗透性透镜体和黏土层的出现。图 5.12 显示了自由相(移动相)高密度非水相液体在低透水层聚积的情况。这种自由相(汇集的)液体,作为连续的溶解相污染源,随地下水流向下游输移。在输移过程中,该液体会沿途将残留相留在饱和区(含水层)的多孔介质中。该残留相也成为溶解相污染源。由于密度比水大,自由相DNAPL 的输移靠的是重力作用,而非通常存在于自然含水层中的水力坡降,结果遇到低透水层的 DNAPL 会从溶解羽状污染带沿着其坡度向不同方向(包括反向)流动(见图 5.12)。该自由相液体也会产生自己的溶解相羽状污染带。DNAPL 在非饱和区和饱和区的输移会产生一个较为复杂的多个次生自由相和残留相 DNAPL 污染源模式,并在含水层不同深度产生多个溶解羽状污染带。这种模式无法仅仅根据地下水的水力学特性进行界定,无论怎么说,在尝试将地下水含水层恢复其有益用途时,它成为一个巨大的挑战:"一旦存在于地下,要恢复所有遗留的残留物将非常困难或者说几乎不可能"(美国环境保护署,1992)。

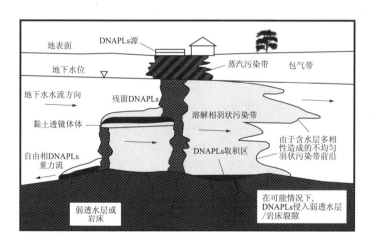

图 5.12 自由相 DNAPL 可能的输移路径以及地下溶解污染物羽状污染带示意图
(Kresic,2007;LLCTaylor 和 Francis 小组版权;授权使用)

柯恒和梅塞(Cohen 和 Mercer,1993)以及潘高和切里(Pankow 和 Cherry,1996)为开展地下 DNAPL 的一般性研究和了解它们的特性提供了两种无价的技术资源。

5.3.6　农业污染

5.3.6.1　化肥

由于人口增长,人均可耕地减少,农业生产需水量增加。尽管有些国家农业生产值在国民生产总值(GNP)中的比重已下降,但绝对产值却大大增长。这可归因于科技的发展,如机械化程度增加、集约农业、灌溉和化肥及农药的使用。大多数的农业土地利用形式都构成了土壤、地表水和地下水的重要面污染源或者非点污染源(UNESCO,1998)。

自1960年以来,通过大量施用无机肥使土壤肥力增加。虽然从人类发展的早期阶段就开始应用有机肥了,但无机肥的大量使用却是从20世纪40年代开始的,并在绿色革命期间(1960~1970年)达到了高峰。例如,福斯特(Foster)(2000)介绍了1940~1980年化肥的使用是如何影响英国农业的。粮食产量增长3倍是通过增加了20倍的化肥实现的。因此,未被利用的氮通过反硝化作用流失到大气中并以硝酸盐的方式浸滤到地面和地下水,或继续保留在非饱和区(Buss等,2005)。即使今天已中止了化肥的使用,非饱和区的这些硝酸盐将继续长期作为地下水的污染源。

自20世纪80年代以来,大多数欧洲国家、南北美洲(包括美国)和澳大利亚已将其化肥使用量维持在80年代的水平或者更低。在这期间,亚洲的化肥总消耗量几乎翻了一番,而且预计到2030年还将翻一番多(UNESCO,1998)。然而,1990年亚洲的化肥消耗量仅仅只是欧洲的19%。最大的化肥使用者为欧洲和美国(100~150 kg/hm^2,50%~55%为矿物成分)。相比较,大多数拉丁美洲和非洲国家使用量小于10 kg/hm^2(UNESCO,1998)。

已知植物生长必需的矿物元素共有16种,但其中仅有氮、磷、钾3种是大量需要的。其他的元素被称为中微量元素,一般为细胞代谢和酶需要的,量很小。氮是施肥方案中的最关键元素。由于容易淋失,因此几乎所有农业土壤中都缺乏氮,因此必须定期施加氮元素(UNESCO,1998)。钾也容易淋失,故必须像氮一样定期施加,而磷在土壤中积累,不易淋滤到地下,因此磷是地表径流主要的非点污染源,会造成地表水体富营养化。

有机肥含有基本营养物(氮、磷、钾)及促进剂和支持生物活性并为营养物矿化所必需的大量微生物。在世界范围内,通常包括动物粪肥、农作物秸秆、城市污泥与污水,以及各种工业和有机废物(UNESCO,1998)。

最早的商用氮肥,秘鲁鸟粪,由海狼囤积粪便形成,为天然有机物。在加利弗尼亚州和其他农业地区地下水中发现的高氯酸盐浓度很低,这很可能归因于 20 世纪上半叶鸟粪的广泛使用。高氯酸盐是一种氯酸矿物盐,也与火箭燃料、军火和鞭炮的制造有关,是最臭名昭著的新型污染物之一。

5.3.6.2　杀虫剂

如果不进行保护性处理,昆虫和菌类能毁坏所有农作物。不幸的是,到目前为止,唯一被证明有效的大规模植物保护方式是通过施用化学品。从罗马时代开始就使用植物提取物,17 世纪起使用尼古丁,20世纪 30 年代起使用合成杀虫剂灭杀害虫(保罗·穆勒(Paul Muller)于 1939 年发现了 DDT 的杀虫特性)。目前,新的活性化合物每年都在不同国家注册,而且通常因为它们的毒性而不得不谨慎处理(见图 5.13)。

杀虫剂是指任何能杀灭害虫的化学品,包括杀虫剂、杀真菌剂、杀线虫剂等,一般还包括除草剂。杀虫剂的大量使用不仅仅限于农村农业地区,常常在城市和城郊用于草坪、公园和高尔夫球场。根据联合国教科文组织(UNESCO,1998)资料,大多数国家并没有有关杀虫剂使用的数据。然而,大家知道发达国家的杀虫剂使用程度很高,每公顷化学品的用量为 1~3 L/a(杀虫剂)和 3~10 kg/a(杀真菌剂)。在发展中国家,由于农场主的财力有限,杀虫剂常常缺乏,仅仅限于几种农作物施用。

除草剂在全世界的使用量正在增加。通常,除草剂施加量为 5~12 kg/hm^2 不等。幼苗出土前除草剂施加量要低些(为 1~4 kg/hm^2)。20 世纪 50 年代和 60 年代使用的杀虫剂一般具有水溶度低、被土壤成分强烈吸附和毒性影响面广等特点。现在已证明这些杀虫剂具有在环境中累积的特性,通过持续性和生物放大作用造成对水生态环境的不利影响。例如氯化烃杀虫剂,包括 DDT 和狄氏剂。然而,仅仅少量这类杀虫剂有可能进入地下水系统(UNESCO,1998)。相反,新出现的杀虫剂水溶性更强,吸附力更弱,更容易降解,并具有选择性毒性效应。因此,在发达国家杀虫剂应用量总体在下降,但是这些化合物的水溶性和迁移性特点会导致很大面积的地下水污染。世界上许多含水层中硝酸盐的出现被广泛报道,但杀虫剂污染的实例到目前为止只有很少的报道,原因可能是地下水系统对这种污染的反应在时间上潜在滞后性,对它们进行化学分析涉及

图 5.13　手套、面具和其他防护是安全处理农场化学品的一部分
(照片来源:Tim McCabe,国家资源保护局)

成本高,以及在有些情况下对降解产物的忽视是主要原因(UNESCO,1998)。

据美国环境保护署 1992 年发布的《地下水杀虫剂数据库(1971~1991)》记载,在 68 824 口受测饮用水井中,近 10 000 口井含有杀虫剂,且含量水平超过饮用水标准或健康建议水平。美国环境保护署对地下水中发现的 54 种杀虫剂设置了限制,其中 28 种在美国不再注册使用,但因为过去被广泛使用过,所以仍可能出现在地下水和土壤中(Tiemann,1996)。

图 5.14 显示了 1992~2002 年开展的一次全国性调研结果,已由美国地质调查局于 2006 年公布。在农业、城市和混合土地利用流域的排水河流内的水一年中超过 90% 的时间都会检测到一种或者多种杀虫剂或它们的降解物。此外,在这些土地利用环境下取样的河流鱼和河床沉积物样品中几乎都检测到一些有机氯杀虫剂(在美国已经多年没有使用了)及其降解和副产物。地下水中使用杀虫剂不再像以前那么普遍,但是在用来取样评价农业和城镇地区浅层地下水的水井中,超过 50% 的水井仍然能检测到杀虫剂。

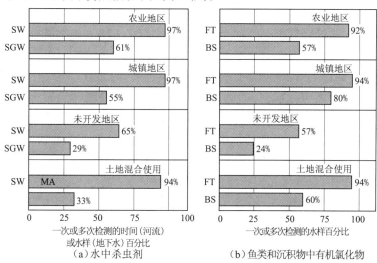

图 5.14　(a)杀虫剂出现在美国的河流水中(SW)、浅层地下水中(SGW)以及主要含水层中(MA),这组杀虫剂仍然在使用;(b)有机氯杀虫剂在鱼类组织中(FT)和河床沉积物中(BS),这组中大部分杀虫剂不再使用(Gilliom 等修订,2006)

如上所述,除自然地质来源外,砷还有很多种人为来源。最重要的是来自农业活动,如杀虫剂和除草剂的应用。在 20 世纪 80 年代和 90 年代禁止用杀虫剂之前,无机砷被广泛应用。1947 年引入 DDT 之前,砷酸铅(PbHAsO$_4$)为果园使用的主要杀虫剂。无机砷化物还被用于柑橘、葡萄、棉花、烟草和土豆种植地。例如在华盛顿东部地区的苹果园,过去每年施用的含砷农药量高达 490 kg/hm^2(约 440 磅/acre),导致土壤中砷含量超过 100 mg/kg(Benson,1976;Davenport 和 Peryea,1991;Welch 等,2000)。由于长期(20~40 年或更长)使用砷酸钙和砷酸铅,美国其他地方的农业土壤中砷含量也高达 100 mg/kg 以上(Woolsen 等,1971,1973)。据早期研究,尽管有证据说明砷能移动到底土,但华盛顿东部果园的砷大半被限制在表土(Poryea,1991)。砷的这种明显迁移使人联想到浅层地下水有砷污染的潜在可能性。磷肥的施用可能将砷释放到地下水。据实验室研究,磷被施用到受砷酸铅污染的土壤中,可将砷释放到土壤水分中。以相对较高的频率增加磷使用的这种方法被用于降低砷对连作果园树木的毒性。实验室结果表明,这种做法会增加底土和浅层地下水中的砷含量。在未受污染土壤上施加磷也会释放被吸附的天然砷而增加地下水中砷含量(Woolsen 等,1973;Davenport 和 Peryea,1991;Peryea 和 Kammereck,1997;Welch 等,2000)。

在一些灌溉地区,自动肥料灌注器被安装在灌溉喷洒系统上。当水泵关机时,水通过水管回流到水井中,形成部分真空,造成化肥从灌注器流进水井。有可能有些人甚至将化肥(也许还有杀虫剂)直接倒入水井中,由泵抽取再分配到喷洒系统(美国环境保护署,1990)。

奥里留斯(Aurelius,1989;美国环境保护署,1990)描述了得克萨斯州的一次调查情况,从 10 个县里的 188 口水井中取样检测硝酸盐和杀虫剂情况。在这些县的含水层脆弱性研究和现场特性显示出正常使用化学农药对地下水有潜在污染。在 10 口井中发现了 9 种杀虫剂(2,4,5-三氯苯氧乙酸、2,4-二氯苯氧丁酸、甲氧毒草安、麦草畏、莠去津、扑灭通、除草定、毒莠定和定草酯),其中有 9 口井用于家庭供水。而且,还对 182 口井进行了硝酸盐检测,其中有 101 口井的硝酸盐含量超过规定限值。在硝酸盐含量高的水井中,87% 的水用于家庭饮用水。此外,在 28 口井中(其中有 23 口井用于家庭供水),砷含量达到或超过 0.05 mg/L(当时的最大污染物浓度值,目前砷的最大污染物浓度值为 0.01 mg/L)。

5.3.6.3　规模化畜禽养殖场

规模化畜禽养殖场(CAFO)起因于将小型畜禽养殖场联合成大型

饲养场,使其单位土地上的畜禽密度大于小型养殖场。例如,2005 年,美国在 6.7 万个生猪生产场产出 1.03 多亿头猪(USDA,2006a,2006b;Sapkota 等,2007)。这些生产场的存栏猪超过 5.5 万头,占美国生猪存栏总量的一半以上,反映出了美国生猪生产的集约化和规模化正在增长(USDA,2006a)。生猪生产的这种趋势造成大量粪肥集中到相对较小的地理区域。通常粪肥被堆放在深坑或者室外粪池中,然后作为肥料施用于农田。然而,由于径流和渗滤的原因,粪肥中的成分,包括人类病原体和化学污染物,会影响靠近规模化畜禽养殖场的地表水和地下水,造成人类健康风险(Anderson 和 Sobsey,2006;Sayah 等,2005)。具体的生猪生产措施,包括在生猪饲料中使用非治疗性抗生素,会增加与粪肥污染水源接触的相关风险(Sapkota 等,2007)。

在美国很多农业区地表水和地下水中可观测到高浓度的营养物、金属、细菌以及大量其他化学剂和病原体。过量营养物是双鞭甲藻(如有害费氏藻)生长和增加起作用的一个重要因素。很多导致畜禽疾病的传染性微生物也能导致人类疾病,并能在水中存活。对人类健康造成威胁的最常见病原体包括沙门氏菌类、大肠杆菌 O157:H7(大肠埃希氏菌)、弯曲杆菌类、李氏杆菌,以及病毒和原虫(如隐孢子虫和梨形鞭毛虫)。在多个社区发现地下水中有这些有机体(Rice 等,2005)。

萨普科塔(Sapkoda)等(2007)在对生猪养殖场上游和下游的地表水和地下水的调研中,发现了耐抗生素肠球菌和其他粪便指示物。对采集样品中的肠球菌、四环素、克林霉素、弗吉尼亚霉素和万古霉素等进行了敏感性测试。结果表明,上游地表水和地下水中肠球菌、粪便大肠杆菌和大肠杆菌(大肠埃希氏菌)浓度的中值是下游的 4~33 倍。在下游及上游地表水和地下水中分离出来的肠球菌中观测到四种抗生素有较高的最小抑菌浓度。在下游地表水中检测到耐红霉素和耐四环素的肠球菌比例上升,而在下游地下水中检测到耐四环素和耐克林霉素的肠球菌比例较高。作者得出的结论是,这些检测结果为受生猪粪肥影响的水会加重耐抗生素菌的传播提供了额外证据。

5.3.7　微生物污染物

微生物污染物是指对人类或动物产生潜在危害的微生物,统称为病原体,包括寄生虫、细菌、病毒。尽管在前面章节说明了有机化学物和无机物污染的严重性,但到目前为止,病原体才是传播最广的水污染物。正如约翰斯·霍普金斯大学研究人员指出的,与水有关的疾病每年致上千万人死亡,使数百万人不能过上健康生活,破坏了人类发展的努力,这是人类的一个悲剧。世界上约 23 亿人患有与水有关的疾病,约 60% 的婴儿死亡与传染病和寄生虫病相关联,其中大多数与水有关(Hinrichsen 等,1997)。

在缺少适当卫生设施的地方,水介疾病能快速传播。携带疾病生物体的未经处理的粪便经冲刷或渗滤进入淡水水源,会污染饮用水。腹泻病是一种主要的水介疾病,在很多污水处理不到位的国家十分流行,这些国家的人类粪便在开敞的茅厕、沟渠、水渠和河道处置或被铺撒在农田。据估计,每年发生腹泻病 40 亿例,造成 300 万 ~ 400 万人死亡,其中大多数为儿童(Hinrichsen 等,1997)。

尽管地表水为病原体污染的主要受体和宿主,但很多卫生设施缺少或缺乏的地区浅层地下水也会受到极大影响。然而,有些病原体,如贾第虫和隐孢子虫等寄生虫,是自然出现在地表水体中的,并不一定与卫生条件差有关。为此,美国环境保护署对利用受地表水"直接影响的地下水"(GWUI)的公共供水系统制定了特定水处理要求。

随着废水和中水回收和再利用的增加,人们更加关注其公共健康问题。还有一个原因是水体的"卫生质量"指标,即总大肠杆菌和粪便大肠杆菌,不能作为肠道病毒和成囊肿原虫等多种关键病原体出现的可靠指标。不同回收项目在处理程度上都对废水回收利用没有统一要求。有些废水再利用只是在常规污水处理基础上追加对肠道病毒和成囊肿原虫的处理。即便经过良好的常规生活污水处理和加氯消毒,释放到附近河流、湖泊、支流地表水或者沿海水体中的生活污水,仍然含有大量的肠道病毒和致病原虫。人类一旦摄入这些病毒和病原体,或者少量接触这些水体,就会导致疾病(Lee 和 Jones-Lee,1993)。

除陆地地表不卫生的活动外,在天然地表水 – 地下水界面或者用地表水或经过处理的废水进行人工补给的含水层中,病原体也能进入地下水系统。一旦进入地下(含水层),病原体的生存和传输取决于与原生地下水、多孔介质和土著微生物等的各种生物地球化学相互作用。尽管一些细菌和寄生虫在饱和区(无论是否原生条件)的存活难以超过数周,但是有些病毒现在已知能存活数月甚至数年。

在急性(短期)接触之后,如仅仅摄入一杯水,病原体能造成不利影响,还能造成流行病和慢性疾病。例如,在 20 世纪 90 年代早期,在智利和秘鲁使用未处理的污水给菜地施肥,导致了霍乱爆发。在阿根廷布宜诺斯艾利斯,一个贫民窟居住区连续爆发霍乱、肝炎和脑膜炎,只因为仅仅有 4% 的家庭拥有供水水管或拥有合适的卫生间,而糟糕的饮食和缺乏医疗服务进一步恶化了健康问题(Hinrichsen 等,1997)。

细菌是指用显微镜方能看见的活体生物,通常由一个单细胞组成。造成水介疾病的细菌包括埃希氏大肠菌和志贺氏杆菌。原虫或寄生虫也是单细胞生物体,如贾第虫和隐孢子虫。病毒是能导致疾病的最小微生物形式。来自粪便并通过水传播对人类产生感染的病毒是饮用水管理者特别关注的。120 多种不同类型有着潜在危害的肠道病毒通过人类粪便排泄出,并广泛分布于在生活污水、农业废水和化粪池排放系统中(Gerba,1999;Banks 和 Battigelli,2002)。这些病毒中有许多在自然水体中比较稳定,有较长的存活时间,半衰期为数周到数月。由于即使仅仅摄入为数不多的病毒颗粒也能导致疾病,因此低水平的环境污染也会影响到水消费者。1971 ~ 1979 年,美国有约 57 974 人受到水介病原体的影响(Craun,1986;Banks 和 Battigelli,2002)。尽管在受人类粪便污染的自然水体中这些病毒相当普遍,但肠道病毒引起的水介疾病暴发流行情况少有文献记载。水介病毒引起的人类疾病范围从严重感染(如心肌炎、肝炎、糖尿病和瘫痪)到相对轻微的病情(如自限性胃肠炎)。目前,肠道病毒被列入美国环境保护署出版发行的《国家主要饮用水标准》中,而其他几组被列入污染物候选名录(CCL)中。有关可能病毒性地下水污染的研究现在仍然很罕见(美国环境保护署,2003c),但是由于它们被列入污染物名录中,而且2006年美国环境保护署新颁发了《地下水规则》,因而引起了科学界更大的兴趣。

20世纪70年代贾第虫(见图5.15)是唯一被公认的能导致水介疾病暴发流行的人类病原体,它在相对原始的水以及污水处理厂出水中出现,使人们对"原始"水源的水系统定义产生怀疑。现在贾第虫在美国被公认为是人类水介疾病最常见病原体之一,在美国和世界各地都有发现。1995年,阿拉斯加和纽约的疾病暴发就是由贾第虫引起的。其中,阿拉斯加暴发的贾第虫病影响到10人,与未处理的地表水相关;纽约暴发的贾第虫病估计影响了约1 449人,与经过了加氯和过滤处理的地表水相关(美国环境保护署,2003c)。贾第虫病的症状包括腹泻、肿胀、肠胃气胀以及疲倦等。

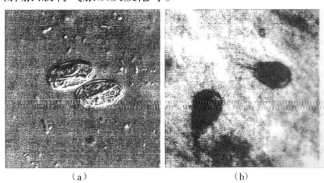

(a)　　　　　　　　　　　(b)

图5.15　(a)为在微分干涉差(DIC)显微镜下的两个肠贾第虫包囊的湿封片;影像放大1 000倍拍摄。囊肿为椭圆形到椭球形,测量长度为8~19 μm(平均值为10~14 μm);(b)为贾第虫滋养体为梨状,测量长度10~20 μm(照片来源:寄生虫影像疾病控制中心(CDC))

对隐孢子虫来说,感染剂量少于10个有机体,估计一个有机体能引发一次感染。直到1976年,人们才知道隐孢子虫能导致人类疾病。1993年,在威斯康星州的密尔沃基市,403 000人在饮用受寄生虫污染的水后发生腹泻,成为美国有文献记载以来最大的一次水介疾病暴发流行(Tiemann,1996)。1993~1994年,疾控中心报告17个州确认了30次与饮用水有关的疾病暴发。从那时起,人们的注意力聚焦在确定和减少公共供水的隐孢子虫病的风险。隐孢子虫常常能在湖泊和河流中发现,对消毒具有高度耐受性。受地表水影响的地下水和在高度导水性岩溶和砾石含水层中的地下水,也非常容易受贾第虫和隐孢子虫等寄生虫的污染影响。免疫系统严重减弱的人很可能有着比健康人更严重、更持久的症状。

在美国地质调查局进行的一次全国性调研中,从"全国水质评估计划(1993~2004)"的22个研究单元1 205口井中采集了微生物数据。未经处理地下水水样主要分析其总大肠杆菌浓度、粪便大肠杆菌和埃希氏大肠杆菌以及大肠杆菌噬菌体病毒的存在(Embrey和Runkle,2006)。

在分析的1 174口井中近30%的测试大肠杆菌为阳性。每个研究单元或者主要含水层中至少有一口井测试为阳性,可见粪便指示生物细菌的地理分布广泛。

从423口井中取样,测试其是否存在大肠杆菌噬菌体病毒,这种病毒被认为是人类可能出现肠道病毒的指示生物。在11个研究单元中,有4个单元的水样有大肠杆菌噬菌体。这4个单元为中哥伦比亚高原–亚基马、佐治亚州–佛罗里达州、圣华金和特里特(Trinity),分别代表哥伦比亚高原、佛罗里达州、中央河谷和沿海低地含水层。总体上说,在用于饮用水供水的家庭和公共水井中,不超过4%的水井出现了噬菌体病毒。

用于家庭供水的水井是所占比例最大的一类用水井,在405口井中分析了总大肠杆菌浓度,在397口井中分析了埃希氏大肠杆菌浓度,随后在227口公共供水井和37口未使用井中分别分析了总大肠杆菌数量。在33%的家庭供水井和16%的公共供水井未处理水中检测到了总大肠杆菌;分别在8%的家庭供水井和3%的公共供水井中检测到了埃希氏大肠杆菌。尽管本报告定义的各类用水井菌浓度中位数为小于1 CFU/100 mL(每100 mL样品中含有的细菌群落总数),但是总大肠杆菌浓度的总体分布在家庭用水井中要比公共供水井高出很多。

　　一般来说,大肠杆菌在建于砂岩或者页岩和水成岩、碳酸盐岩与结晶岩层的水井中比建于未固结物质、半固结沙或者火山岩的水井中更常被检测到,而且浓度更高。建于碳酸盐岩(石灰岩和白云岩)或者结晶岩(片岩和花岗岩)岩层的取样水井中,半数以上大肠杆菌检测结果为阳性。检测到高频率或高浓度大肠杆菌的佛罗里达、皮德蒙特和蓝岭、奥陶系和谷岭等含水层都由这些裂隙岩和多孔岩构成。盆岭含水层和斯内克河(Snake River)含水层上的水井检测率最低(少于5%)。这些含水层中的物质主要为松散的沙、砾石、黏土或沙、砾石或黏土玄武岩带夹层。

　　公共供水井的深度(中位数为地面以下约130.15 m(427 ft))以及盆岭含水层中的水井深度(中位数为122 m(400 ft)),可以部分解释这些井的水样中观测到大肠杆菌的检测频率相对较低的原因。深厚的未饱和区有可能加快微生物的自然衰减,防止细菌输移到地下水中。在采样深度中位数为地下30.5~61 m(100~200 ft)的主含水层水井中,50%总大肠杆菌检测为阳性,而在采样深度中位数为地下61 m(200 ft)以上的主含水层水井中只有9%为阳性。

5.3.8　新型污染物

　　随着通信时代的发展和互联网的广泛使用,世界各地越来越多的公众能够及时了解到各种环境问题。传统媒体也紧跟社会趋势在互联网上发布信息。最终的结果是在讨论环境退化对饮用水资源影响时的透明度不断增加。从《拉斯维加斯太阳报》发表的一篇文章中节选的下面一段话说明了这一点以及媒体的作用(2006年10月20日,《化学品造成鱼类变化,提高了对人类的关注》——劳伦斯·瑞克(Launce Rake))。

　　现在鱼类出现了问题。这个问题困扰了科学家们数年:在米德湖和美国其他淡水水源中的雄鱼正在形成雌鱼的性特征。星期四,美国地质调查局发布了一份有关污水中化学品与这些变化相关联的数十年研究成果的 4 页摘要。但是一位研究这个问题数年的科学家抱怨这份报告对米德湖和其他地方这些毒素的危险只是轻描淡写。这位研究人员在 7 个月前即美国地质调查局对他进行严厉批评之后不久,发表了他担忧的问题。

　　联邦机构说这位研究人员受到严厉批评是因为他没有公布他的数据,但这位研究人员则说联邦机构不让他公布。然而,双方在基本问题上意见一致:在米德湖和其他淡水水体中,科学家们发现了药品、杀虫剂、塑料制造所使用的化学品、人造香料及其他与鱼类和动物变异相关联的物质的痕迹。星期四的报告提到米德湖中这些化学品的主要来源是拉斯维加斯过水区(一条几乎完全由来自拉斯维加斯河谷城市经过处理的废水形成的人工河)。

　　格劳斯说在米德湖和其他淡水水体中的这个问题很严重。星期四的报告忽略了鱼类精子失败的证据。这位科学家说,"在全国范围内,我们看到了鱼类变异。"他在佛罗里达和其他州继续研究激素干扰化学剂。"内分泌腺(一种激素)干扰在美国和米德湖都很普遍。"格劳斯说了他的结论,得到其他研究人员的支持,但并不受欢迎,因为"南内华达水务局不想听到这些,我所在单位不想听到这些,内政部不想处理这些。他们认为没有什么可以担心的,但是常识告诉我们事情不是那样的简单。"

　　华盛顿特区数百万人的饮用水源——波拖马可河(Potomac River)中鱼类性发育异常的研究在 9 月提出了类似的关注。那儿的水官员说,这些研究显示没有证据表明饮用水不安全,但也没有回答对人体健康的潜在影响问题。

　　上述引用是公众关注新型污染物的一个例子。这些污染物一般不受管制,但其在饮用水供水中的广泛存在已有文献记载。《安全饮用水法(1996 修订版)》规定,制定新的饮用水标准需要公众和科技界的广泛参与,以确保对人群健康产生最大风险的污染物将被挑选出来并在将来对其进行监管。污染物在饮用水中出现以及与污染物有关的人群健康风险必须予以考虑,以确定人群健康风险是否明显。此外,新型污染物的挑选方法明确考虑了儿童和孕妇等敏感人群的需求。1996年修订的《安全饮用水法》中,污染物候选名录为科学评价新型污染物提供了指导。为了制定监管法规、饮用水研究(包括健康影响研究、处理效果研究、分析方法研究等)和污染发生监测,对污染物候选名录所列污染物制定了优先等级。《非受控污染物监测规则》(UCMR)指导对未列入《国家一级饮用水标准》的污染物进行数据收集。这些数据被用来对美国环境保护署正在考虑制定新的可能饮用水标准的污染物进行评价并确定优先等级。目前,在美国环境保护署的污染物候选名录上有37种合成有机化合物(2005c)。

有必要注意的是,美国环境保护署不仅限于对污染物候选名录上所列那些污染物进行监管,如果有信息表明某一特定污染物呈现出有影响人群健康的风险,也会决定对其他非监管污染物进行监管。这些其他污染物中有些已经在其他州受到监管,这些州在公众广泛关注问题上常常比联邦政府反应更快。例如,甲基叔丁基醚(一种声名狼藉的汽油添加剂)在最终被列入候选名录之前已经在多个州受到了监管;1,4-二氧杂环乙烷(溶剂稳定剂)在1,1,1-三氯乙烷污染带中越来越多地被检测到,已有几个州对其进行了监管,但是还没有将其列入目前的污染物候选名录中。

饮用水全过程管理的主要困难是,人类现在居住生活在各种活动所形成的化学品世界之中。实际上,上百万种合成化学品现正被广泛用于制造业和各种其他用途,每年会新出现1 000多种化学品。相比较而言,美国环境保护署的污染物候选名录中有37种合成有机化合物正在评估之中。数千种化学物质可能在供水中只是以很低的浓度出现,其对人体健康和环境的影响也知之甚少,在此情况下对这些化学品都要进行监管是不可行的,而且对于任何社会来说,其成本也肯定是极高的。相反,整个水资源管理领域将有可能被迫采取一种整体的方法,将饮用水规程作为整个环境规程的一个组成部分,包括碳循环。简单的例子是水处理和处理成本问题,包括所需要的能量;"完全"处理饮用水或废水,无论这个"完全"清单上有什么化学物质,有多少化学物质,这样是不是更好些？最后,如何估计我们所做的决定对社会和环境的真正成本和效益？

可能唯一尚未受到大量人为化学物质大范围影响的环境部分是深层原始承压地下水系统。就其本身而论,这个水系统是一个巨大的宝库,但是由于其与浅层水系统有着天然连通性而处于不断增长的威胁之中。如第 8 章所述,采用地表水和经处理的污水进行含水层人工补给是可持续供水最重要方面之一。污水被越来越多地看成是一个真正的水资源,因此在不久的将来肯定会对水资源管理起重要作用。事实上,在有些国家污水一词被"用过的水"所替代,以强调这个趋势。

随着分析方法的发展,能检测的浓度已达到万亿分之几(ng/L)或更低,近几年在供水中检出到了大量化学品。某些被人们所知的医药活性化合物(如咖啡因、阿司匹林、尼古丁),在环境中存在了 20 多年,现在又加入了一大批新近出现的化学品,统称为药物和个人护理品污染物(PPCPs)。尽管水处理和污水处理行业更喜欢使用微量成分一词,但是 PPCPs 似乎在实践中成为新型污染物的同义词而流行。

PPCPs 为一个有着很多分支的化学品群组,包括所有人类和兽医药品(处方药或非处方药,包括新型生物制品)、诊断试剂(如 X 射线对比剂)、保健营养品(如石杉碱甲等生物活性食品增补剂)和其他日用化学品,如芳香剂(麝香类等)和防晒剂(甲基苄亚基樟脑等);还包括 PPCP 制造和配方中使用的所谓的"惰性"成分"定赋型剂"(Daughton, 2007)。纳米材料是新出现的一微量分子群,被很多人认为是下一个工业奇迹。它们已经被用于美容化妆品、防晒霜、防皱衣服、食品等。由于微小,纳米材料对检测和处理方面提出了挑战。也由于它们微小,能进入所有人体器官包括大脑,但是目前对于它们在环境中的归宿和输移知之甚少。

目前已知 PPCPs 仅有的一个子集,如合成类固醇,为直接作用的内分泌干扰物。然而,对于长期接触低浓度 PPCPs 及其降解产品会单独或联合产生什么影响还知之甚少。

PPCPs 在环境中的广泛使用是人类以及动物不可避免的、集中排放的结果。一些药品在被人类和动物消耗后没有完全代谢,以其原始形式被排泄出来,而其他的药品则被转化成不同化合物(共轭体)。根据估计(Jeyanayagam,2008),几乎 20% 的处方药未经使用就冲进厕所。生活污水为主要 PPCPs 源,而规模化畜禽养殖场为主要抗生素源且也可能是类固醇源(Daughton,2007)。

任意排泄的药物和衍生物能避开市政污水处理设施的降解,这些处理设施的去污效率是药品结构和所用处理技术的一个函数。有些共轭体在处理过程中也能水解返回到游离母体药物。在经过废水处理厂后,PPCPs 及其降解产物被排放到受纳地表水体,并通过各种方式进入地下水,如含水层的直接人工补给。它们在水环境中存在的范围、规模和衍生物目前知之甚少(Daughton,2007)。因为人口的增长和老龄化,PPCPs 释放到环境中很可能还在继续;医药业研制新的处方和非处方药品并推广应用,产生了更多的污水,进入水文循环,会对地下水资源产生影响(Masters 等,2004)。

5.4　饮用水标准

5.4.1　一级饮用水标准

《国家一级饮用水标准》(NPDWRs 或一级标准)是法规,是必须执行的标准,适用于公共供水系统。一级标准通过那些能对人类健康产生不利影响并为大家所知或预料会出现在水中的特定污染物的浓度水平进行限制,以保护饮用水水质,其形式为最大污染物浓度(MCLs)或处理技术(TT)。在公共供水系统为其任何一个用户供水的接驳点(即使用点或者管网系统出水点)都必须达到这些标准,有些情况下还包括整个配水管网系统任何接驳点(美国环境保护署,2003a)。

一旦美国环境保护署选定某种污染物进行监管,就会对其影响健康情况进行审查并设定一个最大污染物浓度目标值(MCLG)。这是一种污染物在饮用水中的最大浓度水平,在这个限制值上,不会出现任何已知或预期的不利健康影响,并有足够的安全裕度。MCLG 不考虑成本和技术,是非强制性的公共健康目标。在设定 MCLG 时,美国环境保护署对接触污染物的人群规模和性质、接触的时间长短和浓度等进行了审核。由于 MCLG 仅仅考虑公共健康而不考虑检测极限和处理技术,有时候设定在水系统无法满足的一个浓度水平。对于大多数的致癌物质(导致癌症的污染物)和微生物污染物来说,常常无法确定一个安全水平,因此该水系统的 MCLG 设定为零(美国环境保护署,2003a,2006)。

最大污染物浓度是出厂饮用水必须满足的强制性限值,设定时尽量可行地接近实际的 MCLG。《安全饮用水法》(SDWA)将"可行"定义为在现场条件下(也就是说,不仅在实验室条件下)进行了有效性审查后,使用最佳可行技术、处理技术或者美国环境保护署规定的其他方式可实现的水平,并考虑了成本(美国环境保护署,2003a)。

对于有些污染物,特别是微生物污染物,还没有可靠的经济和技术上可行方法来检测特别低浓度水平的污染物。在这些情况下,美国环境保护署确立了 TT,即公共供水系统必须遵循的强制性程序或技术性能水平,以确保对污染物的控制。TT 方面的规则包括《地表水处理条例》(主要针对生物污染物和水的消毒)及《铅铜管理条例》。

到 2008 年 1 月,美国环境保护署为《国家一级饮用水标准》目录中所列的 87 种污染物设定了最大污染物浓度或者处理技术(见表5.2)。

污染物候选名录指导对新的污染物进行科学评估。为了监管法规的制定、饮用水研究(包括健康影响研究、处理效果研究、分析方法研究等)和污染发生监测,对污染物候选名录所列污染物设定了优先等级。《非受控污染物监测规则》指导对未列入《国家一级饮用水标准》中污染物数据的采集。这些数据用于对美国环境保护署可能正在考虑制定新的饮用水标准的污染物进行评估和确定优先次序。

污染物名录每隔 5 年必须进行更新,提供一个连续的过程,以识别

表5.2　国家一级饮用水标准

项目	污染物	MCL 或 TT[1]（mg/L）[2]	超出 MCL 接触所产生的潜在健康影响	饮用水中通常的污染源	公共卫生目标
OC	丙烯酰胺	TT[8]	神经系统或血液问题	在污水/废水处理过程中加入水中，增加致癌风险	0
OC	草不绿	0.002	眼、肝、肾或脾发生问题；贫血症；增加致癌风险	庄稼除莠剂流出	0
R	α 粒子活性	15 pCi/L	致癌风险增加	天然矿物侵蚀，这些矿物具有放射性，会产生 α 辐射	0
IOC	锑	0.006	血胆固醇增加；血糖降低	从炼油厂、阻燃剂、陶器、电子、焊料工业中排放出	0.006
IOC	砷	0.01	伤害皮肤，血液循环问题，增加致癌风险	天然矿床侵蚀；果园径流，玻璃和电子生产废物径流挟带	0
IOC	石棉（纤维>10 μm）	7 MFL（每升百万纤维）	增加良性肠息肉的风险	输水管中石棉水泥的损坏；天然矿物溶蚀	7MFL
OC	阿特拉津	0.003	心血管系统或生殖问题	庄稼除莠剂流出	0.003

续表 5.2

项目	污染物	MCL 或 TT[1]（mg/L）[2]	超出 MCL 接触所产生的潜在健康影响	饮用水中通常的污染源	公共卫生目标
IOC	钡	2	血压升高	钻井排放,金属冶炼厂排放,天然矿物溶蚀	2
OC	苯	0.005	贫血症;血小板减少;增加致癌风险	工厂排放;储气罐和废渣回堆土淋溶	0
OC	苯并[a]芘(PAH)	0.000 2	生殖困难;增加致癌风险	管道涂层淋溶	0
IOC	铍	0.004	肠道功能受损	金属冶炼厂、焦化厂、电子、航空、国防工业的排放	0.004
R	β 粒子和光子活性	4×10^{-2} mSv/a（每年 4 毫雷姆）	致癌风险增加	天然和人造矿物衰变,这些矿物具有放射性,会放射光子和 β 辐射	0
DBP	溴酸盐	0.010	致癌风险增加	饮用水消毒副产物	0
IOC	镉	0.005	肾脏功能受损	镀锌管腐蚀;天然矿物溶蚀;金属冶炼厂排放;水冲刷废电池和废油漆外泄	0.005

续表5.2

项目	污染物	MCL 或 TT[1]（mg/L）[2]	超出 MCL 接触所产生的潜在健康影响	饮用水中通常的污染源	公共卫生目标
OC	呋喃丹	0.04	血液、神经系统或生殖系统问题	用于水稻和苜蓿的烟熏剂的淋溶	0.04
OC	四氯化碳	0.005	肝脏功能受损；致癌风险增加	化工厂和其他企业排放	0
D	氯胺（Cl₂形式）	MRDL = 4.0[1]	刺激眼/鼻；胃部不适，贫血	水中用于控制微生物的添加剂	MRDLG =4[1]
OC	氯丹	0.002	肝脏或神经系统功能受损；致癌风险增加	禁止用的杀白蚁药剂的残留物	0
D	氯（Cl₂形式）	MRDL = 4.0[1]	眼/鼻疼痛；胃部不适	水中用于控制微生物的添加剂	MRDLG = 4[1]
D	二氧化氯（ClO₂形式）	MRDL = 4.0[1]	贫血；影响婴幼儿的神经系统	水中用来控制微生物的添加剂	MRDLG = 0.8[1]
DBP	亚氯酸盐	1.0	贫血；影响婴幼儿的神经系统	饮用水消毒副产物	0.8
OC	氯苯	0.1	肝、肾功能受损	化工厂和农药厂排放	0.1
IOC	铬（总）	0.1	过敏性皮炎	钢厂和造纸厂排放；天然矿物溶蚀	0.1

续表 5.2

项目	污染物	MCL 或 TT[1]（mg/L）[2]	超出 MCL 接触所产生的潜在健康影响	饮用水中通常的污染源	公共卫生目标
IOC	铜	TT[7]；采取行动的浓度 = 1.3	短期接触:肠胃不适;长期接触:肝或肾损伤;如果饮水中的铜含量超过采取行动的浓度,有肝豆状核变性的病人应遵医嘱	家庭管道系统腐蚀;天然矿物溶蚀	1.3
M	隐孢子虫	TT[3]	肠胃疾病(如痢疾,呕吐,腹部绞痛)	人畜粪便	0
IOC	氰化物（以氰计）	0.2	神经损伤或甲状腺功能受损	钢厂/金属加工厂排放;塑料厂和化肥厂排放	0.2
OC	2,4 - 二氯苯氧基乙酸	0.07	肾、肝或肾上腺功能受损	庄稼除莠剂流出	0.07
OC	茅草枯	0.2	肾功能有微弱变化	公路边抗莠剂流出	0.2
OC	1,2 - 二溴 - 3 -氯丙烷（DBCP）	0.000 2	生育困难;致癌风险增加	大豆、棉花、菠萝和果园土壤烟熏剂流出或溶出	0
OC	邻二氯苯	0.6	肝、肾或循环系统功能受损	化工厂排放	0.6

续表 5.2

项目	污染物	MCL 或 TT[1] (mg/L)[2]	超出 MCL 接触所产生的潜在健康影响	饮用水中通常的污染源	公共卫生目标
OC	对二氯苯	0.075	贫血症；肝，肾或脾受损；血液变化	化工厂排放	0.075
OC	1,2 - 二氯乙烷	0.005	致癌风险增加	化工厂排放	0
OC	1,1 - 二氯乙烯	0.007	肝功能受损	化工厂排放	0.007
OC	顺 - 1,2 - 二氯乙烯	0.07	肝功能受损	化工厂排放	0.07
OC	反 - 1,2 - 二氯乙烯	0.1	肝功能受损	化工厂排放	0.1
OC	二氯甲烷	0.005	肝功能受损；致癌风险增加	制药厂排放和化工厂排放	0
OC	1,2 - 二氯丙烷	0.005	致癌风险增加	化工厂排放	0
OC	二 - (2 - 乙基己基) 己二酸	0.4	体重减轻,肝脏功能受损或可能的生育困难	化工厂排放	0.4
OC	二 - (2 - 乙基己基) 邻苯二甲酸酯	0.006	生育困难；肝脏功能受损；致癌风险增加	橡胶厂和化工厂排放	0

续表5.2

项目	污染物	MCL 或 TT[1]（mg/L）[2]	超出 MCL 接触所产生的潜在健康影响	饮用水中通常的污染源	公共卫生目标
OC	地乐酚	0.007	生育困难	大豆和蔬菜抗莠剂的流出	0.007
OC	二噁英(2,3,7,8-四氯二苯并对二氧六环)	0.000 000 03	生育困难；致癌风险增加	废物焚烧和其他物质焚烧时散布；化工厂排放	0
OC	敌草快	0.02	生白内障	施用抗莠剂的流出	0.02
OC	草藻灭	0.1	胃、肠功能受损	施用抗莠剂的流出	0.1
OC	异狄氏剂	0.002	肝功能受损	禁用杀虫剂残留	0.002
OC	熏杀环	TT[8]	致癌风险增加，长时间后出现胃功能受损	化工厂排出，水处理过程中加入	0
OC	乙基苯	0.7	肝或肾功能受损	炼油厂排放	0.7
OC	二溴化乙烯	0.000 05	肝、胃、生殖系统或肾功能受损；致癌风险增加	炼油厂排放	0
IOC	氟化物	4.0	骨骼疾病(疼痛和脆弱)；儿童得齿斑病	为保护牙齿，向水中添加氟；天然矿物溶蚀；化肥厂和铝厂排放	4.0

续表 5.2

项目	污染物	MCL 或 TT[1] (mg/L)[2]	超出 MCL 接触所产生的潜在健康影响	饮用水中通常的污染源	公共卫生目标
M	兰伯氏贾第氏虫	TT[3]	肠胃疾病(如痢疾,呕吐,腹部绞痛)	人畜粪便	0
OC	草甘膦	0.7	肾功能受损;生育困难	用抗莠剂时溶出	0.7
DBP	卤乙酸(HAA5)	0.060	致癌风险增加	饮用水消毒副产物	n/a[6]
OC	七氯	0.000 4	肝损伤;致癌风险增加	禁用白蚁药残留	0
OC	环氧七氯	0.000 2	肝损伤;致癌风险增加	七氯降解	0
M	异养菌总数(HPC)	TT[3]	HPC 对健康无害;是检测水中常见细菌种类的分析方法;饮用水中细菌浓度越低,说明供水系统维护得越好	HPC 测定环境中自然出现的各种细菌	n/a
OC	六氯环戊二烯	0.05	肾或胃功能受损	化工厂排放	0.05
IOC	铅	TT[7];采取行动的浓度 = 0.015	婴儿和儿童:身体或智力发育迟缓;儿童在注意力和学习能力上会有轻微不足。成人:肾脏问题;高血压	家庭管道工程系统腐蚀;天然矿床侵蚀	0

续表 5.2

项目	污染物	MCL 或 TT[1]（mg/L）[2]	超出 MCL 接触所产生的潜在健康影响	饮用水中通常的污染源	公共卫生目标
M	军团菌	TT[3]	军团病,一种肺炎	天然水中发现;在暖气系统中繁殖快	0
OC	林丹	0.000 2	肝或肾功能受损	畜牧、木材、花园所使用杀虫剂流出或溶出	0.000 2
IOC	汞(无机)	0.002	肾脏功能损伤	天然矿物溶蚀;炼油厂和工厂排放;从垃圾填埋场和耕地流出	0.002
OC	甲氧滴滴涕	0.04	生育困难	用于水果、蔬菜、苜蓿、家禽杀虫剂流出或溶出	0.04
IOC	硝酸盐（以 N 计）	10	不足 6 个月的婴儿饮用硝酸盐浓度超过最大污染物浓度值的水会得重病,如果不治疗,会导致死亡;症状包括呼吸短促和蓝婴综合征	化肥溢出;化粪池或污水渗漏;天然矿物溶蚀	10

续表 5.2

项目	污染物	MCL 或 TT[1]（mg/L）[2]	超出 MCL 接触所产生的潜在健康影响	饮用水中通常的污染源	公共卫生目标
IOC	亚硝酸盐（以氮计）	1	不足 6 个月的婴儿饮用硝酸盐浓度超过最大污染物浓度值的水会得重病,如果不治疗,会导致死亡;症状包括呼吸短促和蓝婴综合征	化肥溢出;化粪池或污水渗漏;天然矿物溶蚀	1
OC	草氨酰	0.2	对神经系统有轻微影响	用于苹果、土豆、西红柿杀虫剂流出	0.2
OC	五氯酚	0.001	肝或肾功能受损;致癌风险增加	木材防腐工厂排放	0
OC	毒莠定	0.5	肝功能受损	除莠剂流出	0.5
OC	多氯联苯	0.000 5	皮肤起变化;胸腺功能受损;免疫力降低;生育或神经系统障碍;致癌风险增加	废渣回填土溶出;废弃化学药品的排放	0
R	镭 - 226 和镭 - 228（组合）	5 pCi/L	致癌风险增加	天然矿物浸蚀	0

续表 5.2

项目	污染物	MCL 或 TT[1]（mg/L）[2]	超出 MCL 接触所产生的潜在健康影响	饮用水中通常的污染源	公共卫生目标
IOC	硒	0.05	头发或指甲脱落;指甲和脚趾麻木;血液循环系统问题	炼油厂排放;天然矿物溶蚀;矿场排放	0.05
OC	西玛津	0.004	血液功能受损	除莠剂流出	0.004
OC	苯乙烯	0.1	肝、肾、循环系统功能受损	橡胶和塑料厂排放;回填土溶出	0.1
OC	四氯乙烯	0.005	肝功能受损;致癌风险增加	工厂和干洗工场排放	0
IOC	铊	0.002	头发脱落;血液成分变化;肾、肠或肝问题	矿沙处理场滤出;电子、玻璃和制药厂排放	0.000 5
OC	甲苯	1	神经系统、肾或肝功能受损	炼油厂排放	1
M	总大肠菌群（包括粪大肠菌和埃希氏大肠菌）	5.0%[4]	本身对健康无威胁;用来指示其他潜在有害菌的存在[5]	大肠杆菌自然存在于外界环境及粪便中;粪大肠菌和埃希氏大肠菌来自人畜粪便	0

续表 5.2

项目	污染物	MCL 或 TT[1] (mg/L)[2]	超出 MCL 接触所产生的潜在健康影响	饮用水中通常的污染源	公共卫生目标
DBP	总三卤甲烷(TTHMs)	0.080	肝、肾或中枢神经系统问题;致癌风险增加	饮用水消毒副产物	n/a[6]
OC	毒杀芬	0.003	肾、肝或甲状腺功能受损;致癌风险增加	棉花和牲畜杀虫剂的流出或溶出	0
OC	2,4,5-涕	0.05	肝功能受损	禁用抗莠剂的残留	0.05
OC	1,2,4-三氯苯	0.07	肾上腺变化	纺织厂排放	0.07
OC	1,1,1-三氯乙烷	0.2	肝、神经系统或循环系统功能受损	金属除脂场地和其他工厂排放	0.2
OC	1,1,2-三氯乙烷	0.005	肝、肾或免疫系统功能受损	化工厂排放	0.003
OC	三氯乙烯	0.005	肝功能受损;致癌风险增加	金属除脂场地和其他工厂排放	0

续表 5.2

项目	污染物	MCL 或 TT[1] （mg/L）[2]	超出 MCL 接触所产生的潜在健康影响	饮用水中通常的污染源	公共卫生目标
M	浊度	TT[3]	浊度是衡量水浑浊的尺度。通常用来指示水质和过滤效果好坏（如是否有致病生物存在）。高浊度常常与高浓度致病微生物，如病毒、寄生虫和一些细菌相关联。这些生物会导致呕吐、腹部绞痛、腹泻和头痛等症状	土壤冲刷	n/a
R	铀	30 μg/L	致癌风险增加，肾毒性	天然矿物浸蚀	0
R	铀	30 μg/L			
OC	氯乙烯	0.002	致癌风险增加	PVC 管道溶出；塑料厂排放	0
M	病毒（肠道）	TT[3]	胃肠疾病（如腹泻、呕吐、腹部绞痛）	人畜粪便	0

续表 5.2

项目	污染物	MCL 或 TT[1]（mg/L）[2]	超出 MCL 接触所产生的潜在健康影响	饮用水中通常的污染源	公共卫生目标
OC	二甲苯（总）	10	神经系统受损	石油厂、化工厂排放	10

注:1. 定义:MCLG 为最大污染物浓度目标值;MCL 为最大污染物浓度;MRDLG 为最大残留消毒剂浓度目标值;MRDL 为最大残留消毒剂浓度;TT 为处理技术。

2. 单位为 mg/L,除非另外注明外,每升毫克(mg/L)相当于百万分率。

3. EPA 的地表水处理规则要求使用地表水或直接受地表水影响的地下水系统对其水进行消毒和过滤或者满足避免渗透以便将下列污染物控制在它们所需的水平之内:
隐孢子虫 99% 去除;贾第虫 99.9% 去除或失活;病毒 99.99% 去除或失活;
浊度任何时候不得超过 1 NTU,在任一月任一日常取样的 95% 中浊度不得超过 0.3 NTU;
HPC 每毫升(mL)不超过 500 个细菌菌落。

4. 每月总大肠菌呈阳性的水样不大于 5.0%(对每月采集不足 40 个水样的供水系统,总大肠菌超标数不大于 1 个)。含有大肠菌的水样,如果连续 2 个总大肠菌呈阳性,必须进一步分析是粪大肠菌还是埃希氏大肠菌。如果埃希氏大肠菌呈阳性,供水系统则为最大污染物浓度严重超标。

5. 粪大肠菌和埃希氏大肠菌的存在表明水可能受到人畜粪便的污染。

6. 尽管对于这组污染物没有集体最大污染物浓度目标值规定,但对其中一些污染物有单独的最大污染物浓度目标值规定:
卤乙酸,二氯乙酸(0);三氯乙酸(0.3 mg/L);
三卤甲烷,如果自来水水样超过 10%,则溴二氯甲烷(0)、溴仿(三溴甲烷)(0)、二溴氯甲烷(0.06 mg/L)。

7. 铅和铜通过处理技术进行管理,这些技术要求供水系统对水的腐蚀性进行控制。
对于超过采取行动的浓度,供水系统必须增加其他步骤。对铜来说,采取行动的浓度为 1.3 mg/L,而铅为 0.015 mg/L。

8. 每个供水系统必须向州书面证明(使用第三方或制造商证明),当系统采用丙烯酰胺和表氯醇进行水处理时,它们的使用剂量及单体浓度不超过下列规定:丙烯酰胺剂量 = 0.05% 相当于 1 mg/L;表氯醇剂量 = 0.01% 相当 20 mg/L。

资料来源:美国环境保护署 http://www.epa.gov/safewater/contaminants/index.html#listmcl,2008 年 1 月获取。

将来进行监管或制定标准以及需采取预防措施的污染物。为了确定管
制污染物的优先次序,美国环境保护署考虑了专家评审技术和数据,以
支持"全方位技术评估",这包括在环境中发生、人类接触、一般人群和
敏感亚群的不利健康影响风险、检测分析方法、技术可行性,以及监管
对水系统、经济和公众健康的影响等因素(美国环境保护署,2003a)。
表 5.3 为截至 2008 年 1 月的污染物候选名录 2(CCL2)中的污染物。

表 5.3　污染物候选名录 2(截至 2008 年 1 月)

候选微生物污染物	候选化学污染物	CAS 号
腺病毒	1,1,2,2 - 四氯乙烷	79 - 34 - 5
嗜水气单胞菌	1,2,4 - 三甲苯	95 - 63 - 6
萼状病毒	1,1 - 二氯乙烯	75 - 34 - 3
柯萨奇病毒	1,1 - 二氯丙烯	563 - 58 - 6
蓝细菌(蓝绿藻),其他淡水藻及其毒素	1,2 - 二苯肼	122 - 66 - 7
艾柯病毒	1,3 - 二氯丙烷	142 - 28 - 9
幽门螺旋杆菌	1,3 - 二氯丙烯	542 - 75 - 6
小孢子虫目(肠细胞[内]寄生物和分隔管胞)	2,4,6 - 三氯(苯)酚	88 - 06 - 2
细胞内分支杆菌(MAC)	2,2 - 二氯丙烷	594 - 20 - 7
	2,4 - 二氯(苯)酚	120 - 83 - 2
	2,4 - 二硝基酚	51 - 28 - 5
	2,4 - 二硝甲苯	121 - 14 - 2
	2,6 - 二硝甲苯	606 - 20 - 2
	2 - 甲基苯酚(邻甲酚)	95 - 48 - 7
	乙草胺	34256 - 82 - 1
	甲草胺乙烷磺酸和其他乙酰杀虫剂降解产品	N/A
	铝	7429 - 90 - 5
	硼	7440 - 42 - 8
	溴苯	108 - 86 - 1

续表 5.3

候选微生物污染物	候选化学污染物	CAS 号
细胞内分支杆菌(MAC)	DCPA 一酸降解	887 – 54 – 7
	DCPA 二酸降解	2136 – 79 – 0
	DDE	72 – 55 – 9
	二嗪农	333 – 41 – 5
	乙拌磷	298 – 04 – 4
	敌草隆	330 – 54 – 1
	茵草敌(s – 乙基二正丙基硫代氨基甲酸酯)	759 – 94 – 4
	地虫磷	944 – 22 – 9
	对甲基异丙基苯	99 – 87 – 6
	利谷隆	330 – 55 – 2
	甲基溴	74 – 83 – 9
	甲基叔丁基醚(MTBE)	1634 – 04 – 4
	甲氧毒草安	51218 – 45 – 2
	草达灭	2212 – 67 – 1
	硝基苯	98 – 95 – 3
	有机锡	N/A
	高氯酸盐	14797 – 73 – 0
	扑灭通	1610 – 18 – 0
	黑索金(RDX)	121 – 82 – 4
	特草定	5902 – 51 – 2
	特丁磷	13071 – 79 – 9
	钒	7440 – 62 – 2
	三嗪化合物和其降解产品,包括但不限于草净津	21725 – 46 – 2
		6190 – 65 – 4

注:资料来源:美国环境保护署,http://www.epa.gov/safewater/ccl/ccl2.html,2008 年 1 月获取。

5.4.2　二级饮用水标准

《国家二级饮用水条例》(NSDWRs 或二级标准)为有关那些会造成美容影响(如皮肤或者牙齿变色)或者美感影响(如影响饮用水的口味、气味或颜色)的污染物的非强制性指南。美国环境保护署向供水系统推荐二级标准,并非强制性要求他们遵循。然而,各州可选择采用二级标准作为强制性标准。该二级条例意欲保护"公共福利"(2003a)。在《国家二级饮用水标准》清单中列出了 15 种成分(见表 5.4)。

表5.4　　国家二级饮用水标准

污染物	二级标准	污染物	二级标准	污染物	二级标准
铝	0.05~0.2 mg/L	氟化物	2.0 mg/L	pH 值	6.5~8.5
氯化物	250 mg/L	泡沫剂	0.5 mg/L	银	0.10 mg/L
颜色	15(颜色单位)	铁	0.3 mg/L	硫酸盐	250 mg/L
铜	1.0 mg/L	锰	0.05 mg/L	溶解固体总量	500 mg/L
腐蚀性	无腐蚀性	气味	3 个嗅阈值	锌	5 mg/L

5.5　污染物的输移

在包气带和饱和区的污染物将进行各种输移过程,这些过程控制着它们的迁移性和寿命。污染物能溶于渗水中或作为非水相液体进入地下,随着时间的推移,也将溶于环境地下水中。根据污染物和地球化学特性,从地下水速度上讲,污染物输移速度将或多或少地受到阻滞,因为污染物会吸附到多孔媒介的固体颗粒上并扩散到固体孔隙空间和固体间的死端孔隙中。污染物还会与原生地下水和固体发生各种生物地球化学反应,改变其特性和迁移性。溶液的不可逆沉淀或者完全的降解(矿化),可永久地去除地下水流中的污染物。大多数其他过程的作用是降低溶解污染物的浓度,因为污染物从进入地下的源区离开。不幸的是,由于污染物有各种输移机制,而且很多都难以量化,要预测污染物离开源区一定距离和在输移一定时间后的浓度常常很困难。因此,经常可以见到两方或多方("利益相关方")即使采用相同的场地概念模型预测污染物浓度,得出的结果也会差异很大。在考虑基于污染物预测浓度(时空上)的大多数法律、工程和管理决策时,这一点尤为重要。部分相关问题包括:①污染物什么时候和有多少污染物进入了地下? ②谁对地下水污染负责(污染带是谁产生的)? ③污染物需要多长时间到达 A 点(A 为地下水中的某一点)? ④污染物到达 A 点时的浓度是多少? ⑤这种修复技术是否达到地下水清理目标(即 A、B、C 等点可接受污染物浓度)? ⑥这种修复技术必须实施多长时间才能实现清理目标? ⑦实施这种修复技术的费用是多少? ⑧这种修复替代方案在其整个使用寿命周期的成本是多少? 不幸的是,在大多数情况下,对上述问题及类似问题没有唯一的量化答案。这极有可能必然而且常常成为律师和法院解决地下水管理和修复问题的最重要角色的主要原因,至少在美国是这样。另外一个可能的解释是,在美国,水资源和环境法规以及社会结构可能不利于找到一个更具整体性的水(地下水)资源管理方法。无论如何,在计算污染物输移时所用"有代表性"定量参数的选择并不是一个简单的过程,这总是给那些愿意进行这类实践的批评者留有足够的空间。这个问题的一个显而易见的答案是尽可能地收集场地特定的数据信息。

5.5.1　溶解

某一特定物质的水溶度是指该物质在水中溶解并达到饱和时,溶液中含该物质的最大量值。不同无机物质和有机物质的水溶度差异极大,从无限大(即可与水混溶的液态物质,如酒精(乙醇))到非常低,如不与水混溶的 NAPL。亲水(喜水)和疏水(憎水)有时候被分别用来指水溶性和不溶水性。一种物质的水溶性受多种因素的控制,包括水温、压力、氢离子(H^+)和氢氧根离子(OH^-)的浓度(即水的 pH 值)、氧化还原电位(Eh)、溶液中其他物质的相对浓度等。在现场条件下,这些变量间的关系非常复杂而且常常发生变化,因此各种受关注物质在特定现场的准确水溶度难以确定。分析实验室化学原则,加上一些一般性假设和地球化学模拟,能用于建立常用物质的自然水溶度极限。化学上的各种一般教科书列举了无机化合物和有机化合物的水溶度,这可用于进行初始分析。

当一种污染物具有极高水溶度或者完全混溶于水时,例如很多无机盐(如氯化钠和高氯酸盐)和大量的混溶性有机化合物(如乙醇和1,4-二氧杂环乙烷),流经源区的水(地下水)溶出率是无限的。进入地下的污染物通量(浓度)将取决于降雨(或加入水)的渗透率和污染物的质量,而不是污染物的水溶度。如果水渗透率低于污染物水溶度,污染物负荷在(源区)地面的连续增加会导致聚积,这种情况在一些干旱地区会出现。如果蒸腾率高于深层渗透率,聚积也会在地表或地下发生,导致水溶液中的污染物发生沉淀。

　　溶度积是一个物理化学概念,是指一种分解为离子的化合物溶液的一个平衡常数。对于化合物的饱和溶剂来说,离子的摩尔浓度的乘积在任何固定温度下均为常数。因为试验上的困难,已公布的溶度积常常相互之间不一致。此外,当现场估算溶度时采用纯水(理想溶液)的矿物溶度积是错误的,这是因为为了饱和计算的精确,必须知道某一特定溶液中所有离子种类的化学形态(单离子、络离子或中性分子)和活性,包括不同离子之间有可能的化学反应。因此,根据公布的溶解度乘积进行的简单地球化学溶度计算获得的仅仅是粗略的近似值。另外一个复杂的因素是,一种化学形态离子的所谓活性并非常数,它随溶液中的离子和其他离子的浓度而变化。也就是说,对于稀溶液来说,常常假定一个离子的活度等于其在溶液中的摩尔分数(浓度),但是这个假定对于较浓溶液会导致很大的误差。不管哪种情况,更为正确的是确定某一要进行溶度计算的实际特定离子活度,因为这些活度受溶液中所有成分的影响。溶度积及溶度一般随温度上升而增加,但也并非所有情况都是如此。对于那些在一定温度下会发生相变化的物质来说,如石膏转化成硬石膏,溶度积在转化温度(即 60 ℃)后反而下降。在普通地下水系统中,固体无机物质的溶度不受压力支配。图 5.16 显示,有些普通固体无机物质的溶度依赖于温度变化。溶度积也随溶液浓度的增加而上升。这一效应在浓度高的矿化水和氯化钠盐水中(二者的浓度可达到极高值)特别明显(Matthess,1982)。

　　当一离子化合物(AB),如岩盐(HCl; $A = H$, $B = Cl$),在一个理想的溶液中分离形成带正、负电荷的离子时,以下关系式方程式在平衡状态下成立:

$$K = \frac{[A^+] \times [B^-]}{[AB]} \qquad (5.11)$$

式中　AB 为固体物质;A^+ 为溶解相中的阳离子部分;B^- 为溶解相中的阴离子部分;K 为一般反应常数。

　　在饱和情况下,一般反应常数与溶度积(K_{sp})完全相等,溶液处于物质的固相和溶解相的平衡状态(即溶液中的物质不再发生溶解或沉

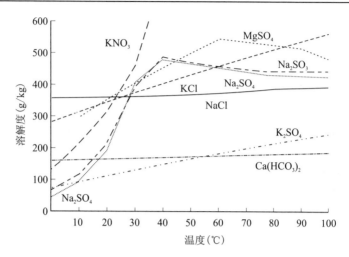

图 5.16　固体无机物质在水中不同温度的溶度
（数据来源：Matthess,1982）

淀）。当 $K < K_{sp}$ 时,溶液对 AB 处于欠饱和状态,能更多地溶解（容纳）该物质;当 $K > K_{sp}$ 时,溶液处于过饱和状态,会发生 AB 的沉淀。

　　由于实际地下水系统中溶解作用和其他化学反应非常复杂（而非从实验室试验推演出的化学关系式）,地球化学模型是估算几机化合物溶质溶解和沉淀唯一令人满意的方法。在自然水体和受污染水体中应用最为广泛的地球化学模型是由美国地质调查局开发、公开的 PHREEQC 模型（Parkhurst 和 Appelo,1999）,该模型有着图形用户界面的用户友好版本（PHREEQC;USGS,2002）,包括以下模拟能力:①水、矿物、气体、地表、离子交换、固溶体平衡;②动力反应;③有着双重孔隙度介质的一维扩散或对流和弥散;④强大的逆向模拟能力,能识别造成受观测水成分中化学演化的各种反应;⑤强大的地球化学数据库。

　　PHREEQC 模型的组分形态分布模拟利用水化学分析,以离子缔合水模型为基础计算水溶性组分形态的分布情况。组分计算的最重要成果是矿物质的饱和指数,表明某一矿物质是溶解还是沉淀。组分形态分布模拟适用于需要了解矿物质溶解或者沉淀的可能性情况,如水处理、含水层储水和回收、人工补给、水井注水等。PHREEQC 模型能够进行逆向模拟,可用于推演局部和区域含水层系统中以及含水层储水与回收研究中的地球化学反应。它计算了反映水流路径沿线水体中化学成分变化的各种地球化学反应。对于逆向模拟,在水流路径沿线不同点至少需要进行两次水化学分析,以及一组可能发生反应的矿物质和气体。对各相的摩尔转换进行了计算,反映水流路径沿线水成分的变化。所应用的数值方法说明了分析数据中的不确定因素。Appelo 和 Postma(2006)列举了多个 PHREEQC 模型能解决的地球化学反应的实例。

以下叙述有机物的溶解度。

与无机盐、无机碱和无机酸比较,有机液体和有机固体一般不易溶于水。然而,有些有机液体,如一些酒精和溶剂稳定剂(如 1,4 - 二氧杂环乙烷),由于它们的极性特性和氢键而高度溶于水或者甚至完全与水相溶。通常来说,最溶于水的有机物离子为有着极性分子结构或者简单短分子结构中含有氧或氢的有机物离子,例如酒精或者羧基酸,它们与水分子形成氢键,很容易进入水结构。如果没有氢键,有机物的水溶性就会削弱,因为要将一个非极性有机分子强行进入水的四面体结构需要相当多的能量。氢键的重要性随分子长度和大小的增加而减小。有机分子越大,水结构中所需要的空间就越大,化合物的溶解性就越小。例如,甲醇、乙醇这样较小的酒精分子无限溶于水,而辛醇却仅仅微溶于水。当研究苯、甲苯、萘、联苯等芳香族化合物的水溶度时,这种效应也可清晰显现。溶解度与分子质量或者分子大小成反比,苯在这 4 种成分中分子质量最小(为 78.0 g/mol),溶解度最高,联苯分子质量最大(为 154.0 g/mol),溶解度最小。根据相关报告,苯和联苯的水溶度分别为 1 780 g/m³ 和 7.48 g/m³(Domennico 和 Schwartz,1990)。

疏水(不溶于水)有机液体,尽管大部分在相当长一段时间内保持着独立的(自由)液相,但是由于它们的非极性特性常常会一定程度地溶于水。如前所述,这类液体被称为 NAPLs。自由相 NAPL 以多种方式分布在地下,例如较大范围连片的液体量(称为 NAPL 聚积区),或者部分或全部为水所环绕的小水珠和水滴(常常称为残留相)。在实际情况下,不同 NAPL 相的溶解依赖于多个因素,如多孔媒介的有效孔隙度和总孔隙度、地下水流速、NAPL 与地下水之间的表面接触面积(即不同 NAPL 相的几何形状)和输移特性,包括吸附和扩散。假定 NAPL 溶解于流动着的地下水中,则遵从一些公布的纯水溶度值将会出现误差。由于各种降低纯水溶解度的限制因素,NAPL 在地下的实际溶解度常常称为限制溶解速率。即使假定这其中一些因素某一场地可相当精确地估算,也几乎不可能合理准确地确定自由相和残留相 NAPL 的分布和各种 NAPL 聚积体的实际几何形状,而这是确定它们与水接触面积所需要的。当将两个具有相同体积产物的 NAPL 聚积体进行比较时,在所有其他因素相同的情况下,接触面积较小的 NAPL 聚积体在源区完全耗尽所需的时间更长。例如,聚集在不透水层之上的 NAPL 成片聚积区仅在顶部与地下水流接触,而不规则、悬浮、不相连的 NAPL 聚积体,相应有着大得多的接触面积,并会更快地溶解(耗尽)。

在估算特定场地的地下有机污染物溶解度时要考虑的另外一个重要点是,污染物常常会发生混合(形成多种污染物的混合物),这将降低各自的水溶度。但酒精之类的助溶剂的存在能增加有些 NAPL 的溶解度。单个液态化合物 i 的有效水溶度 S_i^e(单位为 mg/L)由以下公式求得:

$$S_i^e = X_i S_i \tag{5.12}$$

式中 X_i 为单个化合物的摩尔分数;S_i 为单个化合物液相的纯相溶解度。

式(5.12)基于拉乌尔定律,最初用于气态化合物。实验室分析提示,对于结构类似的难溶疏水有机液体混合物来说,式(5.12)是一个比较合理的近似算法,而且复杂混合物(如汽油和其他石油产品)有效溶度计算结果的误差不大可能超过 2 倍(Cohen 和 Mercer,1993)。

NAPL 的实际溶解率因场地和时间的变化而异。因此,对不同疏水有机物的溶解度,文献值应该谨慎使用,仅仅作为相关分析的一个出发点。柯恒(Coheh)和梅塞(Mercer)(1993)对确定 NAPLs 水溶度和现场溶度所采用的各种方法进行了详细讨论。表5.5列举了美国地质调查局编辑的常见有机污染物的水溶度(Lawrence,2006)。

表5.5 25 ℃时常见有机污染物的水溶解度

(IUPAC)名称	常用名或别名	25 ℃时的水溶解度(mg/L)	亨利常数(H)
2 – 甲氧基 – 2 – 甲基丙烷	甲基叔丁基醚,MTBE	36 200	0.070
1,2 – 二氯乙烷	1,2 – 乙基二氯,二氯乙烷	8 600	0.140
氯甲烷	氯甲烷	5 320	0.920
氯乙烷	氯乙烷	6 710	1.11
顺 –1,2 – 二氯乙烯	顺 –1,2 – 二氯乙烯	6 400	0.460
1,1 – 二氯乙烷	1,1 – 乙基二氯	5 000	0.630
1,1,2 – 三氯乙烷	三氯乙烷(甲基氯仿)	4 590	0.092
反 –1,2 – 二氯乙烯	反 –1,2 – 二氯乙烯	4 500	0.960
氯乙烯	氯乙烯	2 700	2.68
1,1 – 二氯乙烯	1,1 – 二氯乙烯,DCE	2 420	2.62
苯		1 780	0.557
1,1,1 – 三氯乙烷	三氯乙烷(甲基氯仿)	1 290	1.76
1,1,2 – 三氯乙烷	三氯乙烷(甲基氯仿)	1 280	1.03
四氯化碳	四氯化碳	1 200	2.99
甲苯	甲苯	531	0.660
氯苯	一氯苯	495	0.320
苯乙烯	苯乙烯	321	0.286
四氯乙烯	全氯乙烯,四氯乙烯,PCE	210	1.73
1,2 – 二甲苯	邻二甲苯	207	0.551
1,4 – 二甲苯	对二甲苯	181	0.690
1,3 – 二甲苯	间二甲苯	161	0.730
苯乙烷		161	0.843
1,2 – 二氯苯	邻二氯苯	147	0.195
1,2,4 – 三甲基苯	偏三甲苯	57	0.524
1,2,4 – 三氯苯	1,2,4 – 三氯苯	37.9	0.277
萘	环烷	31.0	0.043
1,2,3 – 三氯苯	1,2,6 – 三氯苯	30.9	0.242

注:IUPAC(国际理论和应用化学联合会),Lawrence,2006。

5.5.2　挥发

挥发指的是质量从液态和固态向气态传递。包气带气体中的化学品可能来自 NAPL 溶解或吸附的化学品。影响挥发的化学特性包括蒸气压、亨利常数、水溶度,以及污染物在土壤中的浓度、土壤含水量、土壤空气运动、土壤的吸附和扩散特性、土壤温度、土壤体积特性,如有机碳含量、孔隙度、密度、黏土含量等(Leman 等,1982;Cohen 和 Mercer,1993)。土壤气体中的挥发性有机化合物(VOCs)具有能够输移并最终冷凝、吸附到土壤颗粒上、溶解于地下水中、降解和逸散到大气中等特点。土壤中可燃性有机化学物的挥发,如果蒸气聚积达到可燃烧浓度并有点火源,会造成火灾或爆炸危害(Fussell 等,1981)。

气体从液体中挥发以及溶解于液体之中,都遵循亨利定律,即液体中溶解气体量与其液体界面之上的压力成正比。亨利定律可扩展阐述为一种气体的溶解浓度也与其温度成反比,即在恒定压力下,气体的溶解度随温度的下降而上升,反之亦然。在达到液体的沸点时,所有气体都从溶液中逸出。当混合物中有一种以上气体时,亨利定律适用于每种气体的分压。亨利定律公式表述如下:

$$C_{\mathrm{g}} = \frac{P_{\mathrm{g}}}{K_{\mathrm{H}}} \tag{5.13}$$

式中　C_{g} 为液体(溶液)中的气体浓度,即单位体积(m^3 或 L)的摩尔量;P_{g} 为与液体的界面之上的气相气压(分压),单位为标准气压 atm 或帕斯卡(Pa);K_{H} 为亨利常数,单位为 $\mathrm{atm/(mol/dm^3)}$ 或 $\mathrm{Pa/(mol/m^3)}$。

对于普通无机气体和各种有机气体,公布的亨利常数值差异很大,当试图计算地下水中气体浓度时,使用这些数值必须格外小心。表 5.5 列出了美国地质调查局编辑的一些普通有机污染物的亨利常数值(Lawrence,2006)。

溶解有机化学品从水溶液中挥发的趋势随亨利常数的增加而增加,有着高的亨利常数的化学品自由液相也是一样。亨利常数高的有机化学品称为挥发性化学物,包括一组非常重要的常见地下水有机污染物,如芳香族和卤代碳氢化合物(如苯和三氯乙烯)。这类化学品在地下会以溶解相和气相的形式输移并会由于特定场地条件的时空变化而进行两相之间的多次交换。按照亨利定律,溶液之上蒸气(气体)压力降低会导致溶解气体挥发(逸散)到界面之上的气相中。这个现象在对受 VOC 污染的地下水采用各种增加溶解相与气相之间压力坡降的技术进行修复时得到广泛的利用。例如,在地下水位之上的未饱和区运用真空,使芳香族有机化合物从溶解相和自由相(如果存在的话)中挥发,这是土壤蒸气提取修复法的原理。

拉乌尔定律被用来对 NAPL 混合物中单个组分的挥发进行量化。该定律将溶液中一种化学品的理想蒸气压和相对浓度与其在 NAPL 溶液之上的蒸气压相关联(Cohen 和 Mercer,1993):

$$P_A = X_A \cdot P_A^o \tag{5.14}$$

式中　P_A 为化学品 A 在 NAPL 溶液之上的蒸气压;X_A 为化学品 A 在 NAPL 溶液中的摩尔分数;P_A^o 为纯化学品 A 的蒸气压。

在 NAPL 接近地表或处于干燥透水沙质土壤的地方,或在 NAPL 的蒸气压很高的地方,都可能发生地下 NAPL 的挥发损失(Feenstra 和 Cherry,1988)。估算土壤挥发量时涉及以下两种估算:①水—气之间和 NAPL—气之间的有机物分配的估算;②蒸气从土壤中输移的估算。亨利定律和拉乌尔定律分别用于确定水—气之间和 NAPL—气之间的有机物分配。土壤中蒸气的输移通常采用扩散公式来表达。目前开发了几个模型,其主要输移机制为宏观扩散(Lyman 等,1982),也有更为复杂的模型(Falta 等,1989;Sleep 和 Sykes,1989;Brusseau,1991)。

5.5.3　水平对流

水平对流是溶解污染物随地下水或者在地下水中的运动,它指污染物主体,即输移污染物质量团的中心的平均线性流速。下一章节将要介绍,有些溶解污染物颗粒,就像一些水颗粒一样,会比其他颗粒移动快,造成溶解相污染物质量团的纵向、横向和垂向传播或弥散,以及造成污染物与原生地下水的混合。然而,溶解污染物主体会以平均线性地下水流速(v_L)移动,可用下列公式计算:

$$v_L = \frac{Ki}{n_{ef}} \tag{5.15}$$

式中　K 为渗透系数,,m/d;i 为水力坡降,无量纲;n_{ef} 为多孔含水层物质的有效孔隙度,无量纲。

　　如果没有其他输移过程(即无弥散、无扩散、无吸附或无降解),污染物质量团的移动前缘呈陡锋状。对于连续源,锋后面的浓度会与源头一样,而对于非连续、一次源(柱),羽状污染带的形状与其离开源头时的形状一致(见图5.17)。然而,由于扩散是始终存在的,污染物穿透曲线、污染带形状及污染带内部浓度等在时空上都会发生变化。吸附或者生物降解等其他场地特定的过程也会引起变化。

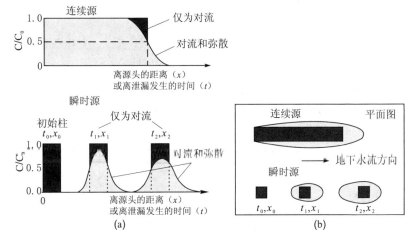

图5.17　来源于一连续源和一非连续源的穿透曲线(a)和污染物羽流(b)

　　多孔介质中的所有其他条件(水力坡降和导水率)相同时,有效孔隙度的变化将改变地下水流过该介质的速度(如有效孔隙度高会降低地下水的流速)。然而,如果有效孔隙度发生变化,就意味着多孔材料发生变化,导水率会随之发生变化。因此,不得不考虑在导水率变化的情况下就随意假设有效孔隙度的变化,认识这一点非常重要。对于看似相同的材料,导水率的差异可达2个数量级,而有效孔隙率差异范围则有限,因此前者是更为“敏感”的参数(即对计算出的流速产生更大影响)。然而,有效孔隙率2倍的改变只能使输移时间翻番或减半。

无论打算做什么(例如"仅仅为了筛分"),对"所有"多孔介质、沙、砾石或黏土,使用相同的有效孔隙率(例如 25%)是完全错误的。

对流一词,解释为污染物在源区和受体(或离开系统的排出点)之间的停留时间,在考虑降解污染物的输移时尤其重要。地下水停留时间越长,污染物浓度降低越多,因为这给了污染物更多时间在其到达受体之前进行降解。地下水污染物溶解相的特性描述和量化可用以下两种方法进行(这两种方法在一起使用时最有意义):①污染物浓度量测(预测);②污染物通量量测(预测)。污染物对流通量(Q_c)可以简单地理解为溶解于地下水中、用其浓度(C_c)表示污染物的量,其在线性(有效)地下水流速(v_L)的驱动下,流经地下水含水层(A)的某一断面:

$$Q_c = C_c v_L A (kg/d) \tag{5.16}$$

无论采取什么调查方法,重要的是收集大部分(如果不是全部的话)量化污染物输移所需场地特定的三维物理化学参数。本书中多次强调,地下水流发生在一个三维空间内,默认为非均质和各向异性。溶解污染物的输移也发生在相同的三维非均质空间,更为重要的是不将之表述为"沙箱"。污染物会以一定的高浓度流经一个优先、狭窄、回旋的水流区,甚至能不被检测出,从而造成远离源区的区域受到各种不利影响。由于以上原因,与污染物输移特征及随后的对中等"污染场地"进行的地下水修复等相关成本和工作量,远大于大多数地下水供水项目。

5.5.4　弥散和扩散

弥散是流体颗粒在流经多孔介质时的三维传播。从微观尺度来讲,弥散由流体颗粒速度差异造成。单个孔隙中的颗粒有着不同的流速,位于孔隙中心的颗粒移动最快,而那些靠近孔壁的颗粒几乎不移动。当颗粒行进通过孔隙材料单个颗粒周围曲折的行进路径时,流向和流速也将改变。

如弗兰克(Franke)等(1990)所述,从较大尺度(宏观尺度)来讲,含水层内部的局部异质性造成流速和流向均有所不同,因为水流在较大渗透率区域沿线集中或者在较小渗透率空穴周围分汊。"宏观非均质性"被用以暗示裂隙的变化大到足以容易在地表露头或者在测试井中识别,但同时又太小,不足以在工作尺度上进行绘图(或在数学模型中表示出来)。例如,在涉及污染物从垃圾填埋场或废水氧化塘输移等代表性问题上,宏观非均质性的范围也许会从垒球大小扩大到建筑物大小。

尽管弥散现象的物理解释比较容易理解,但其过程本身却难以实测。现在尚无广泛接受或者常规应用的方法来量化现场规模的弥散度,同时能帮助更好地理解非均质性多孔介质中的弥散度情况的可信赖的大型现场试验也非常少见。有人认为,将导水率的现场实际分布及其各向异性定义到令人满意的层次细节,就不需要对弥散度等其他不确定参数进行量化。然而很显然,在很多情况下,特别是在输移距离很大的情况下,以高分辨率确定导水率的分布及有效孔隙率(进而确定速度场)是不可行的。为此,用替代性参数明确将弥散度纳入普通的污染物输移公式中,以尝试在一定程度上解释说明平均线性(对流)流速上的偏离。

在导出一个代表弥散术语时的一个重要假设是,弥散可由一个类似于菲克第二扩散定律的表达式来表示(Anderson,1983),

$$弥散造成的质量通量 = \frac{\partial}{\partial x_i}\left(D_{ij}^* \frac{\partial c}{\partial x_j}\right) \tag{5.17}$$

式中　c 为浓度;D_{ij}^* 为弥散系数,i,j 为直角平面坐标。

弥散系数假设为一个二级张量,其中:

$$D_{ij}^* = D_{ij} + D_d \tag{5.18}$$

式中　D_{ij} 为机械弥散系数;D_d 为分子扩散系数,一个标量。

分子扩散为一微尺度过程(在分子级发生),造成水中溶质从其高浓度区向低浓度区移动。一般假定有效扩散系数等于水中传入的液体(或离子)的扩散系数乘以曲折度(固体间曲折的行进路径)系数,反映了固体的阻碍影响和液体颗粒的曲折路径。有效扩散系数一般在 1×10^{-6} cm^2 左右,这意味着,除地下水流速非常低的系统外,机械弥散系数将比 D_d 大一个以上量级。因此,在很多实际应用中,分子扩散的影响会被忽略不计,并假定弥散系数等于机械弥散系数(Anderson,1979,

1983）。另外一个参数为弥散度（α），其单位为长度,将机械弥散系数（或弥散系数）与地下水流主要流向的平均线性流速（v_L）相关联:

$$\alpha = \frac{D_{ij}}{v_L} \tag{5.19}$$

机械弥散系数和弥散度通常用 3 个分量纵向（地下水流的主流向）、横向（水平面上垂直于主流向）、垂向（垂直面上垂直于主流向）来表述,分别为 D_x、D_y、D_z 和 α_x、α_y、α_z。

很多研究人员对上述弥散定量参数的正确性以及将这些参数列入污染物输移方程式提出了质疑。例如,菲克定律的基本假设是按扩散的驱动力计算浓度差。然后假设菲克定律可适用于水动力弥散（如式（5.17）所示）,同时假定弥散系数包括分子扩散系数公式（5.18）。然而在现实操作中,分子扩散可忽略不计。但尽管分子扩散全部被排除在外,最后孔隙通道流速及其变化仅为浓度差引起（Knox 等,1993）。

不同的研究显示,多孔介质流中弥散的非菲克（非线性）输移特性,认为对输移方程式中使用机械弥散系数和弥散度必须重新进行评估,包括找出一种适用于所有时空尺度的更好的数学表达式,可能倾向于随机（概率）方法（Matheron 和 de Marsily,1980；Smith 和 Schwartz,1980；Pickens 和 Grisak,1981a,1981b；Gelhar 和 Axness,1983；Dagan,1982,1984,1986,1988）。在假设弥散的菲克输移特性和选择 D 值或 α 值（任一方向）时,存在的主要问题如下（Anderson,1983；Knox 等,1993）:

（1）在很多情况下,解决菲克流的方法采用渐进法,在过程的早期会产生显著的非菲克输移（在经过很长一段时间的输移后达到渐进值之前,弥散度随输移距离增加而稳步增大）。

（2）在弥散发展过程中,对应于与菲克过程相关的标准浓度正态分布,会出现显著偏离。浓度—时间曲线通常向右倾斜（污染物离开源头的时间较长或者距离较远除外）。

（3）有些水文地质环境下,宏观弥散永远不会变成菲克过程。

不幸的是,弥散一直是一种较为不确定和不易量化的输移过程,这给从业者和法律界（法院）在试图找出将弥散合并到输移预测模型之中是最为合适的方式时提出了重大的挑战。美国环境保护署根据拇指规则(经验法则)建议,大多数情况下的纵向弥散度可按羽状污染带长度的1/10进行初步估算(Wiedmeier,1998;Aziz等,2000)。这意味着,如果污染带长度为91.44 m(300 ft),那么纵向弥散度的初估值就约为9.144 m(30 ft)。然而,考虑到现有现场可靠弥散度数据的限制,美国环境保护署建议输移计算中最终使用的弥散度应以场地特定浓度数据的校准值为基础。

仅有极少(如果有的话)现实地下水修复项目考虑现场测定弥散度,主要原因是这需要大量的监测井和使用大型示踪试验。这类研究成本极高,而且可行性不高,因为颗粒间多孔介质中示踪剂一般作长距离的缓慢运动。波顿垃圾填埋场试验(Sudicky等,1983;Mackay等,1986;Freyberg,1986)和柯德角(Cape Cod)试验(Carabedian等,1991;Le Blanc等,1991)是两个受到最广泛分析和报道的大型控制性现场弥散示踪试验,其结果显示,相比注入示踪剂的总输移距离,两者的宏观弥散度都很小。在波顿垃圾填埋场,弥散度显示了可能的时间和尺度相关的输移特性,纵向弥散度的逼近值为0.43 m,647 d后输移距离为65 m。纵向弥散度约比横向弥散度大11倍。在柯德角试验场地,示踪剂团没有显示出与时间相关的输移特性:示踪剂注入不久就稳定在0.96 m,仅在短期呈现非线性增长。横向弥散度比为0.018和垂向弥散度为0.001 5,分别大53倍和640倍。示踪剂团在461 d后的输移距离约为230 m。

徐(Moujin Xu)和埃克斯坦(Eckstein)(1995)开展了有关弥散尺度效应和选择合适弥散度值的实用研究,他们的研究被广为引用。作者得出这样的结论:"随着输移尺度的增加,弥散度增长率下降。理论上讲,当输移尺度趋向无限时,增长率将渐近于零。然而,据分析显示这一增长率很小,当水流尺度超过1 km时弥散度—尺度曲线接近水平(坡角仅0.24°)。在这个尺度上,纵向弥散度增长也很小,在现实中即使忽略不计也不会造成大的误差。"

徐和埃克斯坦在分析中使用了现场数据以及吉尔哈(Gelhar)等(1992)报道的模型校准数据,如图5.18所示。根据加权最小二乘数据拟合技术(该技术针对的是数据的可靠性和纵向弥散度与观测尺度的相关关系的非线性特点),他们提出了如下两个公式,以估算纵向弥散度:

按照1:1.5:2方案:

$$\alpha_L = 0.94 (\log L)^{2.693}$$

(5.20)

按照 1:2:3 方案:

$$\alpha_L = 0.83 (\log L)^{2.414}$$

(5.21)

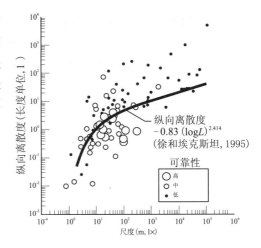

图5.18 吉尔哈等(1992)报道的纵向弥散度—尺度数据;圆圈的大小代表弥散度估算值的总体可靠度;高可靠度数据在加权系数约为 2 或 3 时可认为是准确的 (图表由 Aziz 等修订,2000)

式中 α_L 为纵向弥散度(长度单位);L 为尺度(观测长度),方案中的 3 个数字分别对应于低、中和高可靠数据的加权系数。

吉尔哈等(1992)的报告包含了 106 个划分为高级、低级或中级可靠度的数据,并声明高可靠度数据在加权系数约为 2 或 3 时可认为是准确的。它们的数据集包括经过模型校准的纵向弥散度,其中一些可靠度低,同时数值又极高(例如,一个数据点在"模拟"输移尺度为 100 km 的纵向弥散度为 20 km)。纽曼(Neuman)(1990)在类似的分析中将现有模型校准值 α_L 排除在外,并提出当尺寸 $L \geqslant 100$ m 时纵向弥散度可采用以下公式计算:

$$\alpha_L = 0.32 L^{0.83}$$

(5.22)

选取一个"有代表性"的纵向弥散度值,然后将之应用于污染物输移预测模型之中,这是一个颇为主观性的过程。因此,建模应该包含有对这一参数的全面敏感性分析,必须了解"应该更多地强调现场研究,准确确定导水率变化和其他非均质因素,而在复杂的数学模型中纳入有些'主观'的弥散系数这点放在次要地位。"(Molz 等,1983)。

　　当孔径小和孔隙路径曲折复杂造成地下水流速很慢时,弥散会成为非常重要的输移过程。孔隙度不易产生水平对流的地下水流(受重力影响的水流),但能通过扩散输移污染物,因此有时候称为弥散孔隙度。双重孔隙介质有两种孔隙度,一种能让优势对流通过,另一种孔隙中,无压重力流比通过较高有效(平流)孔隙度的水流要小得多。双孔隙度介质的例子有裂隙岩,水流通过裂隙时最易产生对流,而通过岩体或岩石基质等其他地方的平流流速较低或低得多,甚至在实用意义上不存在。这种分配取决于岩石基质孔隙度的性质;在有些岩体中,如砂岩和幼年石灰岩,基质孔隙度也许会很高,可以形成非常大的对流流速,常常相当于甚至高于通过裂隙的流速。在大多数坚硬岩石中,基质孔隙率通常很低,小于 5% ~ 10%,不会形成较大的平流流速。其他双孔隙介质的实例还包括裂缝性黏土和残留沉积物。在有些情况下,在这种介质中的各种断裂和裂隙会充当污染物对流输移通道,而大部分沉积物可能有较高的总基质孔隙率和较低的有效孔隙率,对流输移缓慢。流过裂隙的高浓度溶质流会造成溶质扩散进入周围基质。

　　扩散是污染物在浓度梯度的单独作用下从较高浓度向较低浓度的运动;它不包括水颗粒"大量"的自流运动(像对流和弥散情况一样)。只要存在浓度梯度,污染物就会移动,这包括当出现反向梯度时,例如用清洁地下水冲刷裂隙,此时污染物开始从其所侵入岩石基质返回进入缝隙(即所谓的反向扩散)。

　　水中不同化学物(溶质)的扩散率取决于浓度梯度和扩散系数,后者因溶质的不同而异(不同溶质有着不同的扩散系数)。电解质,如地下水中主要离子(Na^+,K^+,Mg^{2+},Ca^{2+},Cl^-,HCO_3^-,SO_4^{2-})在 25 ℃扩散系数为 1×10^{-9} ~ 2×10^{-9} m^2(Robinson 和 Stokes,1965;Freeze 和 Cherry,1979)。扩散系数与温度相关,随温度下降而减小(即在 5 ℃时,这些系数大约比 25 ℃时小 50%)。

　　菲克第一定律描述了多孔媒介中扩散引起的污染物输移通量(F),公式如下:

$$F = -D_e \frac{\partial C}{\partial x} \qquad (5.23)$$

菲克第二定律描述了因扩散造成的非吸附污染物的浓度变化,公式如下:

$$\frac{\partial C}{\partial t} = D_e \frac{\partial^2 C}{\partial x^2} \tag{5.24}$$

如果污染物在其通过多孔介质时易受吸附作用影响,则公式如下:

$$\frac{\partial C}{\partial t} = \frac{D_e}{R} \cdot \frac{\partial^2 C}{\partial x^2} \tag{5.25}$$

式中　D_e 为在多孔介质中的有效扩散系数;R 为阻滞系数(见第 5.5.5 部分);C 为地下水中的污染物浓度。

由于曲折性,地下水的有效扩散系数比自由水的系数小。有效扩散系数(D_e)可通过使用已知(试验确定的)多孔介质曲折度来确定,或用称为表观曲折因子(τ,范围为 0 ~ 1)的经验系数乘以水扩散系数(D_0)来确定。该经验系数与水扩散(D_0)和有效扩散(D_e)相关,并通过如下表达式与岩石基质孔隙度(θ_m)相关联(Parker 等(来自于 Pankow 和 Cherry),1996):

$$\frac{D_e}{D_0} = \tau \approx \theta_m^p \tag{5.26}$$

式中　P 为指数,为 1.3 ~ 5.4,大小取决于多孔地质介质的类型;τ 为表现曲折因子;D_e 为有效扩散系数;D_0 为水扩散系数。

孔隙度值越低,τ 值和 D_e 值就越小。据非吸附溶质实验室研究,表观曲折因子通常取值为 0.5 ~ 0.01。例如,对于通用黏土来说,τ 值为 0.33,而对于页岩/砂岩来说,τ 值为 0.10;对花岗岩来说,τ 值较小,为 0.06(Parker 等(来源于 Pankow 和 Cherry),1996)。

根据菲克第二定律,仅因扩散而运动、从高浓度层向零浓度层方向(x)运动的地下非吸附溶质在各时间点(t)的浓度分布采用克兰克方程进行分析计算(弗雷泽和切里,1979):

$$C_i(x,t) = C_0 \cdot \mathrm{erfc}\left[\frac{x}{2} \cdot \sqrt{(D_e t)}\right] \tag{5.27}$$

式中　C_0 为两层之间接触面高浓度侧的初始浓度;erfc 为互补误差函数。

5.5.5　吸着与阻滞

影响污染物输移的同时不改变其化学特性的几个关键过程是由 3 种介质（污染物、水和含水层固体）间的各种相互作用而形成的。吸着作用是描述污染物颗粒因多孔介质而滞留的一般性术语，不考虑其实际机制如何。它也许是固体与溶解污染物之间的地球化学作用（力）引起的各种更为特定过程造成的结果。阳离子交换是吸附作用的例子之一，在这种情况下，污染物由于矿物质（通常是黏土）表面的吸附作用而滞留。这种滞留也许不是永久性的，当含水层中地质化学条件发生变化时（例如，pH 值变化或者有另外一种有着更大亲和力与矿物质表面进行阳离子交换的化学形态流入），污染物可能由于反过程而释放回水溶液中。吸附常常用来描述仅仅因为它们相互之间的吸引力而使污染物颗粒（分子）"粘连"在含水层物质上的一个过程。例如，很多疏水性有机污染物被吸附到含水层中的有机碳颗粒上，如果条件发生变化，吸附就解除。吸附通常与吸着交替使用，吸着更通用，这有时候会产生混淆。吸收是一个更为模糊的用语，通常指的是污染物被"深入"结合到固体颗粒结构之中，而且有着化学上的含义。然而，由于吸收的净效应会等同于污染物的彻底破坏，也就是说其永久地从水流系统中移除，因此这个词很少使用。

吸着作用造成溶质在溶液（地下水，溶质溶于其中）和固体相（溶质被含水层固体所控制）之间分布，这种分布称为分配，可采用分布系数（或吸附系数或分配系数）进行定量描述，分布系数用 K_d 表示。由于吸着作用，污染物在地下水中的移动比地下水平均流速要慢。这种吸着效应被称为阻滞，受阻滞的不同溶质（溶解于地下水中的化学物）的吸引力采用阻滞系数（R）这个参数来量化。总吸着效应为溶解污染物浓度的减小值。

在达到化学平衡的区域，如远离源头的区域中，吸附/解吸将极可能是控制污染物输移的关键过程。分布系数 K_d 是一个通用术语，没有任何特定机制，用来描述水相组分由于吸着作用向固相组的一般性分配。相反，在没有达到化学平衡的区域，如源头区，高污染物浓度区或

pH 值和氧化还原梯度较陡,溶解/沉淀更可能是关键过程。

分布系数 K_d 被定义为当系统达到平衡时,与固体(C_s)相关的污染物浓度与周围水溶液(C_w)中污染物浓度之比:

$$K_d = \frac{C_s}{C_w} \qquad (5.28)$$

由于吸着作用造成的阻滞系数采用下式计算:

$$R = \frac{v_w}{v_c} \qquad (5.29)$$

式中　v_w 为地下水通过一控制体积时的线性流速;v_c 为污染物通过一控制容量时的流速;R 为阻滞系数,如果污染物被吸着(阻滞),R 将大于 1。

对于颗粒间多孔介质中的饱和地下水水流,阻滞系数 R 可用式(5.30)计算(美国环境保护署,1990a):

$$R = 1 + \frac{\rho_b \cdot K_d}{n} \qquad (5.30)$$

式中　ρ_b 为含水层多孔介质的容积密度;K_d 为分布系数;n 为饱和时媒介孔隙度,无量纲。

该公式还可写成:

$$R = 1 + \left(\frac{1-n}{n}\right)\rho_s K_d \qquad (5.31)$$

式中　ρ_s 为多孔介质的颗粒密度,大多数矿物土壤常常假定为 2.65 g/cm^3(在缺少实际现场特定信息时)。

平衡状态下吸着于固体表面(C_s)上的化学物浓度与留在水溶液(C_w)中化学物浓度之间的关系称为吸着等温线,因为确定分布系数值的实验室试验是在恒定温度下进行的。根据吸着机制,吸着等温线一般有三个特征形状,分别称为朗缪尔(Langmuir)等温线、弗罗因德利希(Freundlich)等温线和线性等温线,线性等温线是弗罗因德利希等温线的一个特殊例子(见图 5.19)。

朗缪尔等温线模型描述溶质在输移系统中的吸着作用,吸着浓度在低浓度时随溶质浓度增加呈线性增加,在高浓度时会接近一个恒定

值（试验线变平缓），这
是因为在含水层基质中
用于污染物吸着的位点
数量有限。朗缪尔公式
从数学上表述如下
（Devinny 等，1990；Wie-
demeier 等，1998）：

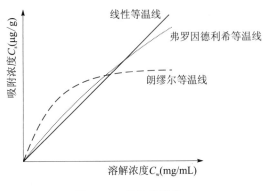

图 5.19　吸着等温线

$$C_s = \frac{KC_w b}{1 + KC_w}$$

(5.32)

式中　C_s 为吸着污染物浓度，污染物质量/土壤质量；K 为吸着反应平衡常数，$\mu g/g$；C_w 为溶解污染物浓度，$\mu g/mL$；b 为固体表面最大吸着能力。

　　朗缪尔等温线模型适合于吸着场点数目有限、高度特异性的吸着机制。这种模型预测了以前的原始状态地区，随着污染物浓度上升，吸着污染物的数量则快速增加。由于吸着位点被充满，吸着污染物的数量等同于吸着场点的数量，此时吸着能力达到最大水平。

　　弗罗因德利希等温线是对朗缪尔等温线模型在吸着场点数量相对于污染物分子来说数量很大（假定无限大）的情形的一种修订。这样假设通常适用于稀溶液（即石油烃泄漏时形成的溶解苯系物污染带的下游），此时污染的未占据吸着位点相对于污染物浓度来说数量很大。弗罗因德利希等温线数学公式表述如下（Devinny 等，1990；Wiedemeier 等修订，1998）：

$$C_s = K_d C_w^n$$

(5.33)

式中　K_d 为分布系数常数；C_s 为吸着污染物浓度，污染物质量/土壤质量，mg/g；C_w 为溶解浓度，污染物质量/溶液体积，mg/mL；n 为化学物特异性系数。

　　式（5.33）中 n 值为试验确定的依特定化学物而定的数量，取值范围一般为 $0.7 \sim 1.1$，但也可能低至 0.3，高至 1.7（Lyman 等，1992；Wiedemeier 等，1998）。

吸着平衡最简单的表述方式是线性吸着等温线,这是当 n 值为 1 时出现的一种特别的弗罗因德利希等温线形式。线性等温线适用于一种以低于其溶解度一半的浓度出现的溶解形态(Lyman 等,1992)。这种假设对燃料混合物分配进入地下水的 BTEX 化合物是有效的。这样分配出来的溶解 BTEX 浓度比纯水中纯化合物的溶解度要小很多。线性等温线数学公式表述如下(Jury 等,1991;Wiedemeier 等修订,1998):

$$C_s = K_d C_w \tag{5.34}$$

式中符号意义同式(5.33),分布系数 K_d 为用实验室数据绘制的线性等温线的斜率。

如美国环境保护署(1999a)所阐述,对自然环境中的吸着过程了解甚多的土壤和地质化学家很早就知道,在预测污染物输移或原位修复方案的绝对影响时,通用或默认的 K_d 值会造成很大误差。因此,在进行场地特定的计算时,测量特定场地条件下的 K_d 值是绝对必要的。测量 K_d 值的一般方法包括实验室分批法、原地分批法、浸出柱试验法、现场模拟法及 K_{oc} 法。对于各种方法的优缺点,以及更重要的基本假设,在美国环境保护署(1999a,1999b)的一个两卷参考资料中进行了总结。因为与评价 K_d 值和模拟吸附过程相关,本书还包含了对地球化学模拟计算和计算机代码的一个概念性介绍。

有机溶质常常更喜欢吸附于出现在含水层多孔介质中的有机碳之上。这种有机碳以不同方式呈现于土壤中,如离散的固体、单粒土壤表面涂层或土壤颗粒中的有机质纹层。不同有机溶质的分布系数(K_d)可根据土壤有机碳含量分数(f_{oc})和土壤有机碳的分配系数(K_{oc}),采用以下公式进行计算:

$$K_d = f_{oc} K_{oc} \tag{5.35}$$

由于各种原因(包括所需时间和费用),实务工作者时常放弃现场特定测量值 K_d,而使用公布值 K_{oc}。然而,如古尔(Gurr)(2008)所述,理论研究者和实务工作者在非极性有机物的标准 K_{oc} 值上远未达成一致,即便是研究很深入的污染物。很容易发现一种污染物有多个 K_{oc} 值,变化幅度大到若干量级。当考虑这些数值常常以 $\log K_{oc}$ 形式报道时,所报道的 $\log K_{ac}$ 值中的小变差在使用阻滞系数来确定污染物输移时间周期时能转化为几十年。表5.6 阐述公布了发表的三氯乙烯的 $\log K_{oc}$ 值的变差是如何转化为污染物在流动的地下水中输移 100 m 所需时间的各种估计值。

表 5.6　不同 K_{oc} 值情况下三氯乙烯地下输移周期变化实例

数据来源	$\log K_{oc}$ 值（mL/g）	K_{oc} 值（mg/L）	阻滞系数	迁移 100 m 时间(a)
美国环境保护署，2008	1.94	87	10.2	28
美国环境保护署，2008	2.18	150	16.9	46
贝克（Baker）等，1997	1.81	65	7.8	21
SRC，2007	2.02	104	12	33
贝克（Baker）等，1997	2.16	145	16.4	45
萨博利奇（Sabljic）等，1995	1.95	90	10.6	29
赛斯（Seth）等,1999	1.46	29	4	11
赛斯（Seth）等,1999	2.06	116	13.3	36

注:假定条件:地下水线性速度为 10 cm/d;有效孔隙度为 25%;土壤容积密度为 2.5 g/cm³;土壤分数有机碳为0.01。

资料来源:古尔(Gurr)(2008);迈尔科尔姆·佩里(Malcolm Pirnie)公司提供。

K_{oc} 测定值有一个范围是可以理解的,因为吸着在自然有机质上本身就是一种复杂过程。除不可避免的实验室误差和试验程序不规范外,K_{oc} 测定值中出现的差异可通过自然有机碳的化学性进行解释,并且从一种土壤到下一种土壤,这种差异会很大。非极性有机质可吸着在仍然溶解在水相中的有机碳上,也可吸着在悬浮在水中的胶状体上。如果这些因素在试验方法上没有考虑到,那么测得的 K_{oc} 值会产生偏差(Schwarzenbach 等,2003)。

既然测量 K_{oc} 值很困难且容易出错,对 K_{oc} 值计算进行简化就很能吸引人也容易理解,因此该简化方法不太可能很快被其他方法取代。考虑到这种质量上和结果上的差异性,尝试从公布的数据库中或计算结果中系统地选取可靠数值,是一种比任意从公开发表的文献中选取一个数值更为负责的方法（Gurr,2008）。

美国环境保护署科学家罗伯特·布斯宁（Robert Boethling）和他的合作者们于 2004 年在名为《为环境评价找出和评估出化学特性数据》（Boethling 等,2004）一文中为 K_{oc} 值的确定提供了指导。文中提供了一个物理化学参数在线数据库列单和一个估算土壤/沉积物吸着系数的论文及相关资源的列单。然而读者要注意的是,很多资源没有记述用来测量 K_{oc} 值的方法,而且读者必须自己谨慎地对待这些数据的质量。布斯宁等认为,每个人都去亲自审查这些数据的质量是一种资源浪费的行为。因此,他指导读者仅仅使用在线数据库或者已公开的各种数据概要,因为这些数据都经过了评价。

美国环境保护署网页上有若干（而非全部）常见地下水污染物的"技术情况说明",介绍了污染物在环境中的最后归宿,包括 K_{oc} 值（2008）。尽管美国环境保护署是受污染土壤和地下水的主要监管机构,在其网站公布的这些数值事先经过了严格的分析（如饮用水中的最大污染物浓度值）,但是各种污染物的数值介绍不均衡,有些介绍了数值的来源,某些污染物数值是一个范围,另外一些则是"估计值"。美国环境保护署既没有提供数据引用来源,也没有显示这些数据是否经过验证。不过,其发布的数值也不能完全不重视,要给予适当考虑（Gurr,2008）。

卜思林（Boethling）等（2004）列出的 3 个在线数据库中,有 2 个由美国农业部（USDA,2007）和美国卫生研究院（NIH,2007）主持发布;第 3 个由锡拉库扎研究公司（SRC,2007）主持发布,该公司为一个非盈利研发机构,为公司和政府机构提供外包研发业务。农业部重点在于杀虫剂,仅列出了特定污染物的 K_{oc} 值范围。国家卫生研究院数据库的重点是毒理学,其次是环境归宿,同样仅列出一定范围值。这些数据库中的数据是否经过验证并不十分明显。锡拉库扎研究公司主持发布的数据库 CHEMFATE 是一个有着质量控制的物理化学参数数据库,网站上有对该数据库的说明,也包括对数据验证过程的讨论。

卜思林等提到,很多论文没有充分地阐明他们的 K_{oc} 值数据集的来源。古尔（2008）对文献资料进行检索时发现,贝克（Baker）等（1997）

发表的一篇论文阐明了他们的 K_{oc} 值数据的来源。如果调查人员在确定吸附常数(ASTM(美国材料试验协会),2001)遵循了美国材料试验协会的方法,那么这些作者就仅接受 K_{oc} 值。美国材料试验协会标准被环境工程和科学专业人员广泛使用,使得贝克数据集特别具有吸引力。

古尔(Gurr)(2008)编制的表 5.7 一并列出了贝克数据集和 CHEMFATE 数据集。同时还有美国环境保护署发布在其网页上的技术情况说明(引用了其有关文字说明)中的数值。由于其数值的来源和质量没有列出(该数据不可抛弃),因此必须对此数据值对照贝克(因为美国材料试验协会标准的应用而成为首选)和 CHEMFATE 等更可靠的数据集进行仔细审核。使用下列选择标准,古尔选取了首选 K_{oc} 值(列于表5.8 中)。

(1)如果 3 个数据集一致,使用一致的数据值。

(2)如果数据有一定程度的不同,但并无显著差异,采用美国环境保护署的值为默认值。

(3)如果美国环境保护署的数据值为范围值或多项值,选取经其他来源的数据(参照贝克数值)证实选取值。

(4)如果美国环境保护署的数值没有列出,或者列为"计算值"或"估计值",则使用贝克和 CHEMFATE 的测定值。

(5)如果全部数值差异很大,不推荐任何数值。

辛酸 - 水的分配系数(K_{ow})相对于 K_{oc} 来说进行实验室检测要容易得多。让一种化学物在正辛酸与纯水混合物中达到平衡浓度这样一个简单过程由制药业开发,用以估算医用药品的亲油性。环境化学家采用了该值以估算有机污染物的疏水性(Schwarzenbach 等,2003)。由于疏水性也是土/水配(K_d)的一个重要元素,因此很多调查人员对 $logK_{oc}$ 值和 $logK_{ow}$ 值的数学关系进行了研究。

至今为止,尚无调查人员证实 $logK_{oc}$ 值和 $logK_{ow}$ 值之间存在明确的关系。然而,有几位调查人员用试验推导出的 $logK_{oc}$ 值和 $logK_{ow}$ 值数据来建立线性经验关系,这种关系虽然不适用于所有化合物,但的确为非极性有机化合物提供了一般性的估算值(Sabljic 等,1995;Baker 等,1997;Seth 等,1999)。

表5.7　3个数据集提供的 $\log K_{oc}$ 值

（由美国环境保护署（2008）、贝克等（1997）和 CHEMFATE 提供）

分析物名称	美国环境保护署值范围		美国环境保护署文字描述	贝克等值	CHEMFA-TE 值
	低值	高值			
草不绿	2.08	2.28	K_{oc} 值大部分为 2.02 ~ 2.28	N/A	2.28
阿特拉津	2.09	—	4 种土壤平均 K_{oc} 值确定为 122	2.33	N/A
异狄氏剂	4.53	—	估计值	N/A	4.06
七氯	4.48	—	估计值	N/A	3.54
六氯化苯	3.03	—	3 种土壤确定的平均 K_{oc} 值为 1 080.9	N/A	3.03
氯丹	4.19	4.39	估计值	N/A	N/A
1,1,1 - 三氯乙烷〔甲基氯仿〕	1.91	1.95	根据试验测值，在粉沙黏土和沙壤土中平均 K_{oc} 值为 81 ~ 89	N/A	2.25
1,1,2 - 三氯乙烷	1.92	2.32	试验确定的 K_{oc} 值为 83 ~ 209	N/A	1.90
1,1 - 二氯乙烯	2.18	—	无其吸附的试验数据，由回归公式计算得出 K_{oc} 为 150 的低值	N/A	2.54
1,2,4 - 三氯苯	3.00	3.70	美国环境保护署值的来源情况无详细说明	4.02	3.16
1,2 - 二溴 3 - 氯丙烷（DBCP）	1.66	2.11	观测值	N/A	2.01

续表5.7

分析物名称	美国环境保护署值范围		美国环境保护署文字描述	贝克等值	CHEMFA-TE 值
	低值	高值			
1,2 - 二氯乙烷	1.52		粉沙壤土的试验 K_{oc} 值为33,与用水溶度计算值一致	N/A	1.51
氯苯	—	—	未列	N/A	2.44
四氯乙烯（PCE）	2.32	2.38	报告值和估算值（为209 ~ 1 685）；" K_{oc} = 210（试验值）~ 238（估计值）"	2.42	2.56
三氯乙烯（TCE）	1.94	2.18	2 种粉沙壤土（ K_{oc} = 87 和150）	1.81	2.02
顺 - 1,2 - 二氯乙烯	1.56	1.69	估计值	N/A	1.70
反 - 1,2 - 二氯乙烯	1.56	1.69	估计值	N/A	1.54
氯乙烯	1.75	—	根据报告 2 700 mg/L 水溶度,估算的 K_{oc} 值为56	N/A	1.47
苯	1.99	—	估计值	1.92	1.69
甲苯	1.57	2.25	报告的 K_{oc} 值:文多弗粉壤土为37;布林斯比粉沙壤土为160;沃德雷尔沙壤土为46,沙质土为178;100 和151	2.06	1.98

续表 5.7

分析物名称	美国环境保护署值范围		美国环境保护署文字描述	贝克等值	CHEMFA-TE 值
	低值	高值			
乙苯	2.21	—	粉沙壤土测得的 K_{oc} 值为 164	N/A	2.40
间二甲苯	1.68	1.83	美国环境保护署值的来源情况无详细说明	2.22	2.28
邻二甲苯	1.68	1.83	美国环境保护署值的来源情况无详细说明	2.11	2.11
对二甲苯	1.68	1.83	美国环境保护署值的来源情况无详细说明	2.31	2.41

注:N/A,数据集中没有出现;—,美国环境保护署值仅列出一个。

资料来源:Gurr,2008;Malcolm Pirnie 公司提供。

表 5.8　推荐的 $\log K_{oc}$ 值　　　　　　　　　　　（单位:mL/g）

分析物名称	推荐值	理由
草不绿	2.28	美国环境保护署高值与 CHEMFATE 值一致
阿特拉津	2.33	美国环境保护署值为一小数据集的平均值;见贝克的可靠数据
异狄氏剂	无推荐值	无可靠数据
七氯	无推荐值	无可靠数据
六氯化苯	3.03	美国环境保护署值与 CHEMFATE 值一致
氯丹	无推荐值	无可靠数据
1,1,1 - 三氯乙烷〔甲基氯仿〕	无推荐值	无单一可靠数据
1,1,2 - 三氯乙烷	1.92	美国环境保护署值与 CHEMFATE 值非常接近
1,1 - 二氯乙烯	无推荐值	无可靠数据
1,2,4 - 三氯苯	3.7	美国环境保护署高值在贝克值与 CHEMFATE 值之间

续表 5.8

分析物名称	推荐值	理由
1,2 – 二溴 3 – 氯丙烷（DBCP）	2.01	CHEMFATE 值在美国环境保护署值范围内
1,2 – 二氯乙烷	1.52	美国环境保护署值与 CHEMFATE 值非常接近
氯苯	2.44	未列出美国环境保护署值；使用 CHEMFATE 值
四氯乙烯（PCE）	2.38	美国环境保护署高值与贝克值接近
三氯乙烯（TCE）	1.94	美国环境保护署低值在贝克值与 CHEMFATE 值之间
顺 – 1,2 – 二氯乙烯	1.69	美国环境保护署高值与 CHEMFATE 值一致
反 – 1,2 – 二氯乙烯	1.56	美国环境保护署低值与 CHEMFATE 值接近
氯乙烯	1.47	美国环境保护署值为估计值；使用 CHEMFATE 值
苯	1.99	美国环境保护署值与贝克值接近
甲苯	2.06	贝克值在美国环境保护署值范围之中
乙苯	2.4	美国环境保护署值基于单一量测；使用 CHEMFATE 值
间二甲苯	2.22	无美国环境保护署值详情；贝克值和 CHEMFATE 值类似；使用更为可靠的贝克值
邻二甲苯	2.11	无美国环境保护署值详情；贝克值和 CHEMFATE 值类似；使用更为可靠的贝克值
对二甲苯	2.31	无美国环境保护署值详情；贝克值和 CHEMFATE 值类似；使用更为可靠的贝克值

注：资料来源：Gurr,2008；Malcolm Pirnie 提供。

　　图 5.20 是萨博季奇(Sabljic)、贝克(Baker)和赛斯(Seth)的范围
为 1.7~4 的 $\log K_{ow}$ 值推导出的一个关系曲线图。图中包括来自美国
环境保护署、贝克和 CHEMFATE 数据集的 TCE 数据点。尽管 K_{ow} 值比
K_{oc} 值容易测得,但文献资料中 TCE 的 $\log K_{ow}$ 值仍然存在差异。在绘制
关系曲线时采用的假定值为 2.29。

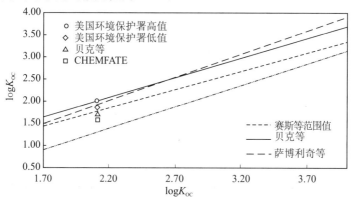

图 5.20　$\log K_{oc}$ 值和 $\log K_{ow}$ 计算值之间的关系,以及 TCE 的

几种 K_{oc} 值(Gurr,2008;Malcolm Pirnie 提供)

　　在实验室很容易测得的 K_{ow} 值与对污染场地土壤/水分配估算起
关键作用的 K_{oc} 值之间建立一个大家接受的、科学严谨的关系式是非常
重要的。然而图 5.20 显示,这样一个精确的关系式尚未建立。对于初
级或者比较数值模拟来说,使用推荐的 K_{oc} 测定值较为合理,因为 K_{ow} 值
和 K_{oc}/K_{ow} 关系的差异加大了不确定性。可以肯定,K_{oc}/K_{ow} 的初始值是
为了估算新出现、尚未为大家所熟知的污染物参数值。特别是监管者
和化学品生产商可用这些关系式来进行环境风险评估(Gurr,2008)。

5.5.6　生物降解

　　地下水系统中的土壤和多孔介质含有各种各样的微生物,从简单
的原核细菌和蓝细菌到更为复杂的真核藻类、真菌类和原生动物。在
过去的几十年中,大量实验室和实地研究表明,地下环境中土生土长的

微生物能对各种各样的有机化合物进行降解,包括汽油、煤油、柴油、航空燃油、氯化乙烯、氯化乙烷、氯苯以及许多其他化合物等成分(Wiedemeier 等,1998)。为了获取生长和活动所需的能量,在有氧条件下(存在分子氧),很多细菌在进行有机化合物(食物)氧化的同时,也在对周围多孔介质中的氧进行还原。在缺氧(厌氧)条件下,微生物会利用化合物而非氧气作为电子受体。

正如韦德梅尔(Wiedemeier)等(1998)所阐述的,地下水中有机化合物的降解可通过 3 种机制进行:①利用有机化合物作为主要生长基质;②利用有机化合物作为电子受体;③共代谢。

前两种生物降解机制涉及从电子供体(初级生长基质)到电子受体的微生物电子传递。这个过程在有氧或厌氧条件下都可进行。电子供体包括自然有机物、燃料烃、氯苯及氧化度较低的氯乙烯和乙烷。电子受体为在相对氧化状态下出现的元素或化合物。地下水中最常见的自然产生的电子受体包括溶解氧、硝酸盐、锰(IV)、铁(III)、硫酸盐和二氧化碳等。此外,还有氧化度较高的氯化溶剂,如四氯乙烯、三氯乙烯、二氯乙烯、三氯乙酸、二氯乙酸及多氯苯在有利条件下能充当电子受体。在有氧条件下,并在有氧呼吸过程中,溶解氧被用作末端电子受体。在厌氧条件下,以上所列电子受体在反硝化、锰(IV)还原、铁(III)还原、硫酸盐还原、甲烷生成或还原脱氯过程中使用。夏贝尔(Chapelle)(1993)和阿特拉斯(Atlas)(1984)详细研讨了末端吸电子过程。

第三种生物降解机制为共代谢。在共代谢过程中,降解化合物不能被微生物用作碳源和能源,其降解是通过偶发反应产生的,即通过另一个不相关的反应过程中所产生的酶降解有机化合物(Wiedemeier 等,1998)。

当用作有氧条件下微生物代谢的原初电子供体时,燃料烃被快速生物降解。当地下水中有足够的氧气(或其他电子受体)和营养时,燃料烃的生物降解会自然发生。自然降解的速率一般受氧气或其他电子受体缺乏的限制而非因缺乏氮或磷等营养物。非饱和土壤和浅层含水层中自然有氧生物降解的速率在很大程度上取决于氧气进入受污染介质的速率。ASTM(1998)和韦德梅尔(Wiedemeier)等(1999)对燃料烃的生物降解进行了详细的讨论。

布维尔(Bouwer)等(1981)第一次证明脂肪族卤代烃(如氯化溶剂PCE 和 TCE)在地下环境缺氧条件下能进行生物转化。从那时起,很多调研人员表示氯化物在缺氧条件下可通过还原脱氯进行降解。在缺氧条件下,氯化溶剂的生物降解常常通过还原脱氯过程进行。高氯化的化合物(如PCE、TCE 或 TCA)氧化度较高,因此对氧化的敏感性较小,更容易发生还原反应而不是氧化反应。PCE 还原脱氯到 TCE,然后从 TCE 到 DCE,最后从 DCE 到氯乙烯,就是这类反应之一,其中,卤代烃被用作电子受体,而不是碳源,卤素原子被去除,取而代之是氢原子(见图 5.21)。每一步需要的氧化还原电势都比前一步的低。PCE 在一个范围较广的还原条件下发生降解,而 VC 仅仅在硫酸盐还

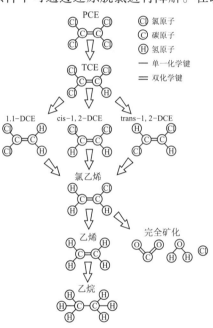

图 5.21　氯化乙烯的还原脱卤
(Wiedemeier 等,1998)

原和产甲烷条件下才还原成乙烯。在这些转化的每一步,母体化合物(R - Cl)都会释放一个氯离子,获取一个氢离子。两个电子在这个过程中进行转移,为微生物提供能源。氯化溶剂的这种厌氧还原作用可采用下面的通用化学公式表述:

$$R - Cl + H^+ + 2e \rightarrow R - H + Cl^- \tag{5.36}$$

式中　R - Cl 为氯化溶剂结构。

由于氯化物在还原脱氯过程中被用作电子受体,因此必须有一个

合适的碳源供微生物生长,以便进行还原性脱卤。潜在的碳源包括低分子量有机化合物(乳酸盐、醋酸盐、甲醇、葡萄糖)、燃料烃、燃料降解副产品(挥发性脂肪酸等)或自然产生的有机物(Wiedemeier 等,1998)。生物修复技术常常涉及注入碳源("食物"),刺激本土微生物并加速生物降解。

还原性脱氯过程会产生比母体化合物还原性更强的中间产物。后者对氧化细菌的代谢敏感性常常比进一步的厌氧还原过程更强。例如,由于 VC 的氧化状态相对较低,其作为初级基质比还原脱氯更常发生有氧生物降解。因此,有些情况下的还原脱氯会造成 VC 或 DCE 的聚积,因为它们在没有氧气和能完全脱氯的微生物情况下无法进一步降解。生物强化技术是一种添加外源性细菌(即不是受污染含水层的本土细菌)的修复技术,有助于防止还原性脱氯中间产物(如 VC)的聚积。氯乙烯比母体化合物毒性更大且在地下水中的输移性更强,因此其聚积是不希望看到的生物降解结果。

如韦德梅尔等(1998)所述,生物降解导致地下水化学上可检测的变化。表 5.9 对这些趋势进行了总结。在有氧呼吸过程中,氧气被还原成水,溶解氧浓度下降。在硝酸盐为电子受体的厌氧系统中,硝酸盐通过反硝化或异化性硝酸盐还原作用而被还原成 NO_2^-、N_2O、NO、NH_4^+ 或 N_2,硝酸盐浓度降低。在铁(Ⅲ)为电子受体的厌氧系统中,铁(Ⅲ)通过还原作用而被还原成铁(Ⅱ),使铁(Ⅱ)浓度增加。在硫酸盐为电子受体的厌氧系统中,硫酸盐通过还原作用而被还原成硫化氢,硫酸盐浓度降低。在有氧呼吸、反硝化、铁(Ⅲ)还原和硫酸盐还原过程中,总碱度会增加。在二氧化碳为电子受体的厌氧系统中,二氧化碳通过甲烷生成作用被产甲烷菌还原,产生了甲烷。在污染物为电子受体的厌氧系统中,污染物被还原成低氯化的子体产物;在此系统中,母体化合物浓度将减少,而子体产物最初会增加,然后又会随着子体产物被用做电子受体或被氧化而减少。由于每个后续的电子受体被利用,地下水还原程度会更高,水的氧化还原电势将会降低。

表 5.9 生物降解过程中污染物、电子受体、代谢副产品和总碱度浓度变化趋势

分析物	末端吸电子过程	生物降解过程中分析物浓度变化趋势
燃料烃	有氧呼吸,反硝化作用,锰(Ⅳ)还原,铁(Ⅲ)还原,甲烷生成	减小
高氯化溶剂和子体产品	还原脱氯	母化合物浓度较小,子体产品开始增加,然后可能会减小
低氯化溶剂	有氧呼吸,反硝化作用,锰(Ⅳ)还原,铁(Ⅱ)还原(直接氧化)	化合物浓度减小
溶解氧	有氧呼吸	减小
硝酸盐	反硝化作用	减小
锰(Ⅱ)	锰(Ⅳ)还原	增加
铁(Ⅱ)	铁(Ⅲ)还原	增加
硫酸盐	硫酸还原	减小
甲烷	甲烷生成	增加
氯化物	还原脱氯或含氯化合物直接氧化	增加
氧化还原电势	有氧呼吸,反硝化作用,锰(Ⅳ)还原,铁(Ⅲ)还原,甲烷生成	减小
碱	有氧呼吸,反硝化作用,铁(Ⅲ)还原,硫酸还原	增加

注:资料来源:Wiedemeier 等,1998。

劳伦斯(Lawrence)(2006)对地下水中常见的挥发性有机物各种降解机制进行了详细的理论综述和探讨。

5.5.7　污染物输移的解析方程式

污染物一维(沿水平 x 轴向)输移的一般方程式,即对流弥散方程式如下:

$$\frac{\partial C}{\partial t} = \frac{D_x}{R} \frac{\partial^2 C}{\partial x^2} - \frac{v_x}{R} \frac{\partial C}{\partial x} \pm Q_s \tag{5.37}$$

式中　C 为溶解污染物浓度,kg/m^3 或 mg/L;t 为时间,d;D_x 为 x 方向的水动力弥散,m^2/d;R 为阻滞系数,无量纲;x 为沿 x 轴方向离源头的距离,m;v_x 为 x 轴方向地下水线性流速,m/d;Q_s 为污染物一般源汇项,例如由于生物降解,$kg/(m^3 \cdot d)$。

该项还可采用一级速率降解常数 λ(单位为 d^{-1})表述如下:

$$\frac{\partial C}{\partial t} = \frac{D_x}{R} \frac{\partial^2 C}{\partial x^2} - \frac{v_x}{R} \frac{\partial C}{\partial x} - \lambda C \tag{5.38}$$

式(5.37)没有一个显解,而很多作者根据简化的假设提出了近似解。

最流行的对流弥散方程的解析解之一是多梅尼克(Domenico)解(1987),这是一种三维近似解,描述了由一个有限面源所形成的不断衰减的污染物带的输移。该解基于多梅尼克和罗宾斯(Robbins)(1985)早先发表的用以模拟非衰减污染物带的一种方法。进行本项工作之前,有几位作者提出了同样问题或类似问题的精确解(Cleary 和 Ungs,1978;Sagar,1982;Wexler,1992)。然而,这些解析式并非封闭式表达式,因为它们涉及一个定积分的数值计算。这种数值积分步骤对计算的要求很高,也可能会引入数值误差(Srinivasan 等,2007)。多梅尼克和罗宾斯(1985)方法的主要优点是它提供了一个闭合解,不涉及数值积分程序。由于这个计算式的优点,多梅尼克解析解在多个公共域设计软件工具中得到广泛的应用,包括美国环境保护署提供的工具 BIOCHLOR 和 BIOSCREEN(Newell 等,1996;Aziz 等,2000)。

在均质含水层中沿正 x 方向从连续有限源(见图 5.22),到包括三维弥散,均无降解,以一维速度移动的半无限污染体浓度所采用的多梅尼克和罗宾斯(1985)解析解,可表示为以下形式:

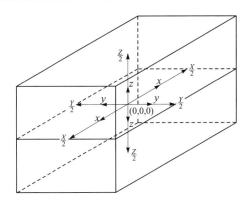

图 5.22　多梅尼克－罗宾斯一维污染物输移解析解中具有三维弥散的平行六面体源（Domenico 和 Robbins，1985；版权属于《地下水杂志》（Groundwater Journal）；授权印制）

$$c(x,y,z,t) = \frac{c_0}{8}\operatorname{erfc}\left[\frac{x-vt}{2(D_x t)^{1/2}}\right] \times \left\{\operatorname{erf}\left[\frac{y+\dfrac{Y}{2}}{2(D_y x/v)^{1/2}}\right]\right.$$

$$\left.-\operatorname{erf}\left[\frac{y-\dfrac{Y}{2}}{2(D_y x/v)^{1/2}}\right]\right\} \times \left\{\operatorname{erf}\left[\frac{z+\dfrac{Z}{2}}{2(D_z x/v)^{1/2}}\right] - \operatorname{erf}\left[\frac{z-\dfrac{Z}{2}}{2(D_z x/v)^{1/2}}\right]\right\}(5.39)$$

式中　c 为 x、y、z 坐标位点时间 t 的浓度；c_0 为源起始浓度；erf 和 erfc 分别为误差函数和余误差函数；v 为水流方向（x 方向）的地下水（对流）速度；D_x、D_y 和 D_z 分别为 x、y、z 方向（纵向、横向和垂向）的弥散系数；x、y 和 z 为源尺寸（见图 5.22）。

多梅尼克在 1987 年的解析解中含有一阶衰减项（k），并得出如下衰减（降解）污染物浓度的近似方式：

$$c(x,y,z,t) = \frac{c_0}{8}f_x(x,t)f_y(y,x)f_z(z,x) \tag{5.40}$$

式中

$$f_x(x,t) = \exp\left\{\frac{x}{2\alpha_x}\left[1 - \left(1 + \frac{4k\alpha_x}{v}\right)^{1/2}\right]\right\} \times \mathrm{erfc}\left\{\frac{x - vt\left(1 + \frac{4k\alpha_x}{v}\right)^{1/2}}{2(\alpha_x vt)^{1/2}}\right\}$$

$$f_y(y,x) = \left\{\mathrm{erf}\left[\frac{y + \frac{Y}{2}}{2(\alpha_y x)^{1/2}}\right] - \mathrm{erf}\left[\frac{y - \frac{Y}{2}}{2(\alpha_y x)^{1/2}}\right]\right\}$$

$$f_z(z,x) = \left\{\mathrm{erf}\left[\frac{z + \frac{Z}{2}}{2(\alpha_z x)^{1/2}}\right] - \mathrm{erf}\left[\frac{z - \frac{Z}{2}}{2(\alpha_z x)^{1/2}}\right]\right\}$$

其中，$\alpha_x = D_x/v$、$\alpha_y = D_y/v$、$\alpha_z = D_z/v$ 分别为 x、y、z 方向上的离散度。

尽管多梅尼克解析解在业界得到广泛使用，而且有几种广泛使用的地下水输移解析模型也以此为据，但是其近似特性仍然是科学辩论的一个主题。例如，韦斯特（West）和库珀（Kueper）（2004）将 BIO-CHLOR 模型与一个更严格的解析解进行了比较，认为多梅尼克解析解产生的误差高达 50%。古内特（Guyonnet）和内维尔（Neville）（2004）比较了多梅尼克解析解和萨加尔（Sagar）解析解（1982），给出了无量纲形式的结果。他们的结论是，对于受对流和机械弥散为主的地下水流态来说，两种解析解之间的差异沿污染带中心线可忽略不计，而在羽流中心线之外，这些误差会显著增加。根据一项严格的数学分析，斯里尼法森（Srinivasan）等（2007）得出的结论是，多梅尼克近似解对以对流为主的问题可产生合理的估算值；然而对以纵向弥散为主的问题则能产生显著误差。在对流前锋内，纵向弥散度在决定解析解的精确度上起着非常重要的作用。用以推算多梅尼克解析解的关键假设是时间重释法，其中横向弥散项的时间 t 由 x/v 取代。这个替换过程仅仅当纵向离散度为 0 时才有效。对于所有非零纵向离散度值，解析解都会有一个有限误差。这一误差的空间分布对 α_x 值和对流前锋的位置（vt）高度敏感，而对其他输移参数则不太敏感。作者认为多梅尼克解析解在解决有着低纵向弥散度、高对流速度和长模拟时间的输移问题时，误差将很低。

在分析了多梅尼克近似解后,韦斯特等(2007)得出结论:其精度变化不一,取决于输入参数的选择。对于中粒沙含水层中的溶质输移,根据所关注的情形,多梅尼克解析解(1987)低估的污染带中心线沿线溶质浓度高达80%之多。系统弥散度、时间或者维数的增加将导致误差增加。由于更为精准的精确解析解的存在,作者建议无需使用多梅尼克解析解(1987)及将其之前和之后的近似解作为污染场地的筛查工具的基础(West 等,2007)。

卡拉诺维奇(Karanovic)等(2007)推出了 BIOSCREEN 的加强版,用精确解对多梅尼克解析解(1987)进行补充。推导的精确解是为用于与多梅尼克解析解(1987)相同的概念模型,但这类模型在其带来大小不详分析误差的评估中不借助于近似值。精确解被无缝整合到经过改进的 BIOSCREEN-AT 界面中。BIOSCREEN-AT 的 Excel 用户界面几乎与 BIOSCREEN 的界面相同,熟悉 BIOSCREEN 的用户很容易使用 BIOSCREEN-AT。BIOSCREEN-AT 提供了一个简捷和直观地计算输移方程的精确解,如果需要,可对特定场地应用多梅尼克解析解(1987)所产生的误差进行显著性评价。

污染物输移的解析模型可用来进行简单的筛选分析,因为它们假定污染源区和均质各向同性含水层为简单的平面几何形状。对于实际场地的地下水流的所有参数和污染物输移发生三维变化的问题来说,数值模型是不可替代的。

参考文献

[1] Aiken, G. R., 2002. Organic matter in ground water. In: Aiken, G. R., and Kuniansky, E. L., editors. U. S. Geological Survey Open-File Report 02-89, pp. 21-23.

[2] Alekin, O. A., 1953. *Osnovi gidrohemii* [Principles of hydrochemistry, in Russian]. Gidrometeoizdat, Leningrad.

[3] Alekin, O. A., 1962. *Grundlages der wasserchemie. Eine einführung in die chemie natürlicher wasser*. VEB Deutsch. Verl., Leipzig, 260 p. (originally published in Russian in 1953).

[4] Anderson, M. P. , 1979. Using models to simulate the movements of contaminants through groundwater flow systems. *Critical Reviews in Environmental Controls*, vol. 9. no. 2, pp. 97-156.

[5] Anderson, M. P. , 1983. Movement of contaminants in groundwater transport: Ground-water transport—advection and dispersion. In: *Groundwater contamination*. Studies in Geophysics, National Research Council, National Academy Press, Washington, DC, pp. 37-45.

[6] Anderson, M. E. , and Sobsey, M. D. , 2006. Detection and occurrence of antimicrobially resistant E. coli in groundwater on or near swine farms in eastern North Carolina. *Water Science and Technology*, vol. 54, pp. 211-218.

[7] Appelo, C. A. J. , and Postma, D. , 2005. *Geochemistry, Groundwater and Pollution*, 2nd ed. Taylor & Francis/Balkema, Leiden, the Netherlands, 649 p.

[8] Aurelius, L. A. , 1989. *Testing for Pesticide Residues in Texas Well Water*. Texas Department of Agriculture, Austin, TX.

[9] ASTM (American Society for Testing and Materials), 1998. *Standard Guide for Remediation of Ground Water by Natural Attenuation at Petroleum Release Sites*. E 1943-98, West Conshohocken, PA.

[10] ASTM, 2001. *ASTM E 1195-01, Standard Test Method for Determining a Sorption Constant (K_{oc}) for an Organic Chemical in Soil and Sediments*. American Society for Testing and Materials, West Conshohocken, PA.

[11] Atlas, R. M. , 1984. *Microbiology-fundamentals and applications*. Macmillan, New York, 880 p.

[12] Aziz, C. E. , Newell, C. J. , Gonzales, J. R. , Haas, P. , Clement, T. P. , and Sun, Y. , 2000. *BIOCHLOR: Natural Attenuation Decision Support System v. 1.0; User's Manual*. EPA/600/R-00/008. U. S. Environmental Protection Agency, Cincinnati, OH.

[13] Baker, J. R. , Mihelcic, J. R. , Luehrs, D. C. , and Hickey, J. P. , 1997. Evaluation of estimation methods for organic carbon normalized sorption coefficients. *Water Environment Research*, vol. 69, pp. 1703-1715.

[14] Banks, W. S. L. , and Battigelli, D. A. , 2002. Occurrence and distribution of microbiological contamination and enteric viruses in shallow ground water in Baltimore and Harford Counties, Maryland. U. S. Geological Survey Water-Resources Investigations Report 01-4216, Baltimore, MD, 39 p.

[15] Barrett, M. H. , Hiscock, K. M. , Pedley, S. , Lerner, D. N. , Tellam, J. H. , and French, M. J. , 1999. Marker species for identifying urban groundwater recharge sources: a review and case study in Nottingham, UK. *Water Resources Research*, vol. 33, pp. 3083-3097.

[16] Barlow, P. M. , 2003. Ground water in freshwater-saltwater environments of the Atlantic coast. U. S. Geological Survey Circular 1262, Reston, VA, 113 p.

[17] Benson, N. R. , 1976. Retardation of apple tree growth by soil arsenic residues from old insecticideal treatments. *Journal of the American Society of Horticultural Science*, vol. 101, no. 3, pp. 251-253.

[18] BGS (British Geological Survey), 1999. Denitrification in the unsaturated zones of the British Chalk and Sherwood Sandstone aquifers. Technical Report WD/99/2, British Geological Survey, Keyworth.

[19] Boethling, R. S. , Howard, P. H. , and Meylan, W. M. , 2004. Finding and estimating chemical property data for environmental assessment. *Environmental Toxicology And Chemistry*, vol. 23, pp. 2290-2308.

[20] Bourg, A. C. M. , and Loch, J. P. G. , 1995. Mobilization of heavy metals as affected by pH and redox conditions. In: *Biogeodynamics of Pollutants in Soils and Sediments*; *Risk Assessment of Delayed and Non-linear Responses*, Chapter 4. Salomons, W. , and Stigliani, W. M. , editors. Springer, Berlin, pp. 815-822.

[21] Bouwer, E. J. , Rittman, B. E. , and McCarty, P. L. , 1981. Anaerobic degradation of halogenated 1- and 2-carbon organic compounds. *Environmental Science & Technology*, vol. 15, no. 5, pp. 596-599.

[22] Bölke, J. K. , and Denver, J. M. , 1995. Combined use of ground-water dating, chemical, and isotopic analyses to resolve the history and fate of nitrate contamination in two agricultural watersheds, Atlantic coastal plain, Maryland. *Water Resources Research*, vol. 31, pp. 2319-2339.

[23] Brown, C. J. , Colabufo, S. , and Coates, D. , 2002. Aquifer geochemistry and effects of pumping on ground-water quality at the Green Belt Parkway Well Field, Holbrook, Long Island, New York. U. S. Geological Survey Water-Resources Investigations Report 01-4025, Coram, New York, 21 p.

[24] Brusseau, M. , 1991. Transport of organic chemicals by gas advection in structured or heterogeneous porous media: Development of a model and application of column experiments. *Water Resources Research*, vol. 27, no. 12, pp. 3189-

3199.

[25] Buss, S. R. , Rivett, M. O. , Morgan, P. , and Bemment, C. D. , 2005. Attenuation of nitrate in the sub-surface environment. Science Report SC030155/SR2, Environment Agency, Bristol, England, 100 p.

[26] Carson, R. , 2002. *Silent Spring*. Mariner Books/Houghton Mifflin Company, New York, 378 p.

[27] Chapelle, F. H. , 1993. *Ground-Water Microbiology and Geochemistry*. John Wiley & Sons, New York, 424 p.

[28] Cleary, R. , and Ungs, M. J. , 1978. Analytical models for groundwater pollution and hydrology. Report No. 78-WR-15. Water Resources Program, Princeton University, Princeton, NJ.

[29] Cohen, R. M. , and Mercer, J. W. , 1993. *DNAPL Site Evaluation*. C. K. Smoley, Boca Raton, FL.

[30] Colbom, T. , Dumanoski, D. , and Meyers, J. -P. , 1997. *Our Stolen Future; Are We Threatening Our Fertility, Intelligence and Survival? A Scientific Detective Story*. Plume, Penguin Group, New York, 336 p.

[31] Craun, G. F. , 1986. *Waterborne Diseases in the United States*. CRC Press, Boca Raton, FL, 192 p.

[32] Dagan, G , 1982. Stochastic modeling of ground water flow by unconditional and conditional probabilities, 2, The solute transport. *Water Resources Research*, vol. 18, no. 4, pp. 835-848.

[33] Dagan, G. , 1984. Solute transport in heterogeneous porous formations. *Journal of Fluid Mechanics*, vol. 145, pp. 151-177.

[34] Dagan, G. , 1986. Statistical theory of ground water flow and transport: Pore to laboratory, laboratory to formation, and formation to regional scale. *Water Resources Research*, vol. 22, no. 9, pp. 120S-134S.

[35] Dagan, G. , 1988. Time-dependent macrodispersion for solute'transport in anisotropic heterogeneous aquifers. *Water Resources Research*, vol. 24, no. 9, pp. 1491-1500.

[36] Daughton, Pharmaceuticals and Personal Care Products (PPCPs) as environmental pollutants. National Exposure Research Laboratory, Office of Research and Development, Environmental Protection Agency, Las Vegas, Nevada. Presentation available at: http://www. epa. gov/nerlesdl/chemistry/pharma/index. htm.

Accessed May 2007.

[37] Davenport, J. R. , and Peryea, F. J. , 1991. Phosphate fertilizers influence leaching of lead and arsenic in a soil contaminated with lead and arsenic in a soil contaminated with lead arsenate. *Water, Air and Soil Pollution*, vol. 57-58, pp. 101-110.

[38] Davis, S. N. , and J. M. DeWiest, 1991. *Hydrogeology*. Krieger Publishing Company, Malabar, FL, 463 p.

[39] Devinny, J. S. , et al. , 1990. *Subsurface Migration of Hazardous Wastes*. Van Nostrand Reinhold, New York, 387 p.

[40] Domenico, P. A. 1987. An analytical model for multidimensional transport of a decaying contaminant species. *Journal of Hydrology*, vol. 91, no. 1-2, pp. 49-58.

[41] Domenico, P. A. , and Robbins, G. A. , 1985. A new method of contaminant plume analysis. *Ground Water*, vol. 23, no. 4, pp. 476-485.

[42] Domenico, P. A. , and Schwartz, F. W. , 1990. *Physical and Chemical Hydrogeology*. John Willey & Sons, New York, 824 p.

[43] Dowdle, P. R. , Laverman, A. M. , and Oremland, R. S. , 1996. Bacterial dissimilatory reduction of arsenic (V) to arsenic (Ⅲ) in anoxic sediments. *Applied Environmental Microbiology*, vol. 62, no. 5, pp. 1664-1669.

[44] Embrey, S. S. , and Runkle, D. L. , 2006. Microbial quality of the Nation's ground-water resources, 1993-2004. U. S. Geological Survey Scientific-Investigations Report 2006-5290, Reston, VA, 34 p.

[45] Falta, R. W. , et al. , 1989. Density-drive flow of gas in the unsaturated zone due to evaporation of volatile organic chemicals, *Water Resources Research*, vol. 25, no. 10, pp. 2159-2169.

[46] Feenstra, S. , and Cherry, J. A. , 1988. Subsurface contamination by dense non-aqueous phase liquid (DNAPL) chemicals. In: Proceedings: International Groundwater Symposium, International Association of Hydrogeologists, May 1-4, 1988, Halifax, Nova Scotia, pp. 62-69.

[47] Feth, J. H. , 1966. Nitrogen compounds in natural waters—a review. *Water Resources Research*, vol. 2, pp. 41-58.

[48] Feth, J. H. , Rogers, S. M. , and Roberson, C. E. , 1961. Aqua de Ney, California, a spring of unique chemical character. *Geochimica et Cosmochimica Acta*,

vol. 22, pp. 75-86.

[49] Florida Department of Environmental Protection, 2003a. Average annual daily flow by county-2000. http://www. dep. state. fl. us/water/uic/docs/2002v_ADE. pdf. Accessed February 10, 2006.

[50] Florida Department of Environmental Protection, 2003b. Class I injection well status. http://www. dep. state. fi. us/water/uic/docs/Class_I_Table11_2003. pdf. Accessed February 10, 2006.

[51] Focazio, M. J. , 2001. Occurrence of selected radionuclides in ground water used for drinking water in the United States: A targeted reconnaissance survey, 1998. U. S. Water-Resources Investigations Report 00-4273, Reston, VA, 40 p.

[52] Foster, S. S. D. , 2000. Assessing and controlling the impacts of agriculture on groundwater—from barley barons to beef bans. *Quarterly Journal of Engineering Geology and Hydrogeology*, vol. 33, pp. 263-280.

[53] Foster, S. , Garduño, H. , Kemper, K. , Tiunhof, A. , Nanni, M. , and Dumars, C. , 2002-2005. Groundwater quality protection; defining strategy and setting priorities. Sustainable Groundwater Management; Concepts & Tools, Briefing Note Series Note 8, The Global Water Partnership, The World Bank, Washington, DC, 6 p. Available at: www. worldbank. org/gwmate.

[54] Franke, O. L. , Reilly, T. F. , Haefner, R. J. , and Simmons, D. L. , 1990. Study guide for a beginning course in ground-water hydrology: Part 1-course participants. U. S. Geological Survey Open File Report 90-183, Reston, VA, 184 p.

[55] Freeze, R. A. , and Cherry, J. A. , 1979. *Groundwater*. Prentice-Hall, Englewood Cliffs, NJ, 604 p.

[56] Freyberg, D. L. , 1986. A natural gradient experiment on solute transport in a sand aquifer, (2) spatial moments and the advection and dispersion of nonreactive tracers. *Water Resources Research*, vol. 22, no. 13, pp. 2031-2046.

[57] Fukada, T. , Hiscock, K. M. , and Dennis, P. F. , 2004. A dua-isotope approach to the nitrogen hydrochemistry of an urban aquifer. *Applied Geochemistry*, vol. 19, pp. 709-719.

[58] Fussell, D. R. , et al. , 1981. Revised inland oil spill clean-up manual. CONCAWE Report No. 7/81, Management of manufactured gas plant sites, GRI-87/0260, Gas Research Institute, Den Haag, 150 p.

[59] Garabedian, S. P. , LeBlanc, D. R. , Gelhar, L. W. , and Celia, M. A. , 1991. Large-scale natural gradient tracer test in sand and gravel, Cape Cod, Massachusetts, 2, analysis of spatial moments for a nonreactive tracer. *Water Resources Research*, vol. 27, no. 5, pp. 911-924.

[60] Gelhar, L. W. , and Axness, C. L. , 1983. Three-dimensional stochastic analysis of macrodispersion in aquifers. *Water Resources Research*, vol. 19, no. 1, pp. 161-180.

[61] Gelhar, L. W. , Welty, C. , and Rehfeldt, K. R. , 1992. A critical review of data on field-scale dispersion in aquifers. *Water Resources Research*, vol. 28, no. 7, pp. 1955-1974.

[62] Gerba, C. P. , 1999. Virus survival and transport in groundwater. *Journal of Industrial Microbiology and Biotechnology*, vol. 22, no. 4, pp. 247-251.

[63] Gilliom, R. J. , et al. , 2006. Pesticides in the Nation's streams and ground water, 1992-2001. U. S. Geological Survey Circular 1291, Reston, VA, 172 p.

[64] Gurr, C. , 2008. Recommended K_{oc} values for nonpolar organic contaminants in groundwater. Groundwater Modeling and Geostatistics Knowledge Team White Paper, Malcolm Pirnie, Inc. , Arlington, VA, 12 p.

[65] Guyonnet, D. , and Neville, C. , 2004. Dimensionless analysis of two analytical solutions for 3-D solute transport in groundwater. *Journal of Contaminant Hydrology*, vol. 75, no. 1, pp. 141-153.

[66] Harden, S. L. , Fine, J. M. , and Spruill, T. B. , 2003. Hydrogeology and ground-water quality of Brunswick County, North Carolina. U. S. Gelogical Survey Water-Resources Investigations Report 03-4051, Raleigh, NC, 92 p.

[67] Harper, C. , and Liccione, J. J. , 1995, Toxicological profile for gasoline. U. S. Department of Health and Human Services, Public Health Service, Agency for Toxic Substances and Disease Registry, p. 196 + appendices. Available at: http://www. atsdr. cdc. gov/toxprofiles/tp72. pdf.

[68] Harrington, J. M. , Fendorf, S. B. , and Rosenzweig, R. F. , 1998. Biotic generation of arsenic (III) in metal(loid)-contaminated sediments. *Environmental Science and Technology*, vol. 32, no. 16, pp. 2425-2430.

[69] Heathwaite, A. L. , Johnes, P. J. , and Peters, N. E. , 1996. Trends in nutrients. *Hydrological Processes*, vol. 10, pp. 263-293.

[70] Heaton, T. H. E. , 1986. Isotopic studies of nitrogen pollution in the hydrosphere

and atmosphere—A review. *Chemical Geology*, vol. 59, pp. 87-102.

[71] Hem, J. D. , 1989. Study and interpretation of the chemical characteristics of natural water; 3rd ed. U. S. Geological Survey Water-Supply Paper 2254, Washington, DC, 263 p.

[72] Hinrichsen, D. , Robey, B. , and Upadhyay, U. D. , 1997. Solutions for a water-short world. Population reports. Series M, No. 14. , Johns Hopkins School of Public Health, Population Information Program, Baltimore, MD. Available at: http://www. infoforhealth. org/pr/m14edsum. shtml.

[73] Jeyanayagam, S. , 2008. *Microconstituents in Wastewater Treatment—The Current State of Knowledge*. Professional Engineer Continuing Education Series. Malcolm Pirnie, Columbus, OH.

[74] Jury, W. A. , Gardner, W. R. , and Gardner, W. H. 1991. *Soil Physics*. John Wiley & Sons, New York, 328 p.

[75] Karanovic, M. , Neville, C. J. , and Andrews, C. B. , 2007. BIOSCREEN-AT: BIOSCREEN with an exact analytical solution. *Ground Water*, vol. 45, no. 2, pp. 242-245.

[76] Kauffman, W. J. , and Orlob, G. T. , 1956. Measuring ground water movement with radioactive and chemical tracers. *American Water Works Association Journal*, vol. 48, pp. 559 574.

[77] Keeney, D. , 1990. Sources of nitrate to ground water. *Critical Reviews in Environmental Control*, vol. 16, pp. 257-304.

[78] Knox, R. C. , Sabatini, D. A. , and Canter, L. W. , 1993. *Subsurface Transport and Fate Processes*. Lewis Publishers. Boca Raton, FL. 430 p.

[79] Kreitler, C. W. , and Jones, D. C. , 1975. Natural soil nitrate—The cause of nitrate contamination of ground water in Runnels County, Texas. *Ground Water*, vol. 13, no. 1, pp. 53-61.

[80] Kresic, N. , 2007. *Hydrogeology and Groundwater modeling*. CRC Press, Taylor & Francis Group, Boca Raton, FL, 807 p.

[81] Krumholz, L. R. , 2000. Microbial communities in the deep subsurface. *Hydrogeology Journal*, vol. 8, no. 1, pp. 4-10.

[82] Lawrence, S. J. , 2006. Description, properties, and degradation of selected volatile organic compounds detected in ground water—a review of selected literature. U. S. Geological Survey, Open-File Report 2006-1338, Reston, VA, 62 p. A

web-only, publication at: http://pubs.usgs.gov/off/2006/1338/.

[83] LeBlanc, D. R., Garabedian, S. P., Hess, K. M., Gelhar, L. W., Quadri, R. D., Stollenwerk, K. G., and Wood, W. W., 1991. Large-scale natural gradient tracer test in sand and gravel, Cape Cod, Massachusetts, 1, experimental design and observed tracer movement. *Water Resources Research*, vol. 27, no. 5, pp. 895-910.

[84] Lee, F. F., and Jones-Lee, A., 1993. Public health significance of waterborne pathogens. Report to California Environmental Protection Agency Comparative Risk Project, 22 p.

[85] Lopes, T. J., and Furlong, E. T., 2001. Occurrence and potential adverse effects of semivolatile organic compounds in streambed sediment, United States, 1992-1995. *Environmental Toxicology and Chemistry*, vol. 20, no. 4, pp. 727-737.

[86] Lyman, W. J., Reehl, W. F., and Rosenblatt, D. H., 1982. *Handbook of Chemical Property Estimation Methods, Environmental Behavior of Organic Compounds*. McGraw-Hill, New York.

[87] Lyman, W. J., Reidy, P. J., and Levy, B., 1992. *Mobility and Degradation of Organic Contaminants in Subsurface Environments*. C. K. Smoley, Chelsea, MI, 395 p.

[88] Mackay, D. M., Freyberg, D. L., Roberts, P. V., and Cherry, J. A., 1986. A natural gradient experiment on solute transport in a sand aquifer, (1) approach and overview of plume movement. *Water Resources Research*, vol. 22, no. 13, pp. 2017-2029.

[89] Maliva, R. G., Guo, W., and Missimer, T., 2007. Vertical migration of municipal wastewater in deep injection well systems, South Florida, USA. *Hydrogeology Journal*, vol. 15, pp. 1387-1396.

[90] Masters, R. W., Verstraeten, I. M., and Heberer, T., 2004. Fate and transport of pharmaceuticals and endocrine disrupting compounds during ground water recharge. *Ground Water Monitoring & Remediation*, Special Issue: Fate and transport of pharmaceuticals and endocrine disrupting compounds during ground water recharge, pp. 54-57.

[91] Matheron, G., and de Marsily, G., 1980. Is transport in porous media always diffusive? A counterexample. *Water Resources Research*, vol. 16, pp. 901-907.

[92] Matthess, G. , 1982. *The Properties of Groundwater.* John Willey & Sons, New York, 406 p.

[93] Mehlman, M. A. , 1990. Dangerous properties of petroleum-refining products: Carcinogenicity of motor fuels (gasoline). *Teratogenesis, Carcinogenesis, and Mutagenesis*, vol. 10, pp. 399-408.

[94] Metz, P. A. , and Brendle, D. L. , 1996, Potential for water quality degradation of interconnected aquifers in westcentral Florida. U. S. Geological Survey Water-Resources Investigations Report 96-4030, 54 p.

[95] Molz, F. J. , Güven, O. , and Melville, J. G. ; 1983. An examination of scale-dependent dispersion coefficients. *Ground Water*, vol. 21, no. 6, pp. 715-725.

[96] Mueller, D. K. , et al. , 1995. Nutrients in ground water and surface water of the United States—An analysis of data through 1992. U. S. Geological Survey Water Resources Investigations Report 95-4031, 1995.

[97] National Institutes of Health (NIH), 2007. TOXNET Toxicology Data Network. Available at: http://toxnet. nlm. nih. gov/. Accessed December 2007.

[98] National Research Council, 1978. *Nitrates: An Environmental Assessment.* National Academy of Sciences, Washington, DC, 723 p.

[99] Neuman, S. P. , 1990. Universal scaling of hydraulic conductivities and dispersivities in geologic media. *Water Resources Research*, vol. 26, no. 8, pp. 1749-1578.

[100] Neumarm, I. , Brown, S. , Smedley, P. , Besien, T. , Lawrence, A. R. , Hargreaves, R. , Milodowski, A. E. , and Barron, M. , 2003. Baseline Report Series: 7. The Great Inferior Oolite of the Cotswolds District. British Geological Survey and Environment Agency, Keyworth, Nottingham, 62 p.

[101] Newell, C. J. , et al. , 1995. *Light Nonaqueous Phase Liquids. Ground Water Issue*, EPA/540/S-95/500. Robert S. Kerr Environmental Research Laboratory, Ada, OK, 28 p.

[102] Newell, C. J. , McLeod, R. K. , and Gonzales, J. R. , 1996. *BIOSCREEN: Natural Attenuation Decision Support System User's Manual*, EPA/600/R-96/087. Robert S. Kerr Environmental Research Center, Ada, OK.

[103] Nowell, L. , and Capel, E, 2003. Semivolatile organic compounds (SVOC) in bed sediment from United States rivers and streams: Summary statistics; preliminary results from Cycle I of the National Water Quality Assessment Program

(NAWQA),1992-2001. Provisional data—subject to revision. Available at: http://ca. water, usgs. gov/pnsp / svoc/SVOC-SED_ 2001_Text. html.

[104] Palmer, C. D. , and Johnson, R. L. , 1989. Physical processes controlling the transport of nonaqueous phase liquids in the subsurface. In: USEPA, Seminar Publication: Transport and fate of contaminant in the subsurface, EPA/625/4-89/019, U. S. Environmental Protection Agency, pp. 23-27.

[105] Pankow, J. F. , and Cherry, J. A. , 1996. *Dense Chlorinated Solvents and Other DNAPLs in Groundwater*. Waterloo Press, Guelph, ON, Canada, 522 p.

[106] Parkhurst, D. L. , and Appelo, C. A. J. , 1999. User's guide to PHREEQC (Version 2)—a computer program for speciation, batch-reaction, one-dimensional transport, and inverse geochemical calculations. U. S. Geological Survey Water-Resources Investigations Report 99-4259, 310 p.

[107] Peryea, F. J. , 1991. Phosphate-induced release of arsenic from soils contaminated with lead arsenate. *Soil Science Society of America Journal*, vol. 55, pp. 1301-1306.

[108] Peryea, F. J. , and Kammereck, R. , 1997. Phosphate-enhanced movement of arsenic out of lead arsenate-contaminated topsoil and through uncontaminated subsoil. *Water, Air and Soil Pollution*, vol. 93, no. 1-4, pp. 243-254.

[109] Petrusevski, B. , Sharma, S. , Schippers, J. C. , and Shordt, K. , 2007. Arsenic in drinking water. IRC International Water and Sanitation Centre, Thematic Overview Paper 17, Delft, the Netherlands, 57 p.

[110] Pickens, J. F. , and Grisak, G. E. , 1981a. Scale-dependent dispersion in a stratified granular aquifer. *Water Resources Research*, vol. 17, no. 4, pp. 1191-1211.

[111] Pickens, J. F. , and Grisak, G. E. , 1981b. Modeling of scale-dependent dispersion in hydrogeologic systems. *Water Resources Research*, vol. 17, no. 4, pp. 1701-1711.

[112] Piper, A. M. , 1944. A graphic procedure in the geochemical interpretation of water analyses. *American Geophysical Union Transactions*, vol. 25, pp. 914-923.

[113] Porter, W. P. , Jaeger, J. W. , and Carlson, I. H. , 1999. Endocrine, immune and behavioral effects of aldicarb (carbamate), atrazine (triazine) and nitrate (fertilizer) mixtures at groundwater concentrations. *Toxicology and Industrial*

Health, vol. 15, pp. 133-150.

[114] Puckett, L. J. , 1994. Nonpoint and point sources of nitrogen in major water-sheds of the United States. U. S. Geological Survey Water-Resources Investigations Report 94-4001, 9 p.

[115] Rees, T. F. , et al. , 1995. Geohydrology, water quality, and nitrogen geochemistry in the saturated and unsaturated zones beneath various land uses, Riverside and San Bernardino Counties, California, 1991-93. U. S. Geological Survey Water-Resources Investigations Report 94-4127, Sacramento, CA, 267 p.

[116] Reneau, R. , Hagedorn, C. , and Degen, M. , Jr. , 1989. Fate and transport of biological and inorganic contaminants from on-site disposal of domestic wastewater. *Journal of Environmental Quality*, vol. 18, pp. 135-144.

[117] RGS (Royal Geographic Society), 2007. Arsenic in drinking water a global threat to health. Media release, Embargoed, 12:50pm, Wednesday, 29 August 2007.

[118] Rice, K. C. , Monti, M. M. , and Etting, M. R. , 2005. Water-quality data from ground-and surface-water sites near concentrated animal feeding operations (CAFOs) and non-CAFOs in the Shenandoah Valley and Eastern Shore of Virginia, January-February, 2004. U. S. Geological Survey Open-File Report 2005 1388, Reston, VA, 78 p.

[119] Robinson, R. A. , and Stokes, R. H. , 1965. *Electrolyte Solutions*, 2nd ed. Butterworth, London.

[120] Rosenfeld, J. K. , and Plumb, R. H. , Jr. , 1991. Groundwater contamination at wood treatment facilities. *Ground Water Monitoring Review*, vol. 11, no. 1, pp. 133-140.

[121] Sabljić, A. , Gusten, H. , Verhaar, H. , and Hermens, J. , 1995. QSAR modeling of soil sorption, improvements, and systematics of log K_{oc} vs. log K_{ow} correlations. *Chemosphere*, vol. 31, pp. 4489-4514.

[122] Sagar, B. , 1982. Dispersion in three dimensions: Approximate analytical solutions. *ASCE Journal of Hydraulic Division*, vol. 108, no. HY1, pp. 47-62.

[123] Sapkota, A. R. , Curriero, F. C. , Gibson, K. E. , and Schwab, K. J. , 2007. Antibiotic-resistant enterococci and fecal indicators in Surface water and groundwater impacted by a concentrated swine feeding operation. *Environmental Health Perspectives*, ehponline. org, National Institute of Environmental Health Sci-

ences, 33 p. doi:10.1289/ehp. 9770. Available at: http://dx. doi. org/. Accessed April 2007.

[124] Sayah R. S. , Kaneene, J. B. , Johnson, Y. , and Miller, R. 2005. Patterns of antimicrobial resistance observed in *Escherichia coli* isolates obtained from domestic-and wild-animal fecal samples, human septage, and surface water. *Applied and Environmental Microbiology*, vol. 71, pp. 1394-1404.

[125] Schwarzenbach, R. P. , Gschwend, P. M. , and Imboden, D. M. , 2003. *Environmental Organic Chemistry*, 2nd ed. Wiley Interscience, Hoboken, NJ.

[126] Seiler, R. L. , 1996. Methods for identifying sources of nitrogen contamination of ground water in valleys in Washoe County, Nevada. U. S. Geological Survey Open-File Report 96-461, Carson City, NV, 20 p.

[127] Seth, R. , Mackay, D. , and Muncke, J. , 1999. Estimating the organic carbon partition coefficient and its variability for hydrophobic chemicals. *Environmental Science and Technology*, vol. 33, pp. 2390-2394.

[128] Sleep, B. E. , and Sykes, J. F. , 1989. Modeling the transport of volatile organics in variably saturated media. *Water Resources Research*, vol. 25, no. 1, pp. 81-92.

[129] Sloto, R. A. , 1994. Geology, hydrology, and ground-water quality of Chester County, Pennsylvania. Chester Cotmty Water Resources Authority Water-Resource Report 2, 127 p.

[130] Smith, L. , and Schwartz, F. W. , 1980. Mass transport, 1, A stochastic analysis of macroscopic dispersion. Water Resources Research, vol. 16, pp. 303-313.

[131] Smith, A. H. , Lingas, E. O. , and Rahman, M. , 2000. Contamination of drinking-water by arsenic in Bangladesh: A public health emergency. *Bulletin of the World Health Organization*, vol. 78, no. 9, pp. 1093-1103.

[132] Southwest Florida Water Management District, 2002. Artesian well plugging annual work plan 2002: Brooksville, Southwest Florida Water Management District Quality of Water Improvement Program, 86 p.

[133] Spalding, R. F. , and Exner, M. E. , 1993. Occurrence of nitrate in groundwater—a review. *Journal of Environmental Quality*, vol. 22, pp. 392-402.

[134] Srinivasan, V. , Clement, T. P. , and Lee, K. K. , 2007. Domenico solution-is it valid? *Ground Water*, vol. 45, no. 2, pp. 136-146.

［135］Sudicky, E. A. , Cherry, J. A. , and Frind, E. O. , 1983. Migration of contaminants in ground water at a landfill: A case study, 4, a natural gradient dispersion test. *Journal of Hydrology*, vol. 63, no. 1/2, pp. 81-108.

［136］Swoboda-Colberg, N. G. , 1995. Chemical contamination of the environment—sources, types, and fate of synthetic organic chemicals. In: *Microbial Transformations and Degradation of Toxic Organic Chemicals.* Young, L. Y. , and Cerniglia, C. E. , editors. John Wiley & Sons, New York, pp. 27-74.

［137］Syracuse Research Corporation, 2007. CHEMFATE. Available at database: http://www. syrres. com/esc. Accessed December 2007.

［138］Tiemann, M. , 1996. 91041: Safe Drinking Water Act: Implementation and Reauthorization. National Council for Science and the Environment, Congressional Research Service Reports. http: // ncseonline. org/nle/crsreports. Accessed January 21, 2006.

［139］Toccalino, P. L. , 2007. Development and application of health-based screening levels for use in water-quality assessments. U. S. Geological Survey Scientific Investigations Report 2007-5106, Reston, VA, 12 p.

［140］Toccalino, P. L. , Rowe, B. L. , and Norman, J. E. , 2006. Volatile organic compounds in the Nation's drinking-water supply wells—what findings may mean to human health. U. S. Geological Survey Fact Sheet, 2006-3043, 4 p.

［141］Toccalino, P. L. , et al. , 2003. Development of health-based screening levels for use in stateor local-scale water-quality assessments. U. S. Geological Survey Water-Resources Investigations Report 03-4054, 22 p.

［142］UNESCO, 1998. Soil and groundwater pollution from agricultural activities. Learning material. International Hydrological Programme, IHP-V Technical Documents in Hydrology No. 19, Project 3. 5, Paris, France.

［143］UNICEF, 2006. Arsenic migration in Bangladesh Fact Sheet. Available at: http: // www. unicef. org/Bangladesh/Arsenic. pdf. Accessed February 2007.

［144］USDA (U. S. Department of Agriculture), 2006a. Farms, land in farms, and livestock operations: 2005 summary. Sp Sy 4 (06). Agricultural Statistics Board, NASS, USDA, Washington, DC. Available at: http: // usda. mannlib. cornell. edu/MannUsda/ viewDocumentlnfo. do? documentlD = 1259. Accessed September 13, 2006.

［145］USDA (U. S. Department of Agriculture), 2006b. Meat animals production, disposition, and income: 2005 summary. Mt An 1-1 (06). Agricultural Statistics Board, NASS, USDA, Washington, DC. Available at: http://usda. mannlib. cornell. edu/ MannUsda/viewDocumentlnfo. do? documentlD = 1101. Accessed September 13, 2006.

[146] USDA, 2007. Pesticide properties database. Available at: http://www. ars. usda. gov/ services/docs. htm? docid = 14199. Accessed December 2007.

[147] USEPA (United States Environmental Protection Agency), 1981. Radioactivity in drinking water. Glossary. EPA570/9-81-002, U. S. Environmental Protection Agency, Health Effects Branch, Criteria and Standards Division, Office of Drinking Water, Washington, DC.

[148] USEPA, 1983. Surface impoundment assessment national report. EPA-570/9-84-002, Office of Drinking Water, Washington, DC.

[149] USEPA, 1990. Handbook: Ground Water, Volume I: Ground Water and Contamination. EPA/625/6-90/016a.

[150] USEPA, 1992. Estimating potential for occurrence of DNAPL at Superfund sites. Publication 9355. 4-D7FS, R. S. Kerr Environmental Research Laboratory, Office of Solid Waste and Emergency Response, U. S. Environmental Protection Agency, 9 p.

[151] USEPA, 1997. Treatment technology performance and cost data for remediation of wood preserving sites. Washington, DC, USA, US EPA Office of Research and Development. Available at: http: // www. epa. gov /nrmrl/pubs/ 625r97009 / 625r97009. pdf.

[152] USEPA, 1999a. Understanding variation in partition coefficient, Kd, values; Volume I: The Kd model, methods of measurements, and application of chemical reaction codes. EPA 402-R-99-004A, U. S. Environmental Protection Agency, Office of Air and Radiation, Washington, DC.

[153] USEPA, 1999b. Understanding variation in partition coefficient, Kd, values; Volume II: Review of geochemistry and available Kd values for cadmium, cesium, chromium, lead, plutonium, radon, strontium, thorium, tritium (^{3}H), and uranium. EPA 402-R-99-004B, U. S. Environmental Protection Agency, Office of Air and Radiation, Washington, DC.

[154] USEPA, 2000a. National Water Quality Inventory; 1998 Report to Congress; Ground water and drinking water chapters. EPA 816-R-00-013, Office of Wa-

ter, Washington, DC.

[155] USEPA, 2000b. Radionuclides notice on data availability: Technical support document. Targeting and Analysis Branch, Standards and Risk Management Division, Office of Ground Water and Drinking Water. Available at: www. epa. gov/safewater/rads/ tsd. pdf.

[156] USEPA, 2002. Technical program overview: underground injection control regulations, revised July 2001. EPA 816-R-02-025, Office of Water, Washington, DC.

[157] USEPA, 2003a. Overview of the Clean Water Act and the Safe Drinking Water Act. Available at: http://www. epa. gov/OGWDW/dwa/electronic/ematerials/. Accessed September 2005.

[158] USEPA, 2003b. An overview of the Safe Water Drinking Act. Available at: http://www. epa. gov/OGWDW/dwa/electronic/ematerials/. Accessed September 2005.

[159] USEPA, 2003c. Regulating microbial contamination; unique challenge, unique approach. Available at: http://www. epa. gov/OGWDW/dwa/electronic/ematerials/. Accessed September 2005.

[160] USEPA, 2005a. Guidelines for carcinogen risk assessment. EPA/630/P-03/001B, Risk Assessment Forum, Washington, DC. Available at: http://cfpub. epa. gov/ncea/raf/ recordisplay, cfm? deid = 116283.

[161] USEPA, 2005b. Available at: http://www. clu-in. org/contaminantfocus/default. focus/sec/arsenic/. Accessed May 2006.

[162] USEPA, 2005c. Fact sheet: The drinking water contaminant candidate list—the source of priority contaminants for the Drinking Water Program. Office of Water, 6 p. Available at: http://www. epa. gov / safewater / ccl / ccl2_list. html.

[163] USEPA, 2006. Setting standards for safe drinking water. Office of Water, Office of Ground Water and Drinking Water, Updated November 28, 2006. Available at: http://www. epa. gov/safewater/standard/setting. html. Accessed February 2007.

[164] USEPA, 2008. Technical fact sheets for drinking water contaminants. Available at: http://www. epa. gov / OGWDW / hfacts. html. Accessed January 2008.

[165] USGS (United States Geological Survey), 2004. Natural remediation of arsenic contaminated ground water associated with landfill leachate. U. S. Geological

Survey Fact Sheet 2004-3057, 4 p.

[166] Van der Perk, M. , 2006. *Soil and Water Contamination from Molecular to Catchment Scale*. Taylor & Francis/Balkema, Leiden, the Netherlands, 389 p.

[167] Welch, A. H. , et al. , 2000. Arsenic in ground water of the United States-occurrence and geochemistry. *Ground Water*, vol. 38, no. 4, pp. 589-604.

[168] West, M. , and Kueper, B. H. , 2004. Natural attenuation of solute plumes in bedded fractured rock. In: Proceedings of USEPA/NGWA Fractured Rock Conference, National Ground Water Association, Portland, Maine, pp. 388-401.

[169] West, M. R. , Kueper, B. H. , and Ungs, M. J. , 2007. On the use and error of approximation in the Domenico (1987) solution. *Ground Water*, vol. 45, no. 2, pp. 126-135.

[170] Wexler, E. J. , 1992. *Analytical Solutions for One-, Two-, and Three-Dimensional Solute Transport in Ground-Water Systems with Uniform Flow*, U. S. Geological Survey TWRI Book 3, Chapter B7. Reston, VA.

[171] Widory, D. , Kloppmann, W. , Chery, L. , Bonninn, J. , Rochdi, H. , and Guinamant, J. -L. , 2004. Nitrate in groundwater: An isotopic multi-tracer approach. *Journal of Contaminant Hydrology*, vol. 72, pp. 165-188.

[172] Wiedemeier, T. H. , et al. , 1998. Technical Protocol for Evaluating Natural Attenuation of Chlorinated Solvents in Ground Water. EPA/600/R-98/128, U. S. Environmental Protection Agency, Office of Research and Development, WaShington, DC.

[173] Wiedemeier, T. H. , et al. , 1999. *Technical Protocol for Implementing Intrinsic Remediation with Long-Term Monitoring for Natural Attenuation of Fuel Contamination Dissolved in Ground-water*, Vol. I (Revision 0). Air Force Center for Environmental Excellence (AFCEE), Technology Transfer Division, Brooks Air Force Base, San Antonio, TX.

[174] Wilhelm, S. R. , Schiff, S. L. , and Cherry, J. A. , 1994. Biogeochemical evolution of domestic waste water in septic systems, Pt. 1, Conceptual model. *Ground Water*, vol. 32, no. 6, pp. 905-916.

[175] Wikipedia, 2007. Endocrine disruptor. Available at: http://en. wikipedia. org/wiki/ Endocrine_disruptor. Accessed December 2007.

[176] Winter, T. C. , Harvey, J. W. , Franke, O. L. , and Alley, W. M. , 1998. Ground water and surface water: A single resource. U. S. Geological Survey Cir-

cular 1139, Denver, Colorado, 79 p.

[177] Woolsen, E. A., Axley, J. H., and Kearney, P. C., 1971. The chemistry and phytotoxicity of arsenic in soils: I. Contaminated field soils. *Soil Science Society America Proceedings*, vol. 35, no. 6, pp. 938-943.

[178] Woolsen, E. A., Axley, J. H., and Kearney, P. C., 1973. The chemistry and phytotoxicity of arsenic in soils: II. Effects of time and phosphorous. *Soil Science Society America Proceedings*, vol. 37, no. 2, pp. 254-259.

[179] Xu, M., and Eckstein, Y., 1995. Use of weighted least-squares method in evaluation of the relationship between dispersivity and field scale. *Ground Water*, vol. 33, no. 6, pp. 905-908.

[180] Zogorski, J. S., Carter, J. M., Ivahnenko, T., Lapham, W. W., Moran, M. J., Rowe, B. L., Squillace, P. J., and Toccalino, P. L., 2006. The quality of our Nation's waters—Volatile organic compounds in the Nation's ground water and drinking-water supply wells. U. S. Geological Survey Circular 1292, Reston, VA, 101 p.

[181] Zwirnmann, K. H., 1982. Nonpoint nitrate pollution of municipal water supply sources: Issues of analysis and control. IIASA Collaborative Proceedings Series CP-82-S4, International Institute for Applied Systems Analysis, Laxenburg, Austria, 303 p.

第6章　地下水处理

6.1　地下水处理简介

与地表水源相比,大多数地下水源具有季节性变化小、微生物含量低、浊度较低和人造有机物浓度低的特点,故优质地下水多作为饮用水源。在不含过多矿物质或污染物的情况下,可将地下水直接抽入配水系统,而不需要作预处理即可使用。不过,是否能这么做,还取决于特定的法律条文。例如,美国联邦政府于2006年颁布的《地下水条例》仅规定了那些有受粪便污染风险的地下水系统才进行水的消毒处理。利用卫生调查和定期监测水体粪便生物指标来识别有"风险"的地下水,监测频次由地下水系统大小和《大肠菌群总数条例》(美国联邦政府,1989)决定。不论原水的初始质量如何,都要依法进行二次消毒,目的是使整个配水系统保持一定浓度的氯。地下水处理通常只限于去除无机污染物(如铁、锰)和消毒(见图6.1),但这并不意味着地下水不会受到污染(见第5章)。一旦发现地下水污染物超标或超出公众认可的极限,则需进行处理。

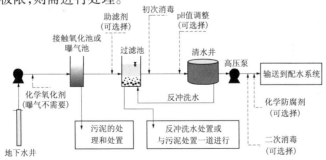

图6.1　水厂去除铁、锰氧化物的基本模式

地下水处理过程主要是去除大量自然或人造污染物。而处理技术的选择取决于其效果、投资、运行维护费和业主的偏好。可将多种处理设备排列成"处理序列",达到去除多种污染物的要求。对于城市水厂来说,常用的处理技术有氧化、絮凝或澄清、过滤和消毒。图 6.2 是典型的地下水用作饮用水的常规处理过程示意图。

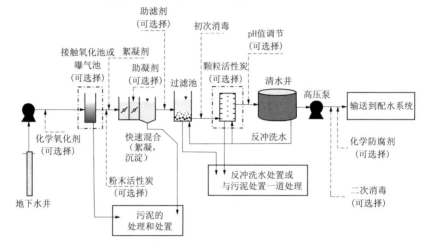

图 6.2　地下水用作饮用水的常规处理过程

在一口井给少量用户供水的情况下,直接在用水地安装水处理系统更为合算。入户端和终端净水设备就是用于这种情况(美国环境保护署,2006a)。入户端设备处理用于家庭、商店、学校等,而终端设备只处理某一水龙头的水。

终端(入户端设备)通常采用与集中式水处理厂一样的处理技术,但其处理强度要高得多,如离子交换树脂的强度达到 70 $m^3/(h \cdot m^2)$ (30 $gal/(min \cdot ft^2)$),而在集中式水处理系统中仅为 2.5 ~ 12 $m^3/(h \cdot m^2)$ (1 ~ 5 $gal/(min \cdot ft^2)$)。终端设备一般安装在厨房的水槽下面,净化饮用水和做饭用水由一个龙头提供,其他水龙头则提供冲洗和清洁用的未处理水。这种配置只在需要的地方进行水处理,运行维护费较低。入户端则通常安装在入户、入建筑物的进口处。

大型的城市供水处理系统、小型水处理系统和单井水处理系统都采用了多种技术去除地下水中的污染物,下面介绍其中最常用的技术。

6.2　氧　化

在地下水处理中,氧化一般都是在水厂的进水主管道进行。氧化剂的类型、剂量和作用时间取决于所要去除的污染物和原水水质的状况。

最简单的氧化方法就是曝气,通常用于铁、锰、砷的氧化,去除硫化氢和挥发性有机物(VOC)。曝气是一个物理过程,将空气中的氧气输入水中,减少溶于水中的二氧化碳,去除水中的挥发性物质。水表面大,则类曝气器、机械曝类和压力类(AWWA 和 ASCE(美国土木工程学会),1998)设备大。地下水处理常用跌水曝气器,主要有喷雾曝气器、多层盘式曝气器、阶式曝气器、锥形曝气器和填料柱。曝气器的选择取决于所需要的转换效率、占地面积和成本等因素。

用于地下水处理的化学氧化剂有氯气、高锰酸盐、二氧化氯和臭氧。表6.1给出了水处理常用的化学氧化剂的标准电位。其中,很多氧化剂还用于消毒,既可加入进水主管道进行氧化和消毒,也可在水处理的下游阶段进行消毒(本章后面将提供消毒的详细信息)。

氯元素历来是小型地下水处理系统最常用的氧化剂。不论是气态氯(见图6.3)还是液态氯(见图6.4),都具有效率高、不需复杂设备、投资小与运行维护费低等优点。但是,更为严格的水质标准和对氯气与天然有机物反应产生的消毒副产物的关注,使很多水厂都不能在进水主管进行加氯预处理(美国环境保护署,1999a),而改用替代氧化物,其中高锰酸盐得到了广泛运用,尤其是对锰含量较高的水,因为锰比铁更难氧化。但高锰酸盐有一个问题,即剂量的精确度不易控制,剂量不足不能形成充分的氧化,而过多又会使粉色水进入配水系统。粉色水虽然不影响健康,但会引起用户的担心和投诉。而且,高锰酸盐剂量过大还会造成常规过滤器表层形成积块,影响运行。

臭氧是水处理中最强的氧化剂(见表6.1)。臭氧极具活性,以至于只能在现场制备。根据水源水质,臭氧不会产生氯化类的消毒副产

表 6.1　水处理常用的化学氧化剂的标准电位

氧化剂	标准半电池电位(V)	氧化剂	标准半电池电位(V)
臭氧	2.08	次氯酸[1]	1.48
过氧化氢	1.78	氯胺	1.40
次氯酸盐[1]	1.64	氯气[1]	1.36
高锰酸钾	1.68	二氯胺	1.34
二氧化氯[2]	0.95		

注:1. 氯可以是氯气、固态氯和液态氯及次氯酸盐。氯气在水中可迅速水解为次氯酸
　　　(HOCl)(White,1999)。

　　2. 二氧化氯的氧化电位可能产生误导,因为其具有选择性(只与某些化合物反应),因
　　　而成为一种非常有效的氧化剂(White,1999)。

资料来源:Singer 和 Reckhow,1999;Stumm 和 Morgan,1996。

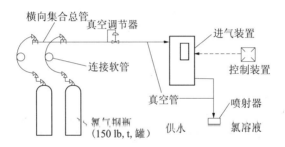

图 6.3　充氯气系统(美国环境保护署,1999a)

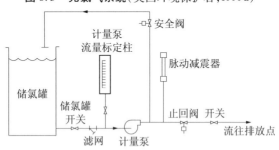

图 6.4　次氯酸盐供给系统(美国环境保护署,1999a)

物,但随原水的水质不同,会产生其他消毒副产物。由于投资和运行维护费较高,臭氧方法常用于较大规模的水处理系统(Singer 和 Reckhow,1999;Kawamura,2000)。

二氧化氯也是近年来比较受关注的强氧化剂,因为这种氧化剂不产生消毒副产物,而且单位投资和运行维护费低于臭氧。二氧化氯与臭氧一样极具活性,也需现场制备。二氧化氯的剂量必须仔细校准,因为其在水中的剩余浓度大于 0.4 mg/L 时,会产生不太好的口感和气味(美国环境保护署,1999a;Singer 和 Reckhow,1999)。

各种污染物的氧化作用细节在本章后面将详细介绍。

6.3　澄清作用

经过氧化处理后,通常接着进行澄清处理,使水中的悬浮物和溶解物(如黏土、泥沙、细小无机物及有机物、溶解性有机物、藻类和微生物等)加速聚积沉淀。常见的澄清过程分三个阶段:首先是在快混池投加混凝剂或 pH 值调节剂,降低静电排斥力,促进其凝聚;然后是絮凝阶段,轻微搅拌水体,使其中的颗粒形成越来越大和越来越重的絮凝物;最后是沉淀阶段,较重的颗粒和絮凝物由于重力作用而沉到水槽的底部(见图 6.5)。Gregory 等(1999)和 Letterman 等(1999)对这类处理设备进行了大量的综述。

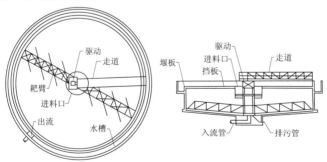

图 6.5　循环放射水流澄清器
(AWWA 和 ASCE,1998;McGraw-Hill 公司;允许转载)

澄清工艺可分为:①高速率澄清器,澄清池较小,表面负荷率高;②溶气气浮工艺(DAF),利用上升的气泡使絮凝物上浮至澄清池水面,然后被撇除(Le Chevallier 和 Au,2004;Gregory 等,1999)。

最常用的絮凝剂有明矾(氢氧化铝)、铁盐和聚合氯化铝。絮凝剂的用量取决于水的 pH 值、碱度、浊度、悬浮固体物(大小和负电荷)、总有机碳浓度(TOC,衡量有机物浓度的指标)和水温等因素。对于低浊度(< 2 NTU,NTU 为散射浊度单位)、低总有机碳浓度(TOC < 2.5 mg/L)、低碱度(< 30 mg/L),且平均水温在 15 ℃左右的原水,铁盐的剂量为 5 ~ 15 mg/L,明矾的剂量为 10 ~ 25 mg/L,聚合氯化铝的剂量为 2 ~ 8 mg/L。对于总有机碳浓度高和水温低的地下水,絮凝剂用量要高得多,铁盐的剂量大于 30 mg/L,明矾的剂量大于 50 mg/L。可在快混阶段和絮凝阶段投入具有不同分子量和电荷的聚合添加剂,或者用絮凝剂代替金属絮凝剂,以改善去颗粒效果和过滤性。聚合添加剂主要依据水质、投入点和处理目标选择。

如果要去除硬度的话,可以在澄清阶段投入石灰或氢氧化钠,增加 pH 值,产生化学沉淀。这可以作为絮凝作用的替代方案。

澄清作用的效果取决于很多因素,包括设备的结构设计、去除颗粒物浓度与类型、絮凝剂的类型与剂量、pH 值、离子强度、温度和天然有机物浓度等。浊度的高低影响水的光学特性,它反映水中颗粒物质对光线的散射和吸收程度(美国环境保护署,1999a)。浊度虽然不是直接测量颗粒物的浓度,但可用于反映澄清作用的效果。浊度高说明饮用水可能受到微生物的污染,因为悬浮颗粒物可能"庇护"微生物躲过消毒关(美国环境保护署,1999b,1999c)。一般,浊度低于 2 NTU 为澄清水的最低限度。

地下水源一般可不进行絮凝和沉淀处理。对于浊度低的优质原水,可在水管内进行絮凝处理,即在直接过滤前将絮凝剂投入原水管道中。由于加入絮凝剂后提高了颗粒物的过滤率,因此也改善了絮凝剂的过滤性能(LeChevallier 和 Au,2004)。

6.4　过滤作用

在完成水的澄清过程后,即可利用过滤去除水中的颗粒物。大多数水厂的过滤都是完成去除悬浮固体的最后一步。过滤包括让水通过一个颗粒状滤料,如沙、无烟煤等的滤床。水中大多数悬浮物被滤床截留,使出水变为浊度低于 0.2 NTU 的清水(Binnie 等,2002)。滤料的大小、过滤率、澄清系统的有效性和改善过滤的聚合物添加剂等因素都可显著影响过滤效果。美国环境保护署规定(2002 年 1 月 1 日):水厂过滤后的饮用水浊度不得超过 1 NTU,任何一个月内95%的日样本水浊度不得超过 0.3 NTU。

6.4.1　快速沙滤器

沙滤器是城市水处理系统中最常见的一种过滤器,由充填了一层或多层有空隙滤料(如沙、无烟煤)的混凝土槽构成(见图6.6)。有些情况下,滤池中还加了一层颗粒活性炭(GAC),用以吸收难溶于水的化学物和消毒副产物前质。这些过滤器的滤水效率为 5 ～ 12 m³/(h · m²)(2 ~ 5 gal/(min · ft²))。水从上层滤料流入,然后向下自

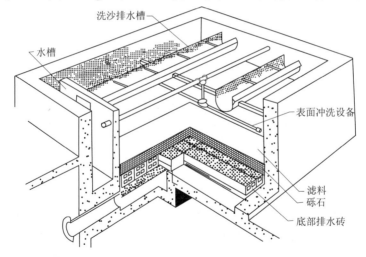

图 6.6　**快速沙滤器**(AWWA 和 ASCE,1998;McGraw-Hill 公司;允许转载)

流,通过底部的集水系统收集并流出。过滤器通过反冲洗过程进行清洗,即反方向冲水去除沉积在滤料表面和滤床内的固体物,在反冲洗水中加入空气可改善冲刷效果。反冲洗的最后工序是排除过滤器中的反冲洗水和固体物质。快速沙滤器要求对操作人员进行高级培训,重点

掌握反冲洗开始的时间和反冲洗操作,并在不影响出水水质情况下恢复过滤。过滤过程中需要进行密切的监测。

6.4.2 慢速沙滤器

慢速沙滤器已使用了几乎两个世纪(美国环境保护署,1999a),它不需先进行絮凝过程,可以处理浊度大于 50 NTU 的水(Schultz 和 Okum,1984),其处理能力为 0.5 ~ 2.4 $m^3/(h \cdot m^2)$(0.2 ~ 1.0 $gal/(min \cdot ft^2)$)(Huisman 和 Wood,1974;Schultz 和 Okum,1984)。滤料由颗粒均匀的细沙组成,放置于水槽内,下部为一砾石层(见图6.7)。与快滤池相似,水靠重力直流通过滤料,经过物理过滤和生物去除的共同作用得以去除悬浮固体和部分微生物。物理过滤去除悬浮固体过程

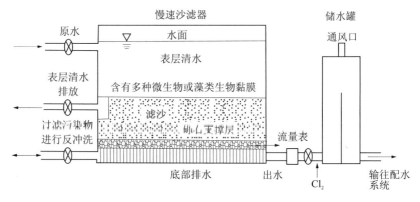

图 6.7 **慢速沙滤器**(AWWA 和 ASCE,1998;McGraw-Hill 公司;允许转载)

中在沙层上面0.5~2 cm 范围处,形成一层污垢和活的有机物,即"污泥层",这是无法避免的(Huisman 和 Wood,1974;Schultz 和 Okum,1984;美国环境保护署,1999b;Binnie 等,2002)。当慢速沙滤器被所截留的杂质堵塞时,要刮除滤料的上层,恢复过滤循环。滤料的清洁工作可由粗工承担(Schultz 和 Okum,1984)。根据水质要求,慢速沙滤器可每隔2~6个月清洗一次(Kawamura,2000)。慢速沙滤器可有效去除悬浮固体,但去除黏土颗粒和颜色的功能有限(AWWA 和 ASCE,1998)。此种沙滤器运行简单、成本低、设计简单、不耗能源,是一种非

常有效的"低技术"水处理方法,特别适用于低收入的城乡社区(WHO
(世界卫生组织),2007)。预制的慢速沙滤器可在市场销售,特别适合
在建造能力有限和处于紧急状态的小型社区安装。

6.4.3　压力过滤器

　　压力过滤器与快速沙滤器十分相似,滤料、去除悬浮固体物的方法
均相同,去除悬浮固体和降低浊度的效果也差不多(美国环境保护署,
1999b),二者的主要差别在于压力过滤器的滤料放在压力容器内,通
常是钢制容器(见图 6.8),驱动水通过滤料的是压力而非重力。压力
过滤器最大的优点是设计紧凑,它不需要几尺深的水来产生静压水头。
压力过滤器在将水输入配水系统时不需再加压,也不会出现快速沙滤
器常见的水阻现象。压力过滤器的缺点是运行情况不可视,且在高压
下被过滤物质可能穿透滤层(美国环境保护署,1999b)。

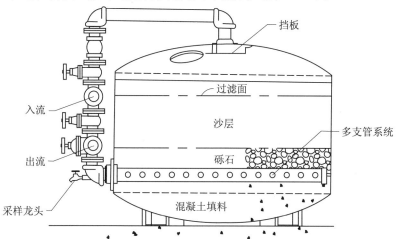

图 6.8　压力过滤器(Cleasby 和 Logsdon,1999;版权属 McGraw-Hill 公司;允许转载)

6.4.4　涂层过滤器

　　涂层过滤器使用很薄的一层细颗粒料作滤料,如硅藻土或珍珠岩,
铺在透水的网或织物垫上。通过压力或真空使水向下通过过滤层截留
其中的固体。当被截杂质积累到一定厚度时,会影响过滤效果,须对过

滤介质进行清洗,恢复过滤循环(美国环境保护署,1999b;LeChevallier 和 Au,2004)。

涂层过滤器的处理能力为 1.2 ~ 5 m³/(h·m²)(0.5 ~ 2 gal/(min·ft²))。其优点是投资较少、无需澄清;缺点是不能处理浊度较高的水。如果滤剂涂层未做好或者运行过程中出现裂缝的话,就会发生去除有色、有味化合物能力减弱的问题(美国环境保护署,1999b)。

6.4.5 袋式过滤器和芯式过滤器

袋式过滤器和芯式过滤器主要用于去除微生物,降低浊度。这类过滤器的孔径都很小,一般可以去除隐孢子虫和鞭毛虫等原生动物,但不能去除更小的病毒和大多数细菌。由于孔径太小,容易堵塞,因此只能处理浊度较低的水。发生堵塞时,袋式过滤器可以冲洗,芯式过滤器就只能更换了。水进入芯式过滤器之前通常加入消毒剂,以防止细菌在过滤器中生长。在较大的水处理系统中,这类过滤器通常安装在反透析膜或其他对悬浮固体敏感的水处理设备之前。由于易于操作和维护,因而适用于小型水处理系统和入户端(终端)净水处理(LeChevallier 和 Au,2004)。

6.4.6 陶瓷过滤器

陶瓷过滤器可以去除流过陶瓷过滤筒孔隙水中的细菌和寄生虫。这种过滤器的处理水量较小,仅用于厨房水槽的净水,但不能去除水中的病毒。如果水中颗粒物含量较大,陶瓷过滤器会很快被堵塞。

中美洲工业研究所的 Fernando Mazariegos 博士开发了一种技术不难而且成本低廉的陶瓷过滤系统(Filtron),用于低收入地区和紧急情况下的水净化(和平陶艺家团体,2007)。这种过滤系统包括一个多孔黏土过滤介质,一个较大的储水罐或带嘴圆桶,以及一个置于底部的水龙头。水从顶部倒入陶瓷过滤器并渗入储水容器中,通过水龙头供水。陶瓷过滤器制造简单,可以取当地的黏土与可燃材料(如锯末或稻壳)加以混合,通过手压和两个铝制模具就可制成一个黏土过滤器。可燃材料在烧制过程中被烧尽后,留下一个由大量细孔构成的网(孔径为 0.6 ~ 3.0

μm)。烧制后,将过滤器正反面涂上胶态微粒银防护层,以抑制细菌生长(和平陶艺家团体,2007)。危地马拉 AFA 与其他组织合作,在 1993 ~ 2005 年对这种陶瓷过滤器的效果进行了研究,发现通过过滤器的应用使腹泻减少了 50%(Johnson,2006)。小型试验显示,大多数细菌和原生动物可被过滤器的微孔机械去除。胶态微粒银可抑制所有细菌的活性(Lantage,2001),但对病毒活性的抑制和去除效果还不清楚。

6.5　膜　滤

新一代的膜滤易于操作,具有良好的性能,故正在逐步取代传统的过滤器。在一定程度上,膜滤还可作为一种消毒方法,因为膜可以完全去除大于滤膜孔径的病原体(见图 6.9)。近年来,过滤技术的投入和运行维护费已显著降低,使其成为吸引人的水处理方式。较小的滤膜还可用于入户端(终端)设备,净化井水。

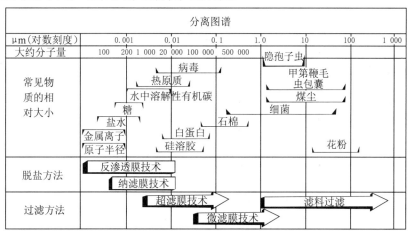

图 6.9　膜滤器(Westerhoff 和 Chondhury,1996;版权属 McGraw-Hill;允许转载)

膜滤过程是通过压力(或真空)使水通过半透性滤膜,截留杂质和少量水。饮用水处理最常用的滤膜有微滤(MF)、超滤(UF)、纳滤(NF)和反渗透(RO)。关于这些滤膜的基本原理、设计和操作在 Mallevialle 等(1996)、Taylor 和 Weisner(1999)及美国环境保护署(2005a)的文章中已有详细介绍。

　　不同材质的滤膜和由其构成的过滤设备可在市场上买到。饮用水净化使用的滤膜基本上为人工聚合物,如纳滤和反渗透的膜由半渗透性醋酸纤维(CA)或者尼龙材料组成,超滤和微滤的膜由醋酸纤维素、聚偏二氟乙烯(PVDF)、聚丙烯腈(PAN)、聚砜(PS)、聚醚砜(PES)或者其他聚合物组成(美国环境保护署,2005a)。滤膜的特性由膜孔径,即截留分子量(MWCO)表示,其单位为道尔顿(Dalton),属质量单位,1 Da 等于 1 个氧原子质量的 1/16(约 1.65×10^{-4} g)。生产商通常利用截留分子量来表征不同类型的滤膜。截留分子量是在特定检测条件下以一定百分比被膜截留的某种已知物质的标称分子量。但当不同厂商的截留分子量试验报告不同时,则在确定一种滤膜的“真实”截留效果时就存在一定程度的不定性(Taylor 和 Weisner,1999)。

　　超滤和微滤膜为聚合孔隙材料,可专门去除悬浮固体,基本原理为筛孔分离。每种滤膜的孔径分布特性因材料类型和生产过程的不同而异。超滤膜的孔径为 0.01 ~ 0.05 μm(正常为 0.01 μm)或者更小(美国环境保护署,2005a)。超滤是去除病毒大小物质(0.01 ~ 0.1 μm)的主要膜滤技术,也可截留那些处于超滤膜孔径下限的有机大分子,如消毒副产物质。水处理中采用的典型超滤膜的截留分子量约为 100 000 Da。微滤膜的孔径为 0.1 ~ 0.2 μm(正常为 0.1 μm)(美国环境保护署,2005a),可有效去除浊度和鞭毛虫或隐孢子虫等较大的原生动物,以及大于 0.1 μm 的细菌。虽然有文献报道还可去除部分病毒,但微滤一般对病毒无效。之所以能去除部分病毒,主要是滤膜表面形成的泥饼层起了作用,它还可去除凝聚的有机物。微滤和超滤膜一般采用中空纤维制造,需要进行定期反冲洗和化学清洗。在规划和设计阶段,必须考虑清洗后残余物的处置方案。

　　反渗透和纳滤的滤膜都利用反渗透过程去除水中的溶解污染物,二者均由半渗透性的醋酸纤维素或聚酰胺材料制成。反渗透滤膜的截留分子量一般小于 100 Da,纳滤膜的截留分子量则为 200 ~ 1 000 Da(美国环境保护署,2005a)。反渗透过滤一般用于海水或半咸水的淡化,且对很多人工合成的有机物(SOCs)也有很强的截留作用(Taylor 和 Weisner,1999);纳滤主要用于溶解性有机污染物的软化或去除。纳滤和反渗透通常用来去除总溶解性物质(TDS)和尘埃类物质粒子。由于膜生产过程中难以避免出现瑕疵,纳滤和反渗透这两种技术都不能用于原水消毒,也不能完全阻止颗粒物透过滤膜。由于不能进行反冲洗,这类膜很容易被堵塞,因而也不能直接处理悬浮固体浓度高的原水。两种技术采用的滤膜均为卷式膜(见图 6.10),其基本原理见图 6.11。纳滤和反渗透可产生连续的高浓度盐水流,必须对滤膜定期进行化学清洗并对残渣进行处置(美国环境保护署,2005a)。

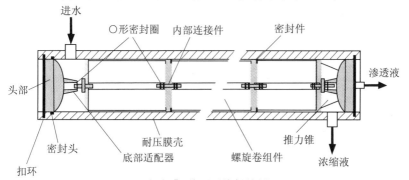

图 6.10　卷式膜(美国环境保护署,2005a)

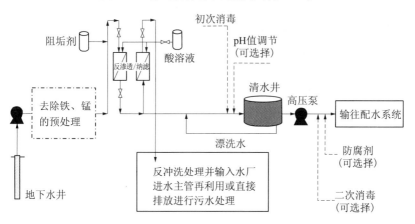

图 6.11　纳滤和反渗透的基本原理

还有一种膜过滤称为电渗析(ED),其过滤过程中水并不通过滤膜,只有离子形式的污染物在电势驱动下有选择性地通过滤膜(美国环境保护署,2005a)。改进后的电渗析法的电极定期反向(EDR),使离子移动方向倒转,从而减少结垢。由于水不是物理过滤的,因此电渗析法不能对病原体和悬浮固体进行物理截留。美国环境保护署认为电渗析能有效去除溶解的离子成分,但严格地说不能算作过滤器(美国环境保护署,2005a)。

6.6　炭吸附

用于饮用水处理的颗粒活性炭(GAC),是由烟煤、椰壳、石油焦炭、木质、泥煤等原料经过研磨、焙烧、高温蒸气活化后形成的一种内部表面积很大且吸附能力很强的多孔介质。

颗粒活性炭过滤是常规过滤后的附加处理措施(Postcontactor),也可以替代传统的滤料(Kawamura,2000),它能像传统滤料那样有效去除悬浮颗粒物。颗粒活性炭的主要优势在于可去除有机化合物,例如能够有效去除芳香溶剂(甲苯和硝基苯)、氯化芳香剂(多氯联苯、氯苯和氯萘)、酚与氯酚、多核芳香剂(苊和苯并芘)、杀虫剂与除草剂(滴滴涕、艾氏剂、氯丹和七氯)、氯化脂肪族(四氯化碳和氯烷基醚)、高分子碳氢化合物(染料、汽油和胺)(技术简报,1997;Faust 和 Aly,1999;Snoeyink 和 Summers,1999)和甲基叔丁基醚(Stocking 等,2000)等人工合成的有机物,还可用于去除天然有机化合物,如腐殖质(消毒副产物前质)、产生溴和臭的化合物(Snoeyink 和 Summers,1999)。

运行时,当活性炭吸附能力耗尽时就必须进行更换。由于原水水质和截留率不同,滤料的更换时间间隔可以为几个月至几年。在有些情况下,可用活性炭进行水的预处理以降低有机物负荷率和去除悬浮固体,这时水中的固体物质容易堵塞活性炭的孔隙。地下水处理中很少使用颗粒活性炭,只是在去除硫化氢时用到它。

6.7　离子交换和无机吸附

离子交换是一个可逆的化学过程,液体中带电分子通过与固态基质相似的带电离子交换,而被去除。在水处理中,固态基质是人工合成的或天然的高分子聚合物、无机物树脂。这类树脂孔隙率较高,因而表面积与分子量之比较高,为去除污染物提供了大量吸附场所。这种树脂通常做成直径小于 $1\sim2$ mm 的小颗粒,然后挤压成过滤柱。

离子交换法可去除水中带电离子(阴离子或阳离子)的成分,如钙(硬度)与其他金属、硝酸盐、重金属、砷、氟化物和放射性核素等。该方法对水质比较稳定(如地下水源)和悬浮固体及有机物负荷率低的水最为有效。有时,用于处理离子交换树脂再生的水是一个问题,因为水中盐浓度高,会对污水处理厂产生不利影响。离子交换是一种简单而经济的方法,所需的投资和人力较少。目前,已开发出了针对特定化合物(如硝酸盐和过氯酸盐)的离子交换介质,它改善了若干离子竞争同一吸附点的问题(Montgomery,1985;Clifford,1999)。图 6.12 为离子交换处理系统示意图。

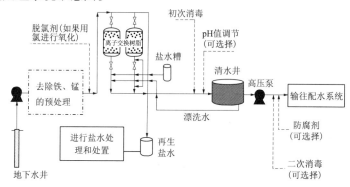

图 6.12　离子交换处理系统示意图

活性铝是通过吸附法去除离子的物理化学过程,其工作原理与离子交换树脂类似。此方法的处理过程是使水流过矾土滤床,污染物被吸附在矾土表面,可去除如砷、铀、铍、硒、二氧化硅、氟化物和腐殖质等。一旦活性矾土的吸附能力耗尽,就要更换或再生滤料(Montgomery,1985;Clifford,1999)。

6.8　生物处理

生物处理法在欧洲得到普遍应用,北美洲也有使用的。生物处理法通过一定的环境诱导形成一个长期活性的生物膜,对水中不希望有的成分进行生物降解或者转换。可通过生物降解去除有机物、致溴致臭物质、一些有机化合物、离子和锰砷等。颗粒活性炭是支持细菌生长的良好介质(尤其是在臭氧化发生之前的情况下),因此可以用于促进某些化合物的生物去除过程。但生物的生长应受到控制,否则它们会脱掉基块进入配水系统,引起细菌数量增加和口感不适与气味不好问题(AWWA 和 ASCE,1998;Geldreich 和 LeChevallier,1999)。颗粒活性炭排放后应进行消毒,以免对地表水体产生不良影响。

6.9　蒸　馏

蒸馏是通过改变温度,使水在蒸发、凝结过程中排除金属和其他无机污染物的方法。由于这种方法不能排除所有的有机污染物,且能源消耗成本高、排出热量大,因此只有小规模的应用,仅在波斯湾地区咸水淡化中大规模采用。

6.10　消　毒

一般水处理的最后阶段都要进行消毒,以保证出水能够达到微生物安全要求(即没有细菌、病毒和原生物寄生虫)。由于水进入配水系统后水质会降低,所以很多水厂都要进行二次消毒。配水系统中的水会受到多种污染,如回流、漏洞和细菌再生长。美国环境保护署规定经过处理的水中必须含有足够多的消毒剂,以防止配水中发生微生物再生长和再污染(美国环境保护署,1999a,2006b)。但这种方式并未得到普遍认同,在欧洲城市就不实行二次消毒。

表 6.2 给出了各种消毒方法的优缺点,表 6.3 列出了部分典型病原体消毒方法的效果。

表 6.2　各种消毒方法的优缺点

考虑因素	氯	氯胺	臭氧	二氧化氯	紫外线
设备可靠性	良好	良好	良好	良好	中等
技术复杂性	低	低	高	中等	中等
安全性	低—高[1]	中等	中等	高	低
杀菌效果	良好	良好	良好	良好	良好
杀病毒效果	良好	中等	良好	良好	中等
对原生动物的效果	中等	差	良好	中等	良好
产生可能影响健康的副产物	高	中等	中等	中等	无
持续剩余浓度	高	高	无	中等	无
对 pH 值的依赖性	高	中等	低	低	无
过程控制	发展成熟	发展成熟	发展中	发展中	发展中
运行维护强度	低	中等	高	中等	中等

注:1. 氯气安全性高,次氯酸盐安全性低。

资料来源:加拿大 Earth Tech 公司,2005。

表 6.3　典型病原体消毒方法的效果

消毒剂	消毒效果			
	大肠杆菌	鞭毛虫	隐胞子虫	病毒
氯	非常有效	中度有效	无效	非常有效
臭氧	非常有效	非常有效	非常有效	非常有效
氯胺	非常有效	中度有效	无效	中度有效
二氧化氯	非常有效	中度有效	中度有效	非常有效
紫外线照射	非常有效	非常有效	非常有效	中度有效

注:表中的较低水平是指在正常剂量和接触时间条件下,只是用于一般性的比较。消毒剂的效果取决于剂量、接触时间和水的特性。

修改数据来源:美国环境保护署,1999a。

6.10.1　氯

　　游离氯可直接用于水的初次或二次消毒,能有效杀灭细菌、病毒和原生动物(如鞭毛虫等)。但原生动物隐孢子虫对氯气有较强的抵抗力。氯气消毒的主要问题在于它易与有机物发生化学反应生成各种卤代消毒副产物,如三卤甲烷(THMs)和卤乙酸(HAAs)。一般来说,氯化过程产生的三卤甲烷和卤乙酸比其他消毒方法要多。而且,氯浓度过高对人体健康有害。美国环境保护署规定,氯的最大剩余消毒水平(MRDL)为 4.0 mg/L(美国环境保护署,1999a,2006b;Singer 和 Reckhow,1999)。除消毒外,氯在水处理过程中还用于其他目的,如前所述的氧化过程。表 6.4 汇总了加氯的原由和相关参数。

表 6.4　饮用水处理中典型氯应用及其剂量

典型应用	剂量	优化 pH 值	反应时间	效果	其他考虑
消毒	最低剂量 2 mg/L[1],出水[2]	7 ~ 8.5	CT 值要求	对病毒细菌效果好,对原生动物无效	可能产生消毒副产物,溴和臭味问题
铁氧化	0.62 mg/mg Fe	7.0	低于 1 h	效果好	
锰氧化	0.77 mg/mg Mn	7 ~ 8 9.5	1 ~ 3 h min	缓慢	低 pH 值时反应时间增加
生物生长控制	1 ~ 2 mg/L	6 ~ 8	不适用	效果好	产生消毒副产物
臭味控制	不同	6 ~ 8	不同	不同	剂量和效果取决于消毒副产物
去色	不同	4.0 ~ 6.8	几秒到几分钟	效果好	高剂量时消毒副产物引起臭味问题
斑马贻贝	2 ~ 5 mg/L 0.2 ~ 0.5 mg/L[1]		休克水平 维持水平	效果好	产生消毒副产物
河蚬	0.3 ~ 0.5 mg/L[1]		连续	效果好	产生消毒副产物

注:1. 剩余,无剂量。

　　2. 对实行二次消毒的水处理系统。

　　修改数据来源:美国环境保护署,1999a。

　　加氯过程常用的形式为氯气、液态次氯酸钠和次氯酸钙(多用于较小的水处理系统)。加氯方法的选择应考虑安全、成本、操作要求、稳定性、有效性、臭气控制、腐蚀性、溶解性及对流量变化的反应能力等。

6.10.2　氯胺

氯胺由于能在配水系统中保持长久的消毒作用,且产生的消毒副产物比氯少,通常可作为二次消毒剂(美国环境保护署,1999a,2006b;Singer 和 Reckhow,1999;Faust 和 Aly,1999)。但近几年来,人们怀疑 N—亚硝基二甲胺(NDMA)、醋酸碘(最具基因毒性的消毒副产物,影响细胞的识别)的形成及管道中的铅浸出等问题与大量使用氯胺有关。美国环境保护署规定氯胺的最大剩余消毒水平为 4.0 mg/L(与总氯相同)(美国环境保护署,2006b)。

6.10.3　臭氧

臭氧是一种对细菌、病毒和原生动物都非常有效的广谱性消毒剂。但臭氧消毒会产生消毒副产物,包括卤代酮、乙醛、酮酸、羧酸和其他可生物降解的有机物。对这些消毒副产物必须充分加以控制(一般采用生物活性的颗粒物介质过滤),以避免系统内生物量的增加。在溴化物浓度较高的水体中,臭氧消毒可导致形成溴酸盐和其他溴化消毒副产物。溴酸盐是一种须控制的消毒副产物,美国规定水中浓度为0.010 mg/L,并限制使用臭氧消毒方式(美国环境保护署,1999a,2006b;Singer 和 Reckhow,1999)。

臭氧不用于二次消毒,这是因为其活性很高,在水中的残留浓度持续时间不长。臭氧的成本也高于其他常用的消毒剂或氧化剂。只有对付耐氯原生动物,或对消毒副产物、口感、气味、颜色有特殊要求时,才采用臭氧消毒方法。

6.10.4　二氧化氯

二氧化氯为强氧化剂,一般作为预氧化剂加入水厂进水主管道,能促进水中离子和锰的去除。近几年已越来越多地用作初次消毒剂,它能使原生动物和细菌失去活性(美国环境保护署,1999a)。

从化学性质看,二氧化氯(ClO_2)不稳定且易分解形成副产品亚氯酸盐(ClO_2^-)和氯酸盐(ClO_3^-)。二氧化氯、亚氯酸盐和氯酸盐均会引起健康问题,且口感及气味不好,常引起投诉(美国环境保护署,1999a;White,1999)。在美国,前两种是控制物质,水中二氧化氯的最大剩余量为 0.8 mg/L,亚氯酸盐为 1 mg/L(美国环境保护署,2006b)。

6.10.5　紫外线消毒

当紫外线作用于微生物时,其 DNA 和 RNA 吸收光能,结构发生改变,降低了微生物感染宿主的能力。紫外线可以有效地用于初次消毒。据观察,微生物越复杂,对紫外线的灭活作用就越敏感,这意味着紫外线对原生动物消毒效果最好,对病毒的效果很差。紫外线对耐氯原生动物(鞭毛虫和隐胞子虫)的杀灭效果很好(美国环境保护署,2006c)。

紫外线消毒是物理过程而不是化学过程,因此不会产生与紫外线有关的剩余消毒剂,这就需要采用其他消毒剂(如氯胺或氯气)进行二次消毒。在饮用水处理中,紫外线并不是一种高效的氧化剂,但它与其他氧化剂(如臭氧)结合使用,能加强对污染物的氧化作用。紫外线可促进自由基反应进程,从而提高臭氧的氧化效果(美国环境保护署,1999a,2006c)。

目前还没有证据证明紫外线照射会产生消毒副产物,但这方面所进行的研究很少,研究重点在紫外线对氯化消毒副产物的影响方面。

使用紫外线的主要缺点是紫外线灯不合适时会漏掉需杀灭的微生物。紫外线强度较低时,有些微生物能够修复紫外线造成的损伤。因此,须最大限度防止紫外线强度降低,这一点十分重要(美国环境保护署,2006c)。

6.11　腐蚀控制

腐蚀可能影响外观、经济性和人体健康。因此,饮用水的供应商都很关注。它会造成水体变色和产生金属异味,因此用户也很关心。水腐蚀会缩短金属水管和石棉水泥水管的使用寿命,造成经济损失;水管腐蚀会使铅、铜、镉、石棉等有毒元素进入水体,威胁到人体健康。

高浓度的硝酸盐和硫酸盐离子会使地下水的 pH 值降低。pH 值低于 7.0 时,水管表面碳酸钙保护层将被破坏,水中的金属粒子将会增加。这就需要在水中加入石灰或氢氧化钠调节 pH 值,增加水的碱度和钙含量。氢氧化钠将过多的二氧化碳(如果有的话)转换为碱性成分。有时也使用化学防腐剂配合 pH 值控制,或者单独进行防腐。磷酸盐、磷酸锌和硅酸盐是广泛使用的防腐添加剂,但具体应用时须进行试验(德国燃气及饮用水规范,AWWA,ASCE,1996)。

6.12　去除地下水中特定成分

经济、有效地去除地下水中的污染物是地下水供应商面临的挑战。以下将介绍用于去除地下水中最常见污染物的方法。

6.12.1　铁和锰

人们一直认为铁和锰都不会对人体健康产生不利影响,只不过影响外观而已。但 Hafeman 等在最近的研究(2007)中指出,孟加拉国婴儿死亡率极高,与其接触高浓度锰的饮用水有关。高浓度的铁可改变水的颜色,污染洗衣房和锈蚀自来水管道。此外,氢氧化铁的细菌可使水产生气味,促进配水系统中铁细菌的生长(Kawamura,2000)。锰也会产生类似的问题,导致"黑水",在接触面上形成棕黑色锈斑。当水中的铁和锰浓度达到 0.5 mg/L 和 0.05 mg/L 时,就会使水产生异味(Montgomery,1985;Faust 和 Aly,1999)。

产生铁、锰问题的水体一般氧含量低、铁锰浓度高。在缺氧条件下,少量铁锰溶于水,这种水抽到地表暴露于大气压时,化学平衡被打破,铁锰就会沉淀在水管、衣物、碟碗和器皿上。承压含水层和深水井的水都处于缺氧条件,较浅的水井也可能存在贫氧问题。在碱含量低的地下水体中碱浓度小于 50 mg/L,铁浓度可高达 10 mg/L 以上,锰浓度达到 2 mg/L(Kawamura,2000)。

6. 12. 1. 1　氧化

去除铁、锰是地下水处理的一贯目标。很多处理系统都是利用氧化、絮凝(沉淀)和过滤等方法去除铁、锰。氧化通常在水厂进水主管进行,将可溶解的 2 价离子(Fe^{2+} 和 Mn^{2+})转变为不溶于水且有色的 3 价离子(Fe^{3+} 和 Mn^{3+})(Montgomery,1985)。饮用水处理所用的氧化方法有曝气、氯、高锰酸盐、臭氧和二氧化氯(Kawamura,2000)。表 6. 5 给出了铁、锰氧化所需氧化剂的剂量。

表 6.5　铁、锰氧化所需氧化剂的剂量

调和剂	去除水中铁锰所需氧化剂剂量	
	Fe^{2+} (mg/mg Fe)	Mn^{2+} (mg/mg Mn)
Cl_2	0. 62	0. 77
ClO_2	1. 21	2. 45
O_3	0. 43	0. 88[1]
O_2	0. 14	0. 29
$KMnO_4$	0. 94	1. 92

注:1. 利用臭氧氧化锰的优化 pH 值,范围为 8 ~ 8. 5。

资料来源:Reckhow 等,1991;William 和 Culp,1986;Langlasis 等,1991。

阶梯式盘形曝气器(Cascading Tray Aerators)用于铁、锰氧化过程。对于含铁、锰与腐殖质或其他有机分子混合的水体,由于氧气是较弱的氧化剂,不能分解金属与有机物的结合体,曝气效果差。当 pH 值小于 9. 5 时,锰的氧化过程很缓慢(需几个小时)(美国环境保护署,1999a)。

氯气、高锰酸盐、臭氧和二氧化氯在将铁锰转化为不溶解化合物时非常有效。高浓度的天然有机物阻碍铁锰的氧化,需加大氧化剂用量,但氯浓度的增加将产生更多的消毒副产物,高浓度的高锰酸盐使水呈现粉色,高剂量的臭氧可将锰氧化为高锰酸盐,而较高含量的二氧化氯剩余会产生臭气味。

6. 12. 1. 2　絮凝(沉淀)

氧化阶段之后,通常用澄清法去除较小的铁、锰颗粒。胶态锰粒径

石灰－纯碱或烧碱进行沉淀的方法,具体选择取决于成本、总溶解固体(TDS)、污泥产量、pH 值和化学物品储存等因素。用烧碱进行软化的成本一般要比石灰和石灰－纯碱高。在多数情况下,石灰和石灰－纯碱软化可有效降低总溶解固体,而烧碱软化则相反。石灰和石灰－纯碱软化产生的污泥比烧碱软化的多。多数含碳酸盐的硬水可单采用石灰进行软化,含非碳酸盐为主的硬水则需采用石灰与石灰－纯碱相结合的方法处理。化学物品储存的稳定性和加药系统堵塞是硬水软化处理面临的问题。熟石灰易吸收水分及水中的二氧化碳而使后者结块,生石灰也可能熟化,从而出现类似情况。在进行沉积软化之前要将高浓度的二氧化碳含量降下来,否则需用更多的化学物,也会产生更多的污泥。但烧碱在储存过程中不会变质,也不会堵塞加药系统。也可采用曝气处理(Montgomery,1985;AWWA 和 ASCE;Kawamura,2000)。

对于沉淀式软化水处理厂,密切监控 pH 值是非常重要的,水的 pH 值达到 10 时才能形成碳酸钙沉淀。如果还需要去除镁,则需将 pH 值提高到 11。若 pH 值达不到要求,则可能导致石灰沉积沉淀,形成"垩质化",将造成整个滤床不可修复的损坏(AWWA 和 ASCE,1998;Kawamura,2000)。

化学沉淀法软化水方法很容易形成碳酸钙垢。一般在沉淀处理之后通过二氧化碳和 pH 值控制进行再碳酸化,降低 pH 值,减轻后续处理设备和配水系统结垢。通过低浓度聚磷酸盐(1～10 mg/L)也可抑制结垢(美国水工程协会和美国土木工程学会;Kawamura,2000)。

由于沉积软化法投资大,操作复杂,较小规模的饮用水处理系统很少采用,而以离子交换处理法替代,即让水流过树脂珠粒填充柱,使 2价金属离子与钠离子交换。对于饮用水,总流量中只有一部分在与未处理水混合之前处理硬度,减少钠离子。其他较少采用的降低硬度的方法有频繁倒极电渗析技术和反渗透与纳米过滤技术。

6.12.3　硝酸盐

硝酸盐污染是地下水水源经常遇到的问题,主要是由含氮化肥、畜牧养殖或污水处理所引起的,也有硝酸盐天然沉积的原因。饮用水中硝酸盐含量高,会转变成致癌的亚硝胺和引起高铁血红蛋白血症。这种病可以引起"蓝婴"综合症,牛奶喂养的 6 个月以内婴儿特别容易致病。美国环境保护署(美国环境保护署,2006b)目前规定,饮用水硝酸盐污染物浓度最大(MCL)不超过 10 mg/L(以 NO_3—N 计)。世界卫生组织指南(WHO,2006)规定标准为硝酸盐含量不超过 50 mg/L(以 NO_3 计)。这两种标准的关系是前者以 NO_3—N 计的浓度为 10 mg/L,则相当以 NO_3 计的 44.3 mg/L。

　　离子交换和反渗透技术是减少饮用水中硝酸盐最常用的处理方法。离子交换过程中,部分水流过一个特别树脂,用其他离子(通常是氯化物阴离子)替换硝酸盐阴离子。硫酸盐可优先于氯化物阴离子与硝酸盐交换,形成常用的树脂。这种树脂(离子交换过程)不但能去除硝酸盐/亚硝酸盐,且可降低硝酸盐"倾泻"(离子交换柱饱和时发生硝酸盐大量释放)发生的可能性。

　　美国北卡罗来纳州 White Oak 村供水水源是一口 94.6 L/min(25 gal/min)的水井,向 42 户家庭供水。原水检出硝酸盐浓度大于 10 mg/L(以 N 计)。在小规模试验之后,供水商选择离子交换法降低硝酸盐浓度。为降低滤出液的量和处理成本,仅对 50% 的水进行处理。处理水与未处理水混合后,硝酸盐浓度仅为 3 mg/L(以 NO_3 计),远低于饮用水允许的硝酸盐最大浓度(10 mg/L),(以 NO_3—N 计(等于以 NO_3 计的 44.3 mg/L)——译者注)。离子交换设备反冲洗滤出液先收集于储存槽,然后输送到污水处理厂处理。

　　大多数膜材料都不能很好地滤除硝酸盐,但反渗透技术的效果较好。这一技术的滤除率达到 90%,足以将硝酸盐降低到可接受的水平。意大利大米兰区水处理系统就是利用反渗透法去除硝酸盐的(Elyanow 和 Persechino,2005)。通用电气公司 Italba 在 9 个地方安装了 13 个反渗透膜处理设备,以降低水井中水体的硝酸盐浓度。这些井水的硝酸盐浓度达到 50 ~ 60 mg/L(以 NO_3 计),须降至 40 mg/L(以 NO_3 计)以下,且处理液的排放浓度应低于 132 mg/L。为了最大限度地降低水处理成本,将经反渗透过滤处理的水与原水按 2:8 的比例混合。用反渗透法处理的水出水率约为 60%,采用混合方式可使总的出水率提高到 77% ~ 88% 。这一系统采用集中控制方式运行,数据资料由通用电气公司米兰办事处管理。

频繁倒极电渗析法利用硝酸盐阴离子的静电特性去除硝酸盐,其出水率超过 90% ,特别适用于对出水率要求很高的水厂(Elyanow 和 Persechino,2005)。据通用电气公司报告,目前世界上采用这种方法的例子不少,其中百慕大、特拉华和意大利的水厂 10 年来已能用此技术提供了可靠的服务(长达 10 年),硝酸盐去除率达到 69% ~ 93% ,见表 6.7。通过技术改造,频繁倒极电渗析系统的性能目前又有提高(Elyanow 和 Persechino,2005)。

表 6.7　通用电气公司频繁倒极电渗析技术去除硝酸盐的情况

项目	百慕大	特拉华	意大利
产量(m^3/h)	94.6	63.1	47.3
回收率(%)	90	90	90
脱盐阶段	3	3	3
硝酸盐加入量(mg/L,以 NO_3 计)	66	61	120
硝酸盐产量(mg/L,以 NO_3 计)	8.8	4.5	37
总溶解固体加入量(mg/L)	278	11	474
NO_3 去除率(%)	86.7	92.6	69.2
总溶解固体去除率(%)	81	88	53

注:资料来源:Elyanow 和 Persechino,2005。

反渗透技术是入户端/终端处理系统去除硝酸盐最常用的方法,在日出水量不大的情况下最为经济。离子交换技术存在硝酸盐"倾泻"的风险,对树脂的要求很高。还可采用蒸馏法去除硝酸盐,蒸馏法是在絮凝处理后将水煮沸并收集蒸馏水,可去除全部硝酸盐,但非常耗电,不适合大规模应用。应该指出,水煮沸本身非但不能去除硝酸盐,还会增加其浓度。

6.12.4　总溶解固体

总溶解固体是指存在于水中的全部可溶解固体,包括钙、镁、钾、钠、碳酸氢盐、氯化物和硫化物等无机盐,以及一些有机物和可溶矿物质,如铁、锰、砷、铝、铜和铅等。总溶解固体来源于地层、排放的污水、城市雨水和工业废水。

总溶解固体的测定是先让水样流过一个很细的过滤器(孔径为0.45 μm),滤除悬浮固体,然后进行蒸发,最后称残留物的重量(美国联邦公告,2007)。这种方法只能测定总量,而不能确定固体物质的性质,所给出的结果只能作为水质的总体指标。

总溶解固体含量高不一定会影响人们的健康,但会导致供水外观不好,降低洗涤剂效果,锈蚀水管,结垢和使水变咸。出于这些考虑,美国环境保护署规定总溶解固体二级最低污染物浓度为 500 mg/L。世界卫生组织饮用水水质指南(2006)未规定总溶解固体物的标准,但认为总溶解固体大于 1 200 mg/L 时对人体是有害的,太低则使水淡而无味,也不可取(WHO,2006)。比较而言,海水的平均总溶解固体含量为35 000 mg/L。表 6.8 给出了水源水按总溶解固体浓度进行分类的标准。

表 6.8　水源水按总溶解固体浓度进行分类的标准

水源	水中总溶解固体(mg/L)
饮用水	<1 000 ~1 200
轻度咸水	1 000 ~5 000
中度咸水	5 000 ~15 000
重度咸水	15 000 ~35 000
海水	35 000

注:资料来源:WHO,2006;美国国家研究委员会,2004。

选择总溶解固体的处理方案取决于所要去除的溶解物质。如果要去除的主要是钙、镁和铁,可采用软化或离子交换过程(详见去除硬度的有关内容);如果要去除的是钠盐、钾盐,则可用反渗透、电渗析或蒸馏等方法。

近年来,采用反渗透法和电渗析法与蒸馏法相结合的方法,具有技术先进、投资与运行成本较低的优点,已成为水资源开发与管理的选择方案,尤其适用于干旱内陆地区,可直接为那些地下水为咸水、超采区、水质退化区等的社区提供饮用水。在美国西部、中东、地中海地区、中亚和北非,有许多反渗透和电渗析咸水淡化厂处理有咸味的地下水,供饮用、灌溉和工业等。目前,一些大城市已建成大型反渗透咸水淡化厂(见表6.9),一些小型社区则建成了小型反渗透咸水淡化厂。

表6.9　世界上最大的咸地下水淡化厂

位置	日处理水量(m³)	开始运行时间
西班牙,马拉加	165 000	2001 年
沙特阿拉伯,瓦西雅	200 000	2004 年
以色列,内盖夫–阿拉瓦	152 000	2006 年
约旦,Zara Maain	145 000	2005 年
伊拉克,未披露具体位置	130 000	2005 年
美国,埃尔帕索	104 000	2007 年
巴基斯坦,瓜达尔	95 000	2006 年
伊朗,班德埃纳姆	94 000	2002 年

注:资料来源:Wagnick/GWI,2005;埃尔帕索水务局,2007。

得克萨斯州埃尔帕索和布利斯堡水务局为减少 Hueco 和 Mosilla Bolson 地下含水层的超采,建成了一个咸水淡化厂,每天可处理 104 088 m³(2 750 万 gal)的水。该厂以侵入淡水含水层的咸地下水为水源,从而减少了淡水用量,促进了淡地下水位的稳定。埃尔帕索和布利斯堡两个城市除由格兰德河供地表水外,咸水是重要和丰沛的水源。Hueco 和 Mosilla Bolson 含水层的咸水量是城市需水量的 6 倍(埃尔帕索水务局,2007;Hutchison,2007)。在建成的咸水淡化厂中,首先采用过滤减少了悬浮固体,然后进行反渗透处理,淡水产出率达83%。经反渗透处理后的脱盐水再与淡水混合,经过 pH 值调节和消毒,进入配水系统。脱盐过程中产生的浓缩咸水注入地下岩层(埃尔帕索水务局,2007)。

沙特阿拉伯农业部于 2007 年委托兴建了为利雅得供水的瓦西雅水厂。该水厂通过软化、过滤和反渗透,日处理咸地下水 200 605 m³(5 300 万 gal)。浓缩咸水输入蒸发塘,在太阳照射下进一步浓缩。

通常,反渗透处理可去除一些溶解性碱成分,从而降低被处理水的 pH 值。因频繁倒极电渗析处理不能显著降低水的 pH 值,因此处理后的水与源水的 pH 值相近。此两种方法都可将总溶解固体降至很低的水平。在配水系统中,pH 值和总溶解固体过低对水质有不利影响,尤其是在管道输送具有不同化学特性水的情况下更是如此。必须考虑水化学特性变化对管理腐蚀和管道水垢稳定性的影响,并采取充分预防措施,如将脱盐水与其他源水混合,加入氢氧化钠(苛性碱)或石灰将水体的 pH 值提高到 7.5~8.0,或者加入防腐剂等。

6.12.5　放射性核素

基岩裂隙含水层通常存在可溶于水的放射性矿物质,甚至造成部分井水放射性核素含量超过饮用水标准。不同的放射性核素有不同的去除方法。由于涉及放射性,因此必须解决设备与废物处置和隔离问题。

为去除放射性核素,一般采用如下方法(Montgomery,1985;Faut 和 Aly,1999):

(1)蒸馏可以去除除氡气外的所有放射性矿物质。由于蒸馏耗电量大,故实际中仅用于入户端/终端净水设备。

(2)反渗透处理和频繁倒极电渗析可去除铀、镭 - 226 与镭 - 228、总 α、总 β 和质子发射体。由于滤出颗粒被废水带走,因此放射性核素不会在滤膜中积累。

(3)阳离子交换可去除镭 - 226 与镭 - 228 和带正电荷的总 α 污染物。

(4)阴离子交换可用于去除铀和带负电荷的总 α,当 pH 值大于 6.0、铀带负电荷时,效果更好(当 pH 值小于 6.0 时可能是非负离子)。当 pH 值大于 8.2 时,铀可能会沉淀,成为固体。因此,铀的阴离子交换处理法只能在 pH 值处于 6~8 时才能进行。

(5)当采用高锰酸钾海绿石等氧化过滤铁锰时,也可以去除放射性核素(特别是镭)。

(6)有些放射性核素的去除(特别是铀、镭 - 226 和镭 - 228)也可在絮凝/沉淀和石灰软化处理过程中进行。为了确定这些过程是否充分去除放射性核素,必须对处理后的水进行检测,确定放射性核素的浓度。

　　氡是地下水中一种特别的放射性污染物,它是由镭和铀在岩石风化过程中放射性自然衰减产生的放射性气体。美国国家研究委员会(NRC,1999)指出:"在所有构成天然本底辐射的放射性同位素中,氡对人体健康的影响最大。"氡通过呼吸道进入人体,对肺的危害特别大。水可将土壤中的气体带入住户,在淋浴、洗衣或洗碗时与人体接触。氡对单井用户和小型水处理系统带来的问题要比大型处理系统大,这是因为氡的衰减较快(半衰期只有 3.825 d),大型水处理系统经过一定时间的储存,可显著降低其对人体的危害。美国还没有一个全国性的对氡含量的规定,但美国环境保护署提出了降低氡对人体健康风险的新规定(1999 年联邦公告 64 号)。安装在水龙头或水槽下面的终端净水器只能处理入户水量的一小部分,也不能防止淋浴或洗衣时释放出氡气。建议采用曝气、颗粒活性炭和入户端净水处理加颗粒活性炭等方法去除氡(NRC,1999;美国环境保护署,2003)。曝气方法最为有效,但为了避免室内污染,必须安装适当的排气系统。活性炭处理需要大量的炭滤料和较长的接触时间,而且在活性炭饱和时还要在密封的槽罐进行更换,以避免积累的氡气泄漏。对于贮存氡的容器必须采取专门的技术进行处理(美国环境保护署,2003)。

6.12.6　硫化氢

　　地下水中的硫化氢主要是细菌在厌氧条件下分解植物或其他有机物产生的,即使浓度极低,也会产生臭鸡蛋气味和金属口味。硫化氢可与许多金属发生反应,产生硫化铁黑色沉淀。

　　曝气可去除水中的硫化氢,氧化也可降低硫化物的含量,减轻臭味问题。氯、臭氧、高锰酸盐和过氧化氢都成功地用于此类处理。颗粒活性炭或粉末活性炭吸附也适用于吸附硫化氢,尤其适用于终端/入户端处理系统(Montgomery,1985;Faut 和 Aly,1999)。

6.12.7 挥发性有机物和合成有机物

地下水中的有机物质来自各种污染源,其中多数会严重威胁人体的健康。有效去除饮用水中有机物的方法一般有 3 种,即曝气法、活性炭吸附法和氧化法。颗粒活性炭吸附法可有效去除挥发性有机物和合成有机物。粉末活性炭吸附法可有效去除部分合成有机物。

三氯乙烷和三氯乙烯等挥发性有机物很容易通过空气吹脱法去除。空气吹脱产生的尾气必须进一步处理,避免空气污染。空气吹脱可以通过填料塔吹脱、倾斜阶式曝气法或膜气提法来完成。尾气中的挥发性有机物一般用粉末活性炭柱去除。

有些有机污染物与氧气和类氧化合物发生化学反应,所产生的化合物对人的危害程度降低,但还须进一步处理。

氧化物可以是高锰酸钾、过氧化氢和次氯酸盐,而臭氧氧化可有效去除一些挥发性有机物和合成有机物(Montgomery, 1985; AWWA 和 ASCE, 1998; Faut 和 Aly, 1999; Kawamura, 2000)。

6.12.8 总有机碳

总有机碳是量化水中天然有机物含量的总量指标。总有机碳本身并非有害化学物,但与消毒剂特别是氯结合,可产生对人体健康不利的消毒副产物。此外,为了改善水的外观质量(颜色),减少配水系统形成细菌食物源的机会,必须去除水中的天然有机物。去除水中总有机碳的主要方法如下(Singer, 1999; Letterman 等, 1999): ①强化混凝(低 pH 值); ②改性石灰软化(pH 值大于 10,加入少量铁系或铝系絮凝剂); ③颗粒活性炭柱; ④臭氧/生物过滤; ⑤合成铁基树脂; ⑥反渗透处理。

6.12.9 砷

砷是岩石和土壤的天然成分,可溶解于水并渗入地下水中。近几年来,地下水砷污染已日益受到关注。世界卫生组织指南和欧美的砷标准为 0.001 mg/L。根据美国国家科学院的评价,使用这种砷含量的水会招致显著的健康风险(美国国家科学院,2001)。单人每天饮用 2 L 含 0.001 mg/L 砷的水,则其患致命的膀胱癌或肺癌的风险大于 1/300,远高于美国环境保护署所提出的致癌允许风险(小于 1/10 000)。

美国环境保护署根据去除效率、运行情况、地区适用性、大型水处理系统成本、使用寿命和合规性,提出了 7 项处理砷的可行技术(美国国家科学院,2001),各项技术的效能取决于砷的氧化状况。处理 5 价砷的效率比处理 3 价砷的高,这是因为 5 价砷离子带负电荷,很容易通过具有静电作用的方法去除。而 3 价砷不带电荷,美国环境保护署所提出的 7 项技术很难去除,需要先将 3 价砷转变为 5 价砷再进行处理(美国环境保护署,2000;美国联邦公告,2001)。

6.12.9.1　最佳处理方法

1)离子(阴)交换

离子交换是通过氯化物或其他阴离子与阴离子砷的交换而去除砷的方法。至今已有多种成熟的离子交换水处理系统设计方案,有些是受专利保护的。离子交换与氧化预处理可将排放水中总砷浓度降低到 0.003 mg/L(加拿大卫生部,2006)。据实验室研究,阴离子交换柱法可将水中的砷含量由 0.21 mg/L 降至 0.002 mg/L(Clifford 等,1999)。还可以采用吸附介质法处理含砷的水,但水中的硫酸盐、总溶解固体、硒、氟化物和硝酸盐等要与砷竞争吸附点,从而缩短吸附介质的速胜寿命。悬浮固体和离子沉淀法还会堵塞吸附柱,需要进行预处理予以清除。图 6.12 显示了离子交换处理系统的基本工作原理,首先用氯气(或其他氧化剂)氧化地下水,然后经过滤筒去除污泥和盐。如果用氯气进行氧化,应在树脂之前加入脱氧剂,以减缓树脂退化速度,但脱氧剂可能会增加水体中的总溶解固体浓度。处理过程排放的盐水含有高浓度的总溶解固体和砷,不能排放或被污水处理厂接受,须用离子盐进行处理,所产生的高砷沉淀物只能进行填埋,而液体由蒸发池散发。

2)活性铝

活性铝是一种颗粒介质,由氢氧化铝在高温下脱水制成,具有较强的吸附能力,主要用于去除水中的离子,常用于城市供水系统去除砷。

据研究,活性铝除砷效率高,排放水中的砷含量小于 0.01 mg/L(加拿大卫生部,2006;Simms 和 Azizian,1997)。活性铝对砷的吸附优于硫酸盐和其他主要离子,其对去除砷的效果可以维持较长时间,但其对 pH 值较敏感,只能在 pH 值为 5.5~6 时工作效果最佳。这意味着必须在活性铝柱处理之前加酸,再在处理之后增大 pH 值,以避免腐蚀问题。处理介质需加入强碱,再用酸中和进行再生利用,也可以更换新介质并填埋废介质。从操作方面看,最安全的配置是用两个活性铝柱进行顺序处理,第一个去除大部分的砷,第二个去除剩余的砷。当第一个柱的介质更换后,与原第二个柱交换位置,承担去除剩余砷的任务,而原来的第二个柱用于去除大部分的砷。这种方式可以防止砷穿透情况的发生。活性铝处理所产生的废物包括介质再生所用的苛性碱溶液和从介质去除的砷,其量不到处理水量的 1%。

3)反渗透膜技术

反渗透膜技术除能有效去除阳离子和阴离子砷外,还能对各种污染物和水垢进行拦截,因此需要经常进行反冲洗,其缺点是产生的废液量大(占处理水量的 20%~25%),在缺水地区不适用,且需要对废液进行处理,增加成本。反渗透技术的去除率高,但不太可能专门用于去除砷。

4)改性絮凝(过滤)

可通过加入氢氧化铝和氢氧化铁吸附砷,经沉淀或过滤去除。吸附所需的水最佳 pH 值在采用氢氧化铝时约为 7,采用氢氧化铁时提高到 8。硅与砷在 pH 值大于 7 时会竞相吸附在氢氧化铁上,但水中总有机碳浓度高可能降低吸附作用。这一技术的缺陷是产生大量受砷污染的污泥,需要在危险废物填埋场和大型沉淀池进行处置。通常,地下水处理系统的重点不是去除颗粒物,一般只使用小型的澄清设备。由于成本高,改性絮凝/过滤处理过程不太可能专门用于去除砷。

5)改性石灰软化

水的 pH 值高到能形成 Mg(OH)$_2$ 沉淀时(通常为 10.5 mg/h 或者更高),石灰软化法就能去除砷。该法也存在砷污泥处理的问题,且除砷的效率不高。

6）频繁倒极电渗析

频繁倒极电渗析方法处理后水的水质可达到反渗透技术的水准，其主要优点是自动化程度高，不需要加入化学物，但成本高，产水率较低（70%~80%），不适于缺水地区采用。

7）氧化（过滤）

氧化（过滤）法在去除铁的过程中形成铁砷混合沉淀。铁粒子含量越高，除砷效果越好。据 Subramanian 等的研究（1997），铁砷比起码应达到20:1；当铁砷比降为7:1时，砷的去除率仅为50%。其他离子对去除效果的影响不大。对于3价砷，需要经过氧化使3价砷转变为5价砷。美国环境保护署建议，此法适合处理高铁低砷原水。表6.10汇总了美国环境保护署2001年提出砷的最大去除率标准（美国联邦公告，2001）。

表6.10 美国环境保护署去除砷的最佳可行技术及
5价砷去除率（可能需要预氧化）

处理技术	最大去除率（%）	处理技术	最大去除率（%）
离子交换（硫酸盐 ≤ 50 mg/L）	95	改性石灰软化（pH 值 > 10.5）	90
活性铝	95	频繁倒极电渗析	85
反渗透	> 95	氧化（过滤）（铁砷比 20:1）	80
改性絮凝（过滤）	95		

注：资料来源：美国联邦公告，2001。

6.12.9.2 有效处理方法

以下介绍一些未被美国环境保护署列为最佳，但被认为有一定效果的砷处理技术。

1）絮凝（膜过滤）

运用小剂量（低于10 mg/L）的铁系絮凝剂（管道投放）结合微滤或超滤膜过滤，去除水中的砷。砷先吸附于铁系絮凝剂形成的絮凝物，然后通过膜过滤清除。根据原水水质情况，铁系絮凝剂的用量为5~

20 mg/L。这种方法不需要形成大块的可沉降絮凝物,因此减少了污泥量,且化学物用量少,占地面积较传统处理方法小。与传统处理方法相似,pH 值大于 8 或水中存在高水平硅或总溶解固体时,除砷效果会降低。滤膜需要不时地用苛性钠和柠檬酸进行清洗,除去聚积在膜表面的铁砷絮凝物,冲洗时间间隔为 30 ~ 60 min。冲洗时产生砷含量不高但钠与有机碳含量高的废化学清洗溶液和砷含量高的废水。前者通常直接排入污水管道系统,后者也可排入污水管网(如果总溶解固体浓度较低),或者进行沉淀处理。

在新墨西哥州的阿尔伯克基进行了一项试验,在铁絮凝之后再进行直接微滤可以有效去除 5 价砷,处理后水的砷含量均低于 2 mg/L(Clifford 等,1997)。铁絮凝法和微滤法各自都进行过实际运行的检验,但二者结合使用还没有实际运行的经验(美国环境保护署,2000)。

颇尔公司的 Pall Aria® 微滤系统首次将二者结合使用(见图 6.13)。为了优化砷的去除,在过滤前向水中加入氯化铁。阴离子砷被吸附到带正电荷的氢氧化铁颗粒上,然后通过微滤法去除。膜表面沉积的氢氧化铁 – 砷通过反冲洗去除。

图 6.13 Pall Aria® 微滤系统(图片由 Pall 公司免费提供)

内华达州法伦的派尤特族与肖尼族部落为达到美国环境保护署规定的饮用水最大砷含量标准,安装了 Pall Aria® 微滤系统。据报告,该系统能够将高达 160 μg/L 的砷浓度降低到难以检测的水平,即低于 0.002 mg/L(Wachinski 等,2006)。

2)粒状氢氧化铁

基于铁基颗粒介质能吸附砷的原理开发的粒状氢氧化铁法(GFH)技术具有良好的应用前景。此技术即使在 pH 值高达 8 的情况下也可有效去除砷,而且不需要进行预氧化,但硅磷浓度过高时除砷效率会下降。与传统的过滤器相似,水从顶部进入过滤器后流过滤床。水流过滤床时,滤床介质吸附的砷也在增加。当介质的吸附能力耗尽时,水中的砷就要穿透滤床,此时必须启用新滤床。对使用过的滤床可用苛性碱溶液清洗,但需消耗很大的能量才能使清洗液穿透滤床,故一般只一次性使用(美国联邦公告,2001)。这一技术较适用于小规模水处理情况。

3)纳滤

纳滤膜采用静电排斥原理滤除砷酸盐,滤膜不易被堵塞,产水率高于反渗透法。Sato 等(2002)对快速沙滤器和纳滤的除砷性能进行了比较,当原水砷浓度大于 50 μg/L 时,纳滤法可去除 95% 的 5 价砷和 75% 的 3 价砷,而且不需化学添加物。快速沙滤器不能去除水溶性 3 价砷。根据研究,纳滤膜适用于各类水体的除砷要求。

4)锰绿沙过滤

锰绿沙过滤法是使原水中所含的砷在过滤时被氧化并沉积于滤料上。与氧化/过滤相似,去除效果取决于水质情况,特别是铁砷比(Subramanian 等,1997)。Subramanian 等 1997 年在实验室用高浓度 3 价砷(200 mg/L)自来水进行试验,铁砷比从 0 增加到 20,砷的去除率从 41% 提高到 80%。硫酸盐和总溶解固体对砷的去除没有多大影响。据在加拿大萨斯喀彻温省凯利亚村进行的锰绿沙过滤生产性试验,除砷率为 90% ~ 98%,原水砷浓度为 54 μg/L,处理后降至 2.2 μg/L

(Magyar,1992);原水总铁浓度为 1.97 mg/L,铁砷比为 33,平均 pH 值为 7.2 ~ 7.3。加拿大卫生部于 2006 年编制的砷处理技术指南指出本技术仅适用于除砷率不高的水处理系统,因为高去除率要求高铁砷比。该方法操作简便和成本较低,适用于偏远地区和发展中国家。

6.12.9.3　其他技术

其他因能够去除砷而受到关注的技术如下:

(1)慢速沙滤器。不需预氧化每升地下水就可去除含砷量 14.5 ~ 27.2 μg 的地下水,去除率达 96%(Pokhrel 等,2005)。

(2)生物活性炭过滤。不需预氧化就可去除地下水中 97% 的砷,加臭氧后达到 99%(Pokhrel 等,2005)。

(3)纳米聚合物微珠。据爱达荷州国家实验室的试验,此方法可100% 去除 pH 值大于 7 且硅浓度较高的地下水的砷(Patel-Predd,2006)。

(4)钛基吸附介质。美国陶氏化学公司生产的 ADSORBSIA™ GTO™ 是一种氧化钛颗粒介质,对砷、铅和其他重金属具有超强的吸附能力。

(5)合成陶瓷材料。美国俄亥俄州纽伯里的康科公司拥有专利的 Macrolite® 压力过滤工艺属陶瓷介质除砷技术。

6.12.9.4　终端和入户端除砷净水设备

有多种设备可用于住宅和商业入户端/终端水去除砷,经济且可将饮用水的砷浓度降至 0.010 mg/L 以下。在选择入户端/终端设备时,应测定地下水中的砷和氟化物、铁、硫酸盐、硅等竞争离子及可能妨碍砷去除的有机物含量。多数设备不能有效去除 3 价砷,所以要通过氧化作用将 3 价砷转化为 5 价砷(美国联邦公告,2001)。

反渗透法和水蒸气蒸馏法是市场上最常见的去除水中砷的入户端/终端设备(加拿大卫生部,2006),吸附等技术的使用也越来越常见。反渗透技术操作简便、经济,但处理过程产生的废水量大。蒸馏虽然也可去除饮用水中所有的砷,但运行维护比反渗透系统复杂,一般用于商业客户。值得注意的是,反渗透法和蒸馏法在去除所有水溶性矿物质的同时,也将对人体有益的矿物质(如钙、镁等)去除了。氢氧化铁、铝和氧化钛等作为介质的吸附(过滤)设备,因运行维护简单而越来越多地应用于小型水处理系统的除砷处理中。

6.12.9.5　发展中国家的使用情况

孟加拉国和印度的冲积含水层含砷量较高,已成为环境和人们健康的一个主要问题。据 Al-Muyeed 和 Afrin(2006)报告,孟加拉国大部分地区地下水含砷量大于 0.05 mg/L,且多数为高铁高砷并存(Al-Muyeed 和 Afrin,2006),约65%的地下水铁含量大于 2 mg/L。除少数城镇外,基本上没有集中式水处理系统,绝大部分人口靠单户或社区管井供水。因此,开发可以供社区或家庭使用的低成本水处理系统是暂时解决问题的重要办法。

Al-Muyeed 和 Afrin(2006)对孟加拉国小型社区除铁设备的除砷效率进行了检测,对象主要为曝气、沉淀和过滤设备。据对 60 个社区水处理设备的实地调查,60%的去除率为60%~80%,其他则低于60%。水的 pH 值对砷的去除率有很大影响,二者成正比关系。当 pH 值大于7.0 时,砷去除率大部分都超过70%。如前所述,砷去除率与铁去除率显著相关(Subramanian 等,1997),当铁浓度为6~8 mg/L 时,砷去除率较高,超过70%。

许多简易终端水处理设备已在孟加拉国乡村社区推广,对于保护贫困社区人们健康至关重要。3-Kolshi 过滤器和 SONO® 过滤器是目前最常用的除砷设施。

6.12.10　痕量金属和无机化合物

地下水中有各种痕量金属和无机化合物。表 6.11 汇集了几种最常见的去除这类污染物的技术。

表 6.11　去除痕量金属和无机化合物的常见处理技术

化合物	处理技术
锑	反渗透
石棉	化学絮凝(过滤)
钡	软化和离子交换
铍	絮凝(过滤)、石灰软化、活性铝、反渗透和离子交换
镉	化学絮凝、石灰软化和反渗透
铬	颗粒活性炭、粉末活性炭、低 pH 值絮凝、氧化和石灰软化
铜	低 pH 值絮凝
氰化物	化学及生物降解
铅	反渗透、蒸馏、定制粉末活性炭、化学沉淀和石灰软化
汞	低 pH 值絮凝和絮凝(过滤)
镍	石灰软化和反渗透
硒	絮凝(过滤)、石灰软化、活性铝、离子交换和反渗透
银	絮凝(过滤)和反渗透
铊	离子交换和活性铝
锌	传统处理方法
氟化物	活性铝、絮凝和石灰软化

6.13　饮用水处理成本

　　不同水处理工程的建设成本差异很大,这是因为成本取决于场址情况、处理能力、设计标准、原水水质、气候、土地成本、法规与许可要求、国家与地方经济状况和承包商的成本等。

　　在美国,一个完整的地下水处理厂的建设包括水井、去除铁锰的化学品添加剂与过滤设备、加压、蓄水、消毒设备等的建设,每日处理能力成本 264 ~528 美元/m³(即 1.00 ~2.00 美元/gal),具体取决于水厂规模和场址条件。

　　就某个水处理环节而言,由于建设与土地的差异,传统的澄清、石灰软化和过滤成本也存在很大的差异,其他环节的成本则更多地取决于设备成本。表 6.12 给出了地下水处理各个环节的参考平均投资成本

表6.12　常用地下水处理方法的成本

处理设备	投资成本(含建设成本)(美元/m³)或(美元/1 000 gal)			运行维护费(美元/m³)或(美元/1 000 gal)		
	小型水厂 <4 000 m³/d (<1 百万 gal/d)	中型水厂 4 000~40 000 m³/d (1~10 百万 gal/d)	大型水厂 >40 000 m³/d (>10 百万 gal/d)	小型水厂 <4 000 m³/d (<1 百万 gal/d)	中型水厂 4 000~40 000 m³/d (1~10 百万 gal/d)	大型水厂 >40 000 m³/d (>10 百万 gal/d)
1. 氧化						
氯	14 (53)	5 (19)	1.3 (4.9)	0.021 (0.080)	0.006 (0.021)	0.001 (0.004)
高锰酸钾	15 (55)	4.3 (16.4)	1.3 (4.9)	0.024 (0.090)	0.013 (0.050)	0.001 (0.004)
二氧化氯	95 (360)	15 (56)	6.3 (24)	0.021 (0.080)	0.005 (0.020)	0.003 (0.010)
臭氧(5 mg/L)	33 (125)	21 (78)	10 (36)	0.026 (0.100)	0.007 (0.026)	0.002 (0.007)
曝气(填料塔)	84 (318)	40 (150)	12 (45)	0.011 (0.040)	0.005 (0.020)	0.004 (0.015)
2. 澄清						
传统方法	284 (1 075)	73 (275)	30 (114)	0.001 (0.004)	0.013 (0.050)	0.003 (0.010)
升流式	140 (528)	63 (237)	27 (101)	0.023 (0.090)	0.008 (0.030)	0.003 (0.010)

续表 6.12

处理设备	投资成本(含建设成本)(美元/m³)或(美元/1 000 gal)			运行维护费(美元/m³)或(美元/1 000 gal)		
	小型水厂 <4 000 m³/d (<1 百万 gal/d)	中型水厂 4 000~40 000 m³/d (1~10 百万 gal/d)	大型水厂 >40 000 m³/d (>10 百万 gal/d)	小型水厂 <4 000 m³/d (<1 百万 gal/d)	中型水厂 4 000~40 000 m³/d (1~10 百万 gal/d)	大型水厂 >40 000 m³/d (>10 百万 gal/d)
3. 介质过滤						
快速沙滤	268 (1 014)	146 (551)	50 (190)	0.050 (0.190)	0.018 (0.070)	0.018 (0.070)
绿沙过滤	269 (1 018)	147 (556)	52 (198)	0.050 (0.190)	0.018 (0.070)	0.018 (0.070)
压力过滤	455 (1 725)	89 (340)	83 (314)	0.016 (0.060)	0.034 (0.013)	0.018 (0.070)
4. 软化						
石灰软化	205 (777)	64 (241)	41 (155)	0.026 (0.100)	0.011 (0.040)	0.011 (0.040)
离子交换软化剂	201 (761)	90 (339)	55 (208)	0.021 (0.080)	0.006 (0.022)	0.004 (0.015)
5. 膜过滤						
微滤/超滤	302 (1 145)	183 (691)	167 (633)	0.40 (1.5)	0.066 (0.250)	0.028 (0.110)
反渗透/纳滤	957 (2 623)	507 (1 920)	320 (1 210)	4 (15)	1.3 (4.8)	0.276 (0.015)

续表 6.12

处理设备	投资成本(含建设成本)(美元/m³)或(美元/1 000 gal)			运行维护费(美元/m³)或(美元/1 000 gal)		
	小型水厂 <4 000 m³/d (<1 百万 gal/d)	中型水厂 4 000~40 000 m³/d (1~10 百万 gal/d)	大型水厂 >40 000 m³/d (>10 百万 gal/d)	小型水厂 <4 000 m³/d (<1 百万 gal/d)	中型水厂 4 000~40 000 m³/d (1~10 百万 gal/d)	大型水厂 >40 000 m³/d (>10 百万 gal/d)
频繁倒极电渗析	172 (650)	121 (456)	102 (385)	0.150 (0.580)	0.120 (0.470)	0.250 (0.940)
颗粒活性炭	819 (3 101)	599 (2 266)	553 (2 093)	0.558 (2.113)	0.390 (1.490)	0.231 (0.873)
离子交换	14 (54)	9.8 (37)	6.7 (25)	0.05 (0.19)	0.036 (0.14)	0.025 (0.009)
6. 消毒						
氯	19 (71)	6.7 (25)	2.6 (9.9)	0.025 (0.090)	0.007 (0.026)	0.001 (0.004)
臭氧(5 mg/L)	44 (166)	27 (103)	17 (64)	0.026 (0.100)	0.009 (0.034)	0.002 (0.008)
氯胺	26 (98)	9.2 (35)	3.2 (12)	0.000 4 (0.001 6)	0.000 4 (0.001 6)	0.000 4 (0.001 6)
紫外线辐射	44 (165)	29 (111)	23 (87)	0.090 (0.034)	0.03 (0.007)	0.003 (0.012)
防腐(石灰或苏打灰)	30 (113)	6.1 (23.2)	2.8 (11)	0.004 (0.015)	0.0024 (0.009)	0.001 (0.004)

注:资料来源:美国环境保护署,2005b;Culp/Wesner/Culp,2000;Cotton 等,2001。

和部分常用地下水处理方法的运行维护费用。成本费用按美国标准计算,包括工地工程、电气工程和仪器设备、承包商管理费和利润,但不包括征地、预处理、污泥处置等费用。

水处理剂费用占了运行成本的大部分,它属高级食品添加剂类,须经地方管理机构审批(Kawamura,2000)。表6.13给出了水处理中常见

表6.13　美国常见水处理剂的参考价格

助凝剂	用途	价格,美元/kg（美元/lb）
氯气	消毒(氧化)	0.23 (0.5)
12.5%的次氯酸钠	消毒(氧化)	0.36(0.8),游离氯
氨,无水	形成氯胺	0.18 (0.4)
氨,含水	形成氯胺	0.23 (0.5)
液氧	产生臭氧	0.06 (0.13)
80%的亚氯酸钠	产生二氧化氯	1.14 (2.5)
80%的高锰酸钾	氧化	1.14 (2.5)
硫酸铝(铝),干	絮凝	0.05 ~ 0.1 (0.1 ~ 0.2)
硫酸铁,干	絮凝	0.07 ~ 0.08 (0.15 ~ 0.18)
氯化铁,干	絮凝	0.07 ~ 0.08 (0.15 ~ 0.18)
硫酸亚铁,干	絮凝	0.07 ~ 0.08 (0.15 ~ 0.18)
聚合氯化铝,液态	絮凝	0.05 (0.11)
尤烟煤	滤料	0.07 (0.15)
阳离子聚合体	助凝	0.3 (0.7)
阴离子聚合体	絮凝,助滤剂	1.14 (2.5)
硫酸	调节 pH 值	0.03 (0.06)
氯化钠,盐	产生次氯酸盐,离子交换再生	0.01 (0.03)
生石灰	软化,石灰沉淀和调节 pH 值	0.02 (0.05)
熟石灰	软化,石灰沉淀和调节 pH 值	0.02 (0.06)
苛性钠,干	调节 pH 值	0.07 ~ 0.08 (0.15 ~ 0.18)
苏打灰,干	调节 pH 值	0.07 (0.15)
颗粒活性炭	去除溶解污染物,致臭味化合物	0.45 (1.0)
粉末活性炭	去除溶解污染物,致臭味化合物	0.3 (0.7)
二氧化碳,液态	再碳酸化	0.08 (0.17)
柠檬酸	膜清洗	0.36 (0.8)
氟硅酸	氟化	0.1 (0.2)
磷酸	防腐	0.2 (0.45)
磷酸锌,液态	防腐	0.45 (1.0)

的水处理剂参考价格(美国市场)。除价格外,在选择具体水处理剂时还应考虑适宜性、供应可靠性、污泥形成及其处置成本、对其他处理设备的潜在影响、环境影响、用量与维护问题和安全性。

总之,有多种天然助凝剂适于饮用水的处理,如吸附性黏土(膨润土和硅藻土)、改善高色或低浊源水絮凝性的石灰、各种天然聚合电解质助凝剂等。助凝剂在水处理过程中用量大,天然助凝剂价格低,可以降低水处理成本,并可就地取材,特别适用于发展中国家。

参考文献

[1] Al-Muyeed, A., and Afrin, R., 2006. Investigation of the efficiency of existing i-ron and arsenic removal plants in Bangladesh. *Journal of Water Supply Research and Technology-AQUA*, vol. 55, no. 4, pp. 293-299.

[2] AWWA and ASCE (American Society of Civil Engineers), 1998. *Water Treatment Plant Design*, 3rd ed. AWWA and ASCE, McGraw-Hill, New York, 806 p.

[3] Binnie, C., Kimber, K., and Smethurst, G., 2002. *Basic Water Treatment*. International Water Association Publishing, London, 291 p.

[4] Cleasby, J. L., and Logsdon, G. S., 1999. Granular bed and precoat filtration. In: Letterman, R. D. (ed.), *Water Quality and Treatment*, 4th ed. American Water Works Association, McGraw-Hill, New York, pp. 8. 1-8. 92.

[5] Clifford, D. A., 1999. Ion exchange and inorganic adsorption. In: Letterman, R. D. (ed.), *Water Quality and Treatment*, 4th ed. American Water Works Association, McGraw- Hill, New York, pp. 9. 1-9. 87.

[6] Clifford, D. A., Ghurye, G., and Tripp, A. R., 1999. Development of anion exchange process for arsenic removal from drinking water. In: Chappell, W. R., Abernathy, C. O., and Calderon, R. L., editors. *Arsenic Exposure and Health Effects*. Elsevier, New York, pp. 379-388.

[7] Cotton, C. A., Owen, D. M., and Brodeur T. P., 2001. UV disinfection costs for inactivating *Cryptosporidium*. *Journal AWWA*, vol. 93, no. 6., pp. 82-94.

[8] Culp/Wesner/Culp, 2000. WATERCO$T Model—a computer program for estimating water and wastewater treatment costs, Version 3. 0, CWC. Engineering Software, San Clemente, CA.

[9] DVGW/AWWARF/AWWA, 1996. *Internal Corrosion of Water Distribution Sys-*

tems. AWWA Publishers, Denver, CO, 586 p.

[10] Earth Tech (Canada), 2005. Chlorine and Alternative Disinfectants Guidance Manual. Prepared for: Province of Manitoba (Canada) Water Stewardship. Canada Office of Drinking Water. Winnipeg, Manitoba, various paging.

[11] Edwards, M., and Dudi, A., 2004. Role of chlorine and chloramines in corrosion of lead-bearing plumbing materials. *Journal AWWA*, vol. 96, no. 10, pp. 69-81.

[12] El Paso Water Utilities, 2007. Available at: http://www. epwu. org/water/desal _info. html/. Accessed August 1, 2007.

[13] Elyanow, D., and Persechino, J., 2005. Advances in nitrate removal. Available at: http://www. gewater. com/pdf/Technical%20Papers_Cust/Americas/English/TP1033EN. pdf. GE Technical Papers. Accessed August 1, 2007.

[14] Faust, S. D., and Aly, O. M., 1999. Chemistry of Water Treatment, 2nd ed. Lewis, Boca Raton, FL, 581 p.

[15] Geldreich, E. E., and LeChevallier, M., 1999. Microbiological quality control in distribution systems. In: *Water Quality and Treatment*, 4th ed. Letterman, R. D., editor. American Water Works Association, McGraw-Hill, New York, pp. 18. 1-18. 38.

[16] Gregory, R., Zabel, T. F., and Edzwald, J. K., 1999. Sedimentation and flotation. In: *Water Quality and Treatment*, 4th ed. Letterman, R. D., editor. American Water Works Association, McGraw-Hill, New York, pp. 7. 1-7. 82.

[17] Gu, B., and Coates, J. D., editors, 2006. *Perchlorate: Environmental Occurrence Interaction and Treatment*. Springer-Verlag, New York, 412 p.

[18] Hafeman, D., Factor-Litvak, P., Cheng, Z., van Geen, A., and Ahsan, H., 2007. Association between Manganese Exposure through drinking water and infant mortality in Bangladesh. *Environmental Health Perspectives*, vol. 115, no. 7, pp. 1107-1112.

[19] Health Canada, 2006. Guidelines for Canadian Drinking Water Quality: Guideline Technical Document: Arsenic. Prepared by the Federal-Provincial-Territorial Committee on Drinking Water of the Federal-Provincial-Territorial Committee on Health and the Environment. Ottawa, ON, Canada.

[20] Huisman, L., and Wood, W. E., 1974. *Slow Sand Filtration*. World Health Organization. Out of print. Available only in electronic form. Available at: http://

www. who. int/ water _ sanitation _ health/publications/ssfbegin. pdf. Accessed August 1, 2007.

[21] Hutchison, W. R. , 2007. Desalination of Brackish Ground Water in El Paso, Texas. Paper presented at the National Ground Water Association, Ground Water Summit San Miguel (Albuquerque Convention Center), May 1, 2007.

[22] Johnson, S. M. , 2006. Health and Water Quality Monitoring of Pure Home Water's Ceramic Filter Dissemination in the Northern Region of Ghana. Master in Civil and Environmental Engineering Thesis at the Massachusetts Institute of Technolog, 146 p.

[23] Kawamura, S. , 2000. *Integrated Design and Operation of Water Treatment Facilities*, 2nd ed. John Wiley & Sons, New York, 691 p.

[24] Langlais, B. , Reckhow, D. A. , and and Brink, D. R. , 1991. *Ozone in Water Treatment: Applications and Engineering*. American Water Works Association Research Foundation and Compagnie Generale des Eaux. Lewis Publishers, New York, 569 p.

[25] Lantagne, D. S. , 2001. *Investigation of the Potters for Peace Colloidal Silver Impregnated Ceramic Filter: Report 1: Intrinsic Effectiveness*. Alethia Environmental, Boston, MA. Available at: www. alethia. cc. Accessed August 1, 2007.

[26] LeChevallier, M. W. , and Au, K. , 2004. *Water Treatment and Pathogen Control: Process Efficiency in Achieving Safe Drinking Water*. WHO Drinking Water Quality Series. IWA Publishing. Available at: http://www. who. int/water_sanitation_health/dwq/en/watreatpath. pdf. Accessed August 1, 2007.

[27] Letterman, R. D, Amirtharajah, A. , and O'Melia, C. R. , 1999. Coagulation and flocculation. In *Water Quality and Treatment*. 4th ed. Letterman, R. D. , editor. American Water Works Association, McGraw-Hill, New York, pp. 6.1-6.61.

[28] Magyar, J. , 1992. Kelliher arsenic removal study. Report WQ-149 Saskatchewan Environment and Public Safety. Regina, Saskatchewan, pp. 1-24.

[29] Mallevialle, J. , Odendaal, P. E. , and Wiesner, M. R. , 1996. *Water Treatment Membrane Processes*. American Water Works Association Research Foundation, Lyonnaise des Eaux, Water Research Commission of South Africa, McGraw-Hill, New York.

[30] Mitchell, L. W. , and Campbell, R. A. 2003. Exploring options when there are

nitrates in the well. *Opflow AWWA*, vol. April, pp. 8-12.

[31] Montgomery, 1985. *Water Treatment Principles & Design*. James M. Montgomery Consulting Engineers, Wiley Inter-Science, New York, 696 p.

[32] NAS, 2001. *Arsenic in Drinking Water: 2001 Update*. National Academy of Sciences, National Research Council. National Academy Press, 248 p.

[33] NRC, 1999. *Risk Assessment of Radon in Drinking Water*. Committee on Risk Assessment of Exposure to Radon in Drinking Water, Board on Radiation Effects Research, Commission on Life Sciences. National Research Council of the National Academies. The National Academies Press, Washington, DC, 279 p.

[34] NRC, 2004. *Review of the Desalination and Water Purification Technology Roadmap*. Water Science and Technology Board. National Research Council of the National Academies. The National Academies Press, Washington, DC, 84 p.

[35] Patel-Predd, P., 2006. Nanoparticles Remove Arsenic from Drinking Water. ES&T Science News. June 21. Available at: http://pubs.acs.org/subscribe/journals/esthagw/2006/jun/tech/pp_arsenic.html. Accessed October 9, 2007.

[36] Pokhrel, D., Thiruvenkatachari, V., and Braul, L., 2005. Evaluation of treatment systems for the removal of arsenic from groundwater. *The Practice Periodical of Hazardous, Toxic, and Radioactive Waste Management*, vol. 9, no. 3, pp. 152-157.

[37] Potters for Peace, 2007. Filters. Available at: http://s189535770.onlinehome.us/pottersforpeace/? page_id = 9. Accessed September 24, 2007.

[38] Renner, R., 2004a. Plumbing the depths of DC's drinking water crisis. *Environmental Science & Technology*, vol. 38, no. 12, pp. 224A-227A.

[39] Renner, R., 2004b. More chloramine complications. *Environmental Science & Technology*, vol. 38, no. 18, pp. 342A-343A.

[40] Sato, Y., Kang, M., Kamei, T., and Magara, Y., 2002. Performance of nanofiltration for arsenic removal. *Water Research*, vol. 36, pp. 3371-3377.

[41] Schroeder, D. M., 2006. Field Experience with SONO Filters. Report for SIM Bangladesh. Available at: http://www.dwc-water.com. Accessed August 1, 2007.

[42] Schultz, C. R., and Okum, D. A., 1984. *Surface Water Treatment for Communities in Developing Countries*. John Wiley & Sons, New York, 300 p.

[43] Sharma, S. K., Petrusevski, B., and Schippers, J. C., 2005. Biological iron re-

moval from groundwater: A review. International Water Association. *Journal of Water Supply: Research and Technology-AQUA*, vol. 54, no. 4, pp. 239-247.

[44] Simms, J., and Azizian, F., 1997. Pilot-plant trials on the removal of arsenic from potable water using activated alumina. Proceedings of the American Water Works Association Water Quality Technology Conference, Denver, CO.

[45] Singer, P. C., editor, 1999. *Formation and Control of Disinfection By-Products in Drinking Water*. American Water Works Association, Denver, CO, 424 p.

[46] Singer, P. C., and Reckhow, D. A., 1999. Chemical oxidation. In: *Water Quality and Treatment*, 4th ed. Letterman, R. D., editor. American Water Works Association, McGraw-Hill, New York, pp. 12.1-12.46.

[47] Snoeyink, V. L., and Summers, R. S., 1999. Adsorption of organic compounds. In: *Water Quality and Treatment*, 4th ed. Letterman, R. D., editor. American Water Works Association, McGraw-Hill, New York, pp. 13.1-13.76.

[48] Stumm, W., and Morgan, J. J., 1996. *Aquatic Chemistry*, 3rd ed. John Wiley & Sons, New York, 1022 p.

[49] Subramanian, K. S., Viraraghavan, T., Phommavong, T., and Tanjore, S., 1997. Manganese greensand for removal of arsenic in drinking water. *Water Quality Research Journal Canada*, vol. 32, no. 3, pp. 551-561.

[50] Taylor, J. S., and Wiesner, M., 1999. Membranes. In: *Water Quality and Treatment*, 4th ed. Letterman, R. D., editor. American Water Works Association, McGraw-Hill, New York, pp. 11.1-11.67.

[51] Tech Brief, 1997. Organic Removal. National Drinking Water Clearing House. Available at: http://www. nesc. wvu. edu/ndwc/pdf/OT/TB/TB5_organic. pdf. Accessed August 1, 2007.

[52] USGS, 2007. Ground Water Glossary. Available at: http://capp. water. usgs. gov/GIP/ gw_gip/glossary, html. Accessed December 17, 2007.

[53] USEPA, 1999a. Alternative Disinfectants and Oxidants Guidance Manual. Office of Water. EPA 815-R-99-014. Available at: www. epa. gov/safewater/mdbp/ alternative_disinfectants_guidance. pdf. Accessed October 10, 2007.

[54] USEPA, 1999b. Guidance Manual for Compliance with the Interim Enhanced Surface Water Treatment Rule: Turbidity Provisions. USEPA Office of Water. EPA 815-R-99-010. Available at: www. epa. gov/safewater/mdbp/mdbptg. html. Accessed October 10, 2007.

［55］USEPA，1999c. *Enhanced Coagulation and Enhanced Precipitative Softening Guidance Manual*. Office of Water. EPA 815-R-99-012. Available at：www. epa. gov/safewater/mdbp/ coaguide. pdf. Accessed October 10, 2007.

［56］USEPA，2000. Technologies and Costs for Removal of Arsenic from Drinking Water. USEPA Office of Water. EPA 815-R-00-028. December 2000. Available at：www. epa. gov/safewater/arsenic/pdfs/treatments_and_costs. pdf. Accessed October 10, 2007.

［57］USEPA，2003. Small Systems Guide to Safe Drinking Water Act Regulations. Office of Water. EPA 816-R-03-017. Available at：www. epa. gov/safewater/ smallsys/pdfs/ guide_smallsystems_sdwa. pdf. Accessed August 1, 2007.

［58］USEPA，2005a. Membrane Filtration Guidance Manual. Office of Water. EPA 815-R-06-009. Available at：www. epa. gov/safewater/disinfection/lt2/pdfs/ guide_lt2_membranefiltration_final. pdf. Accessed October 10, 2007.

［59］USEPA，2005b. Technologies and Costs Document for the Final Long Term 2 Enhanced Surface Water Treatment Rule and Final Stage 2 Disinfectants and Disinfection Byproducts Rule. Office of Water. EPA 815-R-05-013. Available at：www. epa. gov/ safewater/disinfection/lt2/regulations. html-21k. Accessed October 10, 2007.

［60］USEPA，2006a. Point-of-Use or Point-of-Entry Treatment Options for Small Drinking Water Systems. Office of Water. EPA 815-R-06-010. Available at：http：// www. epa. gov/safewater/smallsys/ssinfo. htm. Accessed October 10, 2007.

［61］USEPA，2006b. Drinking Water Contaminants. Office of Water. November 2006. Available at：http：//www. epa. gov/safewater/contaminants/index. html. Accessed August 1, 2007.

［62］USEPA，2006c. Ultraviolet Disinfection Guidance Manual for the Final Long Term 2 Enhanced Surface Water Treatment Rule. Office of Water. EPA 815-R-06-007. Available at：www. epa. gov/safewater/disinfection/lt2/compliance. html. Accessed October 10, 2007.

［63］US Federal Register，1989. Title 40 of the Code of Federal Regulations（40 CFR）Parts 141 and 142. June 29, 1989. Drinking Water；National Primary drinking Water Regulations；Total Coliforms（Including Fecal Coliforms and *E. coli*）；Final Rule.

[64] US Federal Register, 2001. 40 CFR Parts 9, 141, and 142 National Primary Drinking Water Regulations; Arsenic and Clarifications to Compliance and New Source Contaminants Monitoring; Final Rule.

[65] US Federal Register, 2006. Title 40 of the Code of Federal Regulations (40 CFR) Parts 9, 141, and 142. November 8, 2007. National Primary drinking Water Regulations: Ground Water Rule; Final Rule.

[66] US Federal Register, 2007. Title 40 of the Code of Federal Regulations (40 CFR) Part 136. February 27, 2007 update.

[67] Wagnick/GWI, 2005. 2004 *Worldwide Desalting Plant Inventory*. Global Water Intelligence, Oxford, England.

[68] Wachinski, A., ScharL M., and Sellerberg, W., 2006. New technologies for the effective removal of arsenic from drinking water. *Asian Water*, vol. April, pp. 17-19.

[69] Westerhoff, G., and Chowdhury, Z. K., 1996. Water treatment systems. In: *Water Resources Handbook*. Mays, L. M., editor. McGraw-Hill, New York.

[70] White, G. C., 1999. *Handbook of Chlorination and Alternative Disinfectants*, 4th ed. Wiley Inter-science, New York, 1569 p.

[71] WHO, 2006. Guidelines for Drinking Water Quality Incorporating First Addendum. World Health Organization. Available at: www. who. int/water_sanitation_health/ dwq/gdwq3rev/en/index. html. Accessed August 1, 2007.

[72] WHO, 2007. Slow Sand Filtration. World Health Organization. Available at: www. who. int/water _ sanitation _ health/publications/ssf/en/index. html. Accessed August 1, 2007.

[73] Williams, R. B., and Culp, G. L., editors, 1986. Handbook of Public Water Systems. Van Nostrand Reinhold, New York 1113 p.

第7章　地下水资源开发

7.1　地下水资源开发情况简介

　　美国地下水资源开发历史与其他许多国家非常相似,反映了社会经济的发展模式。地下水作为一种资源,人们对其的了解不如对地表水的了解那么深刻,这是因为地下水比较"隐蔽",不能直接看见。地下水资源开发的第一阶段一般具有以下特点:对土地无限制的利用,以及农业增长和浅层含水层的利用,这些都有利于人类大面积定居,包括地表水资源稀缺的半干旱地区(见图 7.1)。早期无节制地开发地下水一般导致地下水位降低以及广泛的浅层地下水污染。地下水资源开发的第一阶段反映了钻井技术的发展(见图 7.2),而灌溉和能源的利用推动了大规模深层含水层的开发、集约农业的发展和人口的快速增长。与此同时,地下水的快速开发促进了各种地下水相关科学技术的发展,而且公众也逐渐认识到地下水作为一种不可替代资源的重要性。大规模地下水资源的开发会导致许多显而易见的不利影响的产生,如地面沉降、含水层蓄水量枯竭、泉水及地表水流量减少,使科学技术的挑战从支持地下水资源开发转为认识到地下水资源

**图 7.1　早期移民在美国中西部广阔地区
的生活情况**

(许多早期移民家庭喜欢定居在美国中西部
的广阔地区,部分原因是很容易获得浅层地
下水,使这里成为世界上最重要的农业地区
之一(照片由 NRCS(美国农业部自然资源
保护局)提供))

的可持续性及其对生态环境的影响。

与许多其他国家一样,美国地表水体大部分都已开发,由于主要河流适于建坝址的已为数不多,加上水库蓄水对生态环境的影响已受到普遍的关注,因而增加蓄水量的可能性很小。全国地表水体大量接收或吸收了点源和非点源污染物(Anderson 和 Wooseley,2005)。可是,美国每年仍开发约 80 万口井眼,尽管不是所有井眼都最终成为水井,但大量井的开发反映出

图7.2　加利福尼亚州钻井机钻水井的情况
(钻成直径为 30.48 cm(12 in)的水井,每24 h 出水量
为1 987 万 L(525 万 gal)(Slichter,1905;
美国地质调查局提供照片))

地下水资源开发还在大规模、持续地进行着。估计美国现有 1 600 万口水井,其中 28.3 万口水井是连接配水系统的公共供水井(NGWAC(美国地下水协会),2003)。

河流是自然环境的重要组成部分,也是重要的经济基础设施。河流不仅对城市、工业和农业的供水至关重要,而且也可用于休闲、旅游、水力发电和货运。美国水政策史主要是大坝、运河、堤防和水库等工程的建设史(Gleick,2000)。正如安德森(Anderson)和伍斯利(Wooseley)(2005)指出的,美国 7.7 万座水坝中有很多在建设时未考虑生态环境的影响,例如,哥伦比亚河上兴建的大坝就未充分考虑对鱼类的长期影响。在提出兴建科罗拉多河格伦峡大坝(Glen canyon dam)时,对下游生态系统的关注很少,对环境的争议主要集中在格伦峡谷有岩雕的崖壁淹没问题上,此崖壁目前已淹没在犹他州的鲍威尔湖下。现今,格伦

峡大坝的管理受到坝下游诸多因素的显著影响,例如,要维持休闲活动的河滩和野生动物栖息地的河滩有限沙源的供给,以及对卡纳布琥珀蜗牛(Kanab amber snail)和弓背鲑(humplack chub)(USBR,Anderson和Wooseley,2005)的保护。

为支持美国西部地区工、农业发展和人口增长而进行的有限地表水资源的蓄积、引水、利用和回用,都对水生生物群落及相关的河岸与湿地栖息地的健康和可持续性产生不利的影响(Postel 和 Richter,2003)。

以下为产生不利影响的几个案例(Anderson 和 Wooseley,2005):

(1)由于洪水淹没的减少和地下水抽取量的增加,导致具有重要生态意义的湿地和其他河岸生境的丧失以及植物入侵(包括本地、非本地和外来的物种)。河岸生境,如新墨西哥州和得克萨斯州佩科斯/皮克河两岸支持着生存期某些阶段75%以上干旱地区动物物种的生存,是需要潮湿环境的两栖动物和无脊椎动物唯一的栖息地(Patten,1997)。

(2)沿海河口咸淡水界面,例如圣弗朗西斯科湾(加利福尼亚州)以及依赖这类环境的生态系统。

(3)沿海地面沉降,例如得克萨斯州的休斯顿—加尔维斯顿地区由于抽取地下水导致地面沉降。

(4)鱼类和野生动物及其栖息地由于科罗拉多州和南达科他州灌溉水回流、城市径流、点源排放和大量废弃的采矿排水区而受到污染。

(5)俄勒冈州哥伦比亚河等地区的溯河洄游鱼类数量由于河道内洄游通道受阻而减少。

(6)由于栖息地的退化,本土鱼种绝迹或几乎绝迹,如俄勒冈州和加利福尼亚州的上克拉马斯河流域。

(7)在美国西部许多城市化地区,河岸侵蚀的加剧与起固岸作用的河岸植被的丧失有关。

美国鱼类和野生动物司及联邦法院正在依据《濒危物种法》的规定,将过去以经济为基础的水用途改变为支持敏感生态群落及其栖息地。然而,在干旱的美国西部地区,在考虑生态需水很久之前用水的竞争就很激烈。正如本书第4章所讨论的,科罗拉多河流域地表水由该河的梯级水库调控,过度分配给供水和灌溉用途。据一项河道需水量分析,巴西里奥格兰德河和美国上科罗拉多河及下科罗拉多河水源区河道内流量不足,仅能满足当前野生动物和鱼类栖息地的需水量,更不用说考虑河道外其他用水的需求(Guldin,1989)。如前所述,地表水资源的竞争和过多分配给某些用途并不只是美国西部地区才有,例如,美国东南部地区人口增长和最近的干旱导致了佐治亚州、亚拉巴马州和佛罗里达州之间地表水权的纠纷不断。

可持续的地下水资源开发已成为很多国家水资源综合管理的焦点,包括在这些地区地表水资源利用具有无争议优先权。同时,拥有地表水和地下水资源的地区出现这种趋势的原因如下:

(1)由于可分阶段实施并靠近终端用户,地下水开发的投资较小,配水系统较为简单。

(2)地表水进水口和水库对地下水补给量的季节性波动和干旱时期缺水影响敏感;对气候变化带来的影响也很敏感(详见第1章)。

(3)地表水库水蒸发损失较大,尤其在半干旱和干旱地区;而地下水的这类损失极小甚至没有。

(4)对地表水库的环境影响,当代人远比上一代人难以接受。

(5)地表水体总体水质及其泥沙在很大程度上受到点源和非点源污染的影响。从长远来看,需要进行更为昂贵的饮用水处理和使用大量化学品。

(6)地表水供水更容易遭受有意或无意的污染。

(7)地表水系统平衡峰谷日、季节性水需求量的能力有限。相反,水井很容易关闭和开启,抽水量也可根据需要进行调节。

适度的地下水资源开发可以完全避免上述部分地表水供水的固有问题;也可通过地表水和地下水综合管理缓和大部分问题,办法之一就是用地表水和中水对含水层进行人工补给(详见本书第8章)。除含水层补给这样一种需要考虑很多因素的水管理战略外,地下水资源的开发通常经过以下几个步骤来完成:①安装单井或井田;②兴建地下水库;③调控泉水。除传统的竖井外,抽取地下水还有许多种方式,包括水平井和斜井、集水井、集水廊道、排水廊道、沟等排水设施。

7.2　水　井

　　对于许多人来说,当讨论地下水资源的开发利用时,可能首先想到的就是水井。对于非水文地质专业或非供水相关行业人士而言,一口井通常指的是地面一个会莫名其妙出水的孔,它可能是一个用栅栏围起的井亭,也可能是一幅用水车及水斗从大口井打水的乡村美景。总之,很少有人能完全了解修建一口适合于公共供水井的复杂性、重要性及其成本。在许多长期采用现代钻井技术打井用于公共供水和家庭供水的发达国家也有相同的情况;终端用户通常将“打井业务”交给打井人,而不在意自己对井了解多少。然而,水文地质专业人士和地下水专家则要考虑各种情况的水井,有的人甚至花费了毕生精力去深入研究并进行水井的设计。

　　为井或井场选址,有些人认为这是一门艺术,有些人则认为这是运气,有些人认为就像找一个探矿者一样简单,有些人视其把井尽量打入地下以收取费用的自然过程。尽管有的地下水行业人士同意以上的某些观点(除探矿者问题外),但公共供水或大型灌溉工程的选址和设计非常复杂,应该对众多设计要素进行全面考虑。在大多数情况下,选择最终井址和良好的设计不是一项简单的工作,而是一个考虑了以下各种因素后的折中方案:①投资成本;②靠近未来用户;③现有地下水用户和地下水取水许可;④水文地质特性和不同含水带(含水层)的深度;⑤供水系统要求的流量和单井的预期出水量;⑥井水位的下降和井(井场)的影响半径;⑦井场内井与井之间的相互干扰;⑧水处理要求;⑨抽水和水处理的能源成本以及一般运行维护费用;⑩含水层与现有和潜在污染源相关的脆弱性与风险;⑪与地下水系统其他部分及地表水的相互作用;⑫含水层人工补给方案,包括蓄水和补给;⑬社会(政治)要求;⑭开放水市场的存在或可能性。

　　以上因素并非全部,也并非非要按重要性排列;某些时候只有 1~2 个因素就需要进行最终设计。随着美国和很多其他国家对地下水资源开发利用管理工作的日益加强,作为打井许可过程的一个组成部分,可能应对上述大多数因素进行论证。即使在没有取水许可要求的地方,即便不是全部考虑,也要慎重考虑上述大多数因素,因为这些因素最终决定了任何新井或井场的长期可持续性。

本章将对水井技术设计作进一步的讨论,而地下水管理与保护方面的许多问题,包括从井场抽取地下水的优化问题将在本书第 8 章介绍。

7.2.1 竖井

竖井用于世界各国家庭供水和公共供水已有几个世纪。竖井的深度、直径和施工方法各不相同,水井的设计没有"一刀切"的方法。仅仅是有关水井设计方面问题的解答就可在德里斯科尔(Driscoll)所著的巨著(1 000 页)《地下水与井》(1986,Jackson Screen 公司)中找到。另一部关于水井设计的力在坎贝尔(Campbell)和莱尔(Lehr)(1973)的《水井技术》中均作了论述。美国政府机构的公共出版物也提供了关于供水和监测井设计与安装方面的有用信息(例如,美国环境保护署,1975;USBR,1977;Aller 等,1991;Lapham 等,1997)。

井的设计、安装及修井材料都应遵循适用标准。在美国,应用最广的水井标准为美国国家标准协会(ANSI)/美国水行业协会 A100 标准,但对使用和接触涉及饮用水产品的管理权仍授权给各州,后者可能也有自己的标准要求。地方机构可以选择采用比本州更为严格的要求(AWWA,1998)。

竖井的设计要素包括:①钻井方法;②钻孔和套管直径;③井深;④滤管;⑤砾石填充层;⑥洗井;⑦试井;⑧主抽水泵的选择和安装。

只要有可能,井的设计就应以主井开钻前试钻时获得的信息为依据。地质物理测井和试钻取岩心(芯样)提供的信息包括:含水层段的深度与厚度、粒径和透水性,以及多孔介质和地下水的理化特性。若不了解钻井地层的水文地质情况就会导致钻井技术选择不恰当,甚至会因流沙、孔壁坍塌或钻机设备落入溶洞损坏等各种未预料的困难而完全放弃该井址。

如果试钻不可行,那么从保守的角度出发,必须对部分设计参数进行评估,这样可能显著降低水井的效率(例如,选择较小的滤孔或砾石填充层的粒径,阻止细沙的进入)。

　　在选择钻井直径和钻井方法时,预期水井出水量、井深和多孔介质(岩石)的地质及水文地质特性都起着重要的作用。深井或渗透与半渗透多孔介质层厚度大,可能要打几种直径的孔,安装直径逐渐变小的套管(变径套管)。这样可打出稳定和垂直的深井钻孔,越过障碍或不良的层段(例如流沙、高度破碎和易塌陷的不稳定的井壁与较厚的膨胀黏土层)。钻井成本随着井直径的增加而增加,重要的是要与其他设计要求进行成本平衡,其中有些要求是想出来的,但未必是必不可少的。从长远来看,一个为公众供水的深度达 1 000 m(即几千英尺)的高容量深井成本至少在 100 万美元以上。这类井要用大型钻井机,使用特定的大直径钻头,包括大直径套管(见图 7.3)。

图 7.3　一根直径 1 219 mm(48 in)套管正放入直径 1 372 mm(54 in)钻孔
(水井的目标深度为 396. 24 m(1 300 ft),佛罗里达含水层 304. 80 ~ 396. 24 m(1 000 ~ 1 300 ft),最终套管的内径为 508 mm(20 in)。该水井用于佛罗里达州米拉玛市的供水(照片由 Richard Crowles 提供))

　　图 7.3 直径为 1 219 mm(48 in)的地面套管正在放入直径为 1 372 mm(54 in)的钻孔内。此井的目标深度为 396. 24 m (1 300 ft),地点为佛罗里达含水层 304. 80 ~ 396. 24 m (1 000 ~ 1 300 ft)的裸眼井段,最终套管的内径为 508 mm(20 in)。此井为佛罗里达州米拉玛市供水(Richard Crowles 摄)。

　　最终,预期井出水量按照足以容纳滤管直径的最终钻孔直径的参数(包括该容量相应的砾石填充层厚度)确定。2 个直径参数并非线性关系,滤管直径加倍并不会使井的出水量加倍,见图 7.4。例如,地下水位下降和影响半径相同,直径为 152~305 mm(6~12 in)的水井出水量仅增加 10%。除滤管直径外,将水抽到地表升管(内套管)的直径在选择钻孔直径中也很重要。升管直径可与滤管直径相同,也可大于后者并将其套住,套管与一个直径渐小的锥形管连接。在另一种情况下,升管的直径必须满足两个要求:①套管直径必须大到能容纳所需容量的水泵并能提供方便的检修通道。②套管直径必须充分确保向上钻孔速度小于 1.5 m/s (5 ft/s),以避免过大的管道损失(Driscoll,1986)。

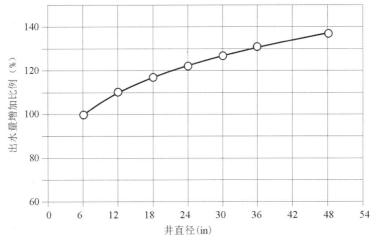

图 7.4　井出水量增加比例与井直径的关系

(井直径与无压含水层中直径为 152.4 mm(6 in)的滤管出水量
成比例增加。水井位于非封闭含水层,井直径为单位增加,抽水速度
为 378.54 L/min(100 gal/min),影响半径为 121.92 m(400 ft)
(数据来源于 Driscoll,1986))

　　所有永久性井套管除滤管层段外,从上到下应该都是连续的、不透水,而且必须灌浆(即不能让其松散),以防止地下水沿钻孔壁不同含水层段和含水层之间的可能短流现象与来自地面的污染。在美国,大多数州都要求必须对距地面最小深度通常为 15.24 m(50 ft)的上部套管进行灌浆。套管材料必须与地下水的化学特性相适应,以防止腐蚀或造成其他破坏。在有可能暴露包括低分子量汽油产品或有机溶剂及

其蒸气在内的高浓度污染物的情况下,井套管的选材很重要。诸如聚乙烯、聚丁烯、聚氯乙烯及合成橡胶(包括用于连接部位的垫圈和密封衬垫)等套管材料,容易受到低分子量有机溶剂或汽油产品的渗透影响(AWWA,1998)。如果套管穿过其污染区域或受污染影响的地区,就应适当地选择抗污染的套管材料。套管必须相当坚固厚实,能确保其在安装、洗井及使用过程中的结构稳定性。这一点对于深井特别重要,因为地层压力高会使尺寸不够或欠安全设计的套管发生损毁。选用劣质的套管材料虽然可降低初始成本,但可能会造成套管深度破坏以及水井过早报废。美国国家标准协会/美国水行业协会 A100 标准提供了套管材料、直径以及套管可接受的最低强度计算的技术要求。

　　稳定基岩上的井很多都做成裸眼井孔,它们相互交叉,形成尽可能多的缝隙,使井的出水量最大、建造成本最低。这类井应在顶部有一个适当的灌浆套管,以防止表土和风化岩屑的坍塌,以及来自地面的污染。因此,建议灌浆套管应穿过表土层和高度风化岩层并延伸到坚固稳定的基岩内一定深度,以防止井水因细颗粒流入而造成污染,从而可延长抽水泵的使用寿命。虽然未衬砌的裸眼井最终孔径必须留有安装抽水泵和设置检修便道的位置,但却不受滤管直径和井底部起过滤作用的砾石填充层厚度的限制。

　　如表 7.1 所示,列出了根据地层和井深选择的钻井方法。如表 7.2所示,列出了不同抽水量情况下井内套管(升管)的最优和最小直径。

　　如图 7.5 所示为一些更为常见的水井设计,这些设计因具体工程而异,单口井也可采用多种设计。随着钻井和井安装技术的不断发展,一些精心的设计得到应用,包括钻孔扩底技术(即在已安装并灌浆的套管下面扩宽钻孔)、在不稳定地层条件下使用临时套管钻井、变径式滤管、多滤管井段(设或不设连续的砾石填充层)和斜井等。

　　正如下面将要讨论的,铁细菌可导致井水产生许多问题。由于水井飘流的铁细菌难以清除,因此预防是最好的解决方法。对于钻井机而言,预防意味着要用浓氯溶液(250 mg/L)对地面进行消毒。铁细菌以碳和其他有机物为营养物,在钻井的过程中不得让这些有机物进入

表7.1 适合不同地层的钻井方法

特性		挖掘	钻孔	驱动	钻机			喷射
					冲击	旋转		
						液压	空气	
采用深度范围(ft)		0~50	0~100	0~50	0~1 000	0~1 000	0~750	0~100
直径		3~20 ft	2~30 in	1¹ᐟ⁴~2 in	4~18 in	4~24 in	4~10 in	2~12 in
地质构造类型	黏土	是	是	是	是	是	否	是
	粉沙	是	是	是	是	是	否	是
	细沙	是	是	是	是	是	否	是
	砾石	是	是	粒度细	是	是	否	1/4 in 粒砾石
	胶结砾石	是	否	否	是	是	否	否
	卵石	是	是,如果小于井直径	否	是,处于坚硬层中时	困难	否	否
	砂岩	是,如果软或破碎	是,如果软或破碎	薄层	是	是	是	否
	石灰岩			否	是	是	是	否
	火成岩	否	否	否	是	是	是	否

注:由美国环境保护署提供,1991。

表7.2 不同抽水量情况下井内套管的最优和最小直径

预计出水量		最优套管直径		最小套管直径	
出水速度(gal/min)	出水速度(L/s)	外径(内径)(in)	外径(内径)(mm)	外径(内径)(in)	外径(内径)(mm)
<100	<5	(6)	(152)	(5)	(127)
75~175	5~10	(8)	(203)	(6)	(152)
150~350	10~20	(10)	(254)	(8)	(203)
300~700	20~45	(12)	(305)	(10)	(254)
500~1 000	30~60	14	356	(12)	(305)
800~1 800	50~110	16	406	14	356
1 200~3 000	75~190	20	508	16	406
2 000~3 800	125~240	24	610	20	508
3 000~6 000	190~380	30	762	24	610

注:括号内数据为内径。资料来源于 Driscoll,1986;Johnson Screens 公司,已授权转载。

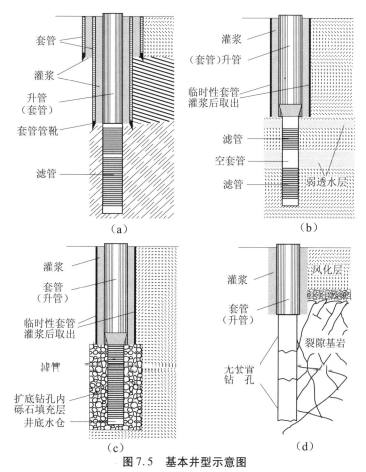

图 7.5 基本井型示意图

((a)为跨接不稳定地层和不良地层,使用多层灌浆套管的深井;(b)为在不能隔离弱透水沉积物层段的松散地层中使用变径滤管的自然井;(c)为在松散沉积物地层中,灌浆升管下接变径滤管和扩底钻孔内设砾石填充层的水井;(d)为在稳定的裂隙基岩上,使用灌浆升管穿过风化岩层及基岩上部的裸眼井)

井系统的任何部位。工具、水泵、管道、砾石材料以及钻井用的水都要进行消毒。利用可使氯化水循环的水池代替挖泥坑,有助于防止来自土壤的污染。对于已经发生铁细菌问题的新水井业主而言,最好的预防就是保持新井"清洁",这种做法甚至可以防止此类地区的铁细菌

（威斯康星州自然资源保护局, 2007）。

7.2.1.1 滤管

滤管是水井最重要的组成部分, 因为这是地下水进入的地方, 关系到设计效率。如果滤管选择不当, 甚至可能造成整个井报废。在固结物质以及某些固结物质条件下, 必须用套管（衬砌）稳定地层物质, 防止其坍塌物进入井眼。为了使地下水流入井内, 必须在对着（目标）含水层段的套管处开一些孔。这些有孔的井段称为滤管。套管和滤管都可稳定地层物质, 而滤管除用于进水外, 还可适当用于洗井。目前已公认, 公共供水井的滤管应该采用优质的不锈钢制成（AWWA, 1998）。为了防腐, 滤管及其配件应该采用相同的材料制成。

在洗井的过程中, 来自生产含水层和钻井液的细小物质要去除, 仅让较粗的物质与滤管接触。在滤管周围的多孔介质颗粒大小较为均匀, 而且按细颗粒不堵塞滤管的方式对地层进行分级, 则冲洗含水层留下的物质形成所谓的自然填充层, 他由远离井眼处的粗颗粒构成。这样的井称为自然洗井。相反, 当目标含水层（地层）段主要为非均质细颗粒时, 就必须在滤管周围设置一人工砾石填充层。这种砾石填充物（又叫滤料）允许适当的洗井, 并能防止细颗粒不断流入以及在水井运行过程中细颗粒堵塞滤管。

滤管的筛孔大小取决于自然多孔介质的粒径分布。当不能进行自然洗井时, 筛孔大小还应视所需砾石填充物的特性（粒径与均匀性）而定。应同时对开孔率、孔径和滤管长度进行选择, 应满足以下标准: ①井出水量最大; ②通过滤管的水力损失最小, 使井效率最大; ③保证滤管的结构强度, 即防止其因地层压力而坍塌。

下式可用于确定不同粒径间的最优关系（AWWA, 1998）:

$$L = \frac{Q}{7.48 A_e V_e} \qquad (7.1)$$

式中: L 为滤管长度, ft; Q 为抽水井流量, gal/min; A_e 为每英尺滤管的有效孔面积, ft^2, 有效孔面积应取为总孔面积的一半, ft^2/ft; V_e 为设计流入速度, ft/min。

根据经验, 滤管的进水流速应小于或等于 0.03 m/s（0.1 ft/s）, 因现已证明,高流速引起的紊流井损可使腐蚀与水锈等各种滤管问题加速发生,还可能输入沙粒(Walton,1962;Driscoll,1986)。较低的流速则很可能结壳(美国环境保护署,1975)。美国国家标准学会/美国水行业协会规定的进水流速上限标准为 0.46 m/s(1.5 ft/s);在最终选定流速之前,建议标准使用者要全面分析滤管流入速度和现场(含水层)特定条件(AWWA,1998)。

在自然形成的井中,筛孔大小应按以下标准确定(AWWA,1998):

(1)在地层均匀系数大于 6 的地方,筛孔要保持在含水层样本的 30% ~ 40%。

(2)在地层均匀系数小于 6 的地方,筛孔要保持在含水层样本的 40% ~ 50%。

(3)如果地层中的水具有腐蚀性或者含水层样本的准确性有问题,那么在选择孔径时应保持在高出(1)和(2)中筛孔孔径的 10%。

(4)粗沙上面覆盖有细沙的地方,在粗沙顶部 0.61 m(2 ft)处应使用细沙筛孔,粗沙筛孔孔径应不超过细沙的 2 倍。

对有砾石填充层的水井,滤管孔隙的大小应保持在砾石填料粒径的 85% ~ 100%。

世界上不同厂商可提供各种滤管和筛孔配置。有些可能在一定条件下有优势,因此应该要求对具体场地的设计进行慎重考虑后再做决定。连续开槽滤管(见图 7.6)提供了最大的过滤面积和与地层的通道,从而增强了洗井效果,减少了水通过滤管的水头损失。

滤管通常应尽可能长,而且放置于渗透系数最高的厚含水层段。然而,当含水层以弱透水互层成层时,最好采用被坚固套管分隔的多滤管井段,包括选择与不同含水(生产)层段中多孔介质相匹配的不同槽孔大小的滤管。这样可防止细沙从不良层段不断进入。建议对滤管井段进行选择,这样在抽水过程中可使井水位总是保持在滤管顶部以上。同时,水泵的进水口不应放置在滤管层段内,而应放在滤管之上或之下的坚固套管内(又称为升管或泵壳管),这样可防止开、关水泵时滤管产生的水力应力和滤管脱水有关的问题发生。滤管脱水可能加快滤管的腐蚀和结垢(水垢)。

（a）　　　　　　　　　　　（b）

图 7.6　连续开槽滤管

（（a）连续开槽滤管槽孔呈"V"形,内小外大,不会堵塞
筛孔,颗粒物从狭小的外孔进入滤管;（b）长粒状或略大的颗粒
物可堵塞纵开孔或网状孔（Jackson Screens 公司摄））

Driscoll（1986）提出了常见水文地质情况下选择滤管段及其长度
的建议,即:

（1）均质非承压含水层。在厚度小于 45.7 m（150 ft）的含水层底
部 1/3 ~ 1/2 处进行过滤以确保均质非承压含水层的最优设计。有时,
在深厚的含水层,滤管段占含水层厚度的 80%,以获得较高的比容量
和更高的效率,尽管总出水量较小。位于非承压含水层的井通常要抽
水,尽量将抽水位保持在略高于水泵进水口或滤管的顶部。滤管布置
在含水层的下部,因为在抽水过程中上部处于脱水状态。最大的井水

位下降不应超过饱和厚度的 2/3,因为较大的水位下降并不能显著增加出水量,反而增加了井损和能耗。

(2)非均质非承压含水层。非均质非承压含水层水井设计的基本原理也适用于此类含水层。唯一不同的是,滤管或过滤段布置在含水层中最不透水部位的下部,以便获得含水层饱和厚度 2/3 的最大地下水位降深。

(3)均质承压含水层。在这类含水层中,如果抽水位预期不会低于含水层顶部,则 80% ~90% 的含水冲积层厚度都要安装滤管。在承压条件下,水井可利用的最大水位降深等于从压力水头到含水层顶部的距离。如果可利用的降深有限,则有必要将水头降低到含水层顶部以下,此时含水层的响应与抽水过程中非承压含水层的相似。

(4)非均质承压含水层。大多数较厚的承压含水层都是非均质的,因此滤管段应该布置在 80% ~90% 的透水层,在弱透水区(粉沙和黏土)安插空套管。不同筛孔尺寸的连续开槽滤管可成功用于基本透水的含水层段,包括细沙与粗沙交替层。为避免细沙进入井内(Driscoll,1986),在选择这类滤管的筛孔时应考虑两条建议:①如果细粒物质覆盖在粗粒物质上,则将为细粒物质设计的滤管至少要延伸到粗粒物质下面 0.91 m(3 ft);②安装在地层接触面下面 0.91 m(3 ft)的粗粒物质层的槽孔孔径不应超过上覆细粒物质的 2 倍。当滤管增加 0.61 m(2 ft)以上时,开槽尺寸应加倍。

7.2.1.2　砾石填充层

砾石填充层目前一般布置在均质和非均质地层水井的滤管周围,其原因为:①为稳定地层;②使通过滤管的细沙粒流最少;③能使滤孔较大,提高井的出水效率,减少滤管结垢率;④在地层和滤管之间形成过渡流速和压力场,这样也可减少其结垢。

布置砾石填充层可使滤管周围更具透水性,增加水井的有效水力直径。砾石填充层可去除洗井过程中细小的地层物质,还可去除水利用过程中大量细小的含水层物质。砾石填充层布置在颗粒细小、级配均匀的地层,在泥沙、沙砾密集交替含水层特别有用。除抽水吸沙会对水泵和滤管造成机械损伤外,可通过适当布置砾石填充层避免或延迟另一个水井维护重大问题的发生,即延迟滤管及其周围介质的化学和生物结垢。碳酸盐、铁和锰水垢是最常见的问题,这些部分与流速导致的压力变化有关,压力改变了滤管区域地下水的化学平衡。由于透水性的改变,洗井前的含水层物质与砾石填充层接触处的地下水流速会陡然增加,其相当于压力的陡然降低,引起碳酸钙、铁和锰的沉降。这种沉降既可能发生在不适当洗井的有砾石填充层的水井,也可能发生在没有砾石填充层(含水层物质与滤管间接触面压力降低)的水井。洗井造成流速与压力场以及滤管区透水性显著改变。大多数细小颗粒可从含水层物质中去除,以增加透水性。同时,砾石填充层的渗透性有时因为填充颗粒之间的孔隙被含水层物质堵塞而降低,其结果就是滤管段的地下水流速逐渐增加而压力逐渐降低,地下水将其溶解质带入井内,而不是沉降于滤管和砾石填充层(含水层)物质上。

根据 Jackson Screens 公司进行的试验,为了成功截留地层颗粒,在理想条件下砾石(过滤)填充层的厚度不得超过 1. 27 cm(0. 5 in):"滤层厚度变小才能降低吸沙的可能性,因为控制因子是填充层介质粒径与地层介质粒径之比"(Driscoll,1986)。实际上,砾石填充层厚度至少要达到 7. 62 cm(3 in),以保证准确安装并完全包住滤管。过滤填充层厚度超过 203 mm(8 in)将使最后清洗井更为困难,因为洗井过程中产生的能量必须能够穿透填充层,修复钻井造成的破坏,分解钻孔壁残余的钻井液,去除钻孔附近来自地层的细小颗粒(Driscoll,1986)。

坎贝尔(Campbell)和莱尔(Lehr)(1973)指出,井水挟沙最常见的原因可能就是采用了较粗的砾石填充物。有一种较薄细沙层段,夹在粗沙和砾石层之间,可无限地通过填充层过滤,井水挟沙问题造成原因:①地层(含水层)介质采样不适当;②选择砾石填充层的大小时不认真;③砾石填充层布置不当。

砾石填充物粒径的选择应以地层(含水层)介质的粒径分布为依据。如果含水层物质分布均匀且分选良好,那么就是选择了一种均匀的填充层。在这种情况下,过滤层的级配就是基于滤管段最细含水层物质的粒径分布曲线。对于粒径范围广且均匀系数大的含水层,要考虑砾石填充层的级配,在这种情况下,填充层的级配取决于最粗和最细的含水层物质。

均匀的砾石填充层是按均匀系数 u 小于 2.5 的含水层而设计的。选择砾石填充层的第一个标准为

$$D_{70} = (4 \sim 6) \times d_{70} \qquad (7.2)$$

式中 D_{70} 为可截留 70% 砾石填充层介质的孔径; d_{70} 为可截留 70% 要过滤的最细地层(过滤)介质的孔径。

此外,式(7.2)也常采用截留 50% 砾石填充层和地层物质的孔径。

选择砾石填充层的第二个标准为

$$U_{pack} = \frac{d_{60}}{d_{10}} < 2.5 \qquad (7.3)$$

式中 U_{pack} 为砾石填充层的均匀系数; d_{60}、d_{10} 分别为允许 60%、10% 含水层物质通过的孔径。

砾石填充层物质的粒径分布呈平滑的渐变曲线,与地层物质的粒径分布曲线平行。如前所述,筛孔应截留 85% ~ 100% 的砾石填充物质(滤料)。图 7.7 为举例说明这两个标准的砾石填充层和地层物质的粒径特性。

均匀的砾石填充层通常是比较好的,因为井滤管可按与地层介质匹配的不同孔径制成,所以在布置砾石填充层过程中分离的可能性很小。为了防止出现分离、沙桥和孔隙,需要用导管等特殊设备(通常为普通的 102 mm(4 in)管)。这种导管先放置于滤管与井孔壁之间环形空间的底部,并用填料填充,随着导管的缓慢上升,每次填充 1.22 ~ 1.52 m(4 ~ 5 ft)。

一般认为,布置砾石填充层时采用反循环充填法比用导管充填法更为有效,且其适用于任何深度的水井,但应用于较深的深度时,对其要作适当地修改(Campbell 和 Lehr,1973)。如果环形空间的水流下降速度与液体中砾石颗粒的下降速度相同,就不会发生粒度偏集。

滤料应延续填至滤管顶部以上一定的距离,然后用水泥、水泥与膨润土拌和物密封,放置于砾石填充层顶部与卫生密封圈或外套管下端之间。

很重要的一点是,砾石填充层介质由圆形二氧化硅组成,其中可溶解杂质小于 5%,不含有机物。它还应该不含任何有损井水水质的铁、

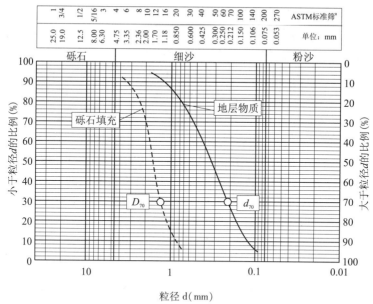

图 7.7　均匀砾石填充层和地层介质的粒径分布曲线(实例)

锰、铜、铅等其他重金属。

7.2.1.3　洗井

采用正确洗井的方法,几乎可改善各种类型水井的状况,否则再好的井若不洗井,也不会令人满意。正如美国环境保护署(1975)和德里斯科尔(Driscoll)(1986)所指出的,任何钻井技术都能使钻孔周围的透水性降低。采用绳式顿钻法可能发生压实、黏土涂抹和把细砂打入井壁的问题。正向旋转钻井法会导致钻井液进入含水层和钻孔壁而形成泥饼。反向旋转钻井法易使泥水和污水堵塞含水层。在固结地层,一些胶结不好的岩石可能会被压实,其岩屑、细沙和泥土被挤入裂缝、层里面和其他孔隙中,并在钻孔壁上形成泥饼。

适当的洗井可破坏被压实的井壁并溶解被胶结的泥土,先将其他穿过地层(含水层)进入井内的细沙吸出,然后通过抽排进行清除。洗井还可去除地层中的细小颗粒,在滤管附近形成更具透水性、更为稳定的区域。新井的清洗是利用了水或空气的力学作用,还应包括回洗,即水通过滤管的双向运动。只有在特定的情况下才使用少量化学物洗井,而且在洗井前要事先得到水井业主和管理机构的同意。这些化学物,如结晶聚磷酸、玻璃状聚磷酸盐等泥土分散剂和石灰岩地层已完成水井所用酸的结晶。不适当地使用化学物,会使其沉到井底或者使滤管完全阻塞而产生许多问题。例如,过浓的六偏磷酸钠(SHMP)溶液可使玻璃状聚磷酸盐沉淀集聚于冷地下水界面处。沉淀的玻璃体是凝胶体,极难清除掉,因为它不存在有效的可溶物质(Driscoll ,1986)。

洗井的方法很多,其选择主要取决于采用的钻井技术和地层特性。然而,在很多情况下设备的适应性和钻探工的偏好却不合理地起着更为重要的作用。通常难以预测一口井的洗井方式和时间。由于采用一次总付费法洗井会导致令人不满意的洗井效果,因此最好是采用小时单价付费法,直到满足以下条件(AWWA,1998):

(1)按设计抽水量抽水时,在2 h的完整抽水周期内每升出水量的含沙量平均不高于5 mg。

(2)应定期进行不少于10次的测量,绘制含沙量与时间和生产率的曲线图,确定每个抽水周期内出水量的平均含沙量。

(3)在至少24 h的洗井过程中,井单位出水量没有明显地增加。

美国环境保护署(1975)就清洁井水中可接受的含沙量提供了以下建议:

(1)为粮食生产提供灌溉用水的井,含水层及其上覆地层的性质是这样的:抽取的地下水含沙量不会严重缩短水井的使用寿命,一般以15 mg/L为限。

(2)为喷灌系统、工业蒸发冷却系统和其他用途供水的井,中等含沙量不会特别有害,一般以10 mg/L为限。

(3)除上述用途外,为家庭、机关、城市和工业供水的井,含沙量一般以5 mg/L为限。

(4)为直接接触或加工食品及饮料供水的井,一般以1 mg/L为限。

洗井的方法一般有抽水、震荡、压裂和冲洗等,每种又有若干个方案(美国环境保护署,1975)。建议联合应用两种方法,这样效果最佳。过度抽水是一种常用的低效选井方法,因为此时水流只朝水井一个方向流动,但其流速还不足以去除堵塞地层的细沙。定期关闭水泵而形成的涌水作用可使泵柱内的水回流到井中,这比过度抽水更有效。但水会重新进入地层中透水性最强的地方或者受打井破坏最小的地方,而地层中最需要清洗的部位大都不在其中(Johnson Screens,2007)。向井中注水再将其抽出(回流)会导致水在井的滤管和砾石填充层中双向流动,从而提高了洗井的效率。

　　压缩空气法或气举法(见图 7.8)可能是最常见的洗井方法,但运用不当可能会引起很多问题,甚至会导致滤管毁坏。有些地层,如饱和地层、粗沙与砾石透镜体被薄不透水的黏土层分隔,可能发生地层气阻问题,因此应该避免一概采用这种洗井方法。可改用其他技术,如空气喷射方法等。Driscoll (1986)对各种气举技术作了详细的讨论,包括合适的气举设计中所需量化参数的确定。然而,很多钻探工和承办商总是不顾井址的具体条件而一律采用相同的气举方法(自己熟悉的方法)。

图 7.8　迈阿密州圣路易斯采用气举法洗井
(图片由 James Brode 等提供)

　　最为有效的洗井方式是采用高压水或喷射空气,同时结合气举抽水法。这种方法使用了放入井中的喷射工具,通过一系列喷嘴以高压(1 000 ～ 1 500 kPa)形式向井内喷水,将堵塞滤管和砾石填充层的物质冲走,使之悬浮于水中,再通过气举法将其抽离水井进行清除。此时的抽水量应该比利用喷水工具往井内注水的抽水量高得多。高速注水可定位于需要冲洗井段的地层。

　　如同未固结地层一样,包括空气钻井法在内的各种钻井方法都会引起固结泥沙和硬岩层中的裂缝及其他孔隙堵塞。因此,洗井要去除这类地层中的堵塞物,在很多情况下,最好的办法就是将喷水法与气举抽水法联合运用。充气止浆塞可隔离向水井供水的生产区(裂缝),从而可提高洗井的效率。

一般来说,如果应用一种或多种水井增产措施,可使固结和硬岩层的出水量(单位抽水量)显著增加。水井增产措施为洗井的第二个层次,与传统方法相比,水井增产措施更能提高井的出水量。德里斯科尔(Driscoll)(1986)指出,砂岩含水层最需要慎重考虑洗井和增产措施,例如,松散沙质岩层中的裸眼井在粗沙减至可接受的程度时可不洗井,即使采用爆破和抽沙等昂贵而持久的方法。为此,应该对增加砂岩层水井的数量进行筛查,以减少一定单位出水量的成本。

水力压裂方法用于促使固结地层中新、老水井增产。采用这种方法,水在极端高压下被注入整个井或者注入由充气止浆塞封闭的松散层段。被注入的水将裂缝中的泥沙冲走,并形成新的裂缝,从而增加了井附近地层的透水性。

有时将炸药放入固结岩层的无套管井眼中进行爆破,以增加井的单位出水量。这种方法与水力压裂法相似,扩大了现存的裂缝,形成新的裂缝,从而使地层的渗透系数增大。但炸药爆破时要小心应用,事先要考虑很多因素,包括法律规定和环境影响。

酸可用于石灰石和白云岩的含水层和某些含有碳酸钙胶结物的半固含水层水井的增产措施与洗井。酸溶解碳酸物,扩大了井眼附近地层的孔隙和小裂缝,也可迫使酸离开水井进入不连续面,以溶解和清除大量原生物质,使井周围含水层的总渗透系数增加,从而使井的单位出水量大增。

7.2.1.4　试井和井动态

洗井和井水位恢复稳定后,就要对水井的性能和含水层的特性进行检测。如图7.9所示为用以确定水井和含水层特性的抽水试验的抽水量水文过程曲线和相应的降深曲线。检测的第一部分分3步试验,旨在确定井的性能,如井损、是否需要再次洗井。每步试验的时间相同,一般不超过6~8 h。第一步试验数据用于初步评估含水层的输水率和地下水的蓄水系数。根据三步试验过程中降深的发展情况来选择检测的第二步中水泵的大小以及长期的抽水量。第二步检测应在水井

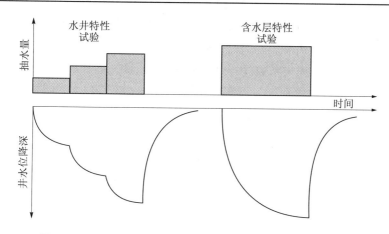

图 7.9　用以确定水井和含水层特性的抽水试验的抽水量水文
过程曲线和降深曲线

的水头完全恢复并处于最大可行抽水量之后进行。这一步检测阶段旨
在确定扩大的影响半径范围内含水层的总输水率。若含水层的开发以
供水为主,则此阶段试验应视具体项目的需要,可能需要 24 h 或者几
周的时间。以最大抽水量进行长期抽水,可显现出短期检测中不明显
的含水层性能,如远边界、渗漏、双重孔隙度的存在或者蓄水量的变化。
降深和恢复的数据应该用以估算含水层的参数。如第 2 章所述,抽水
井附近至少要有一个监测井,用于分析检测的结果。井损是指抽水井
实测降深与地下水流过含水层多孔介质所产生的理论降深之差。这种
理论降深又称为地层损失。理论降深公式应该适用于实际含水层(地
层)的条件,如承压的、非承压的、透水的、滞后重力反应的、准稳定状
态或瞬态的条件。引起井损的原因很多,如钻井过程中井附近多孔介
质不可避免的干扰、不正确的洗井方法(如钻井液留在地层和沿钻孔
没有去除的泥饼)、设计差的砾石填充层或滤管,以及通过砾石填充层
和滤管的紊流等。井损总是出现在抽水井中,它决定着水井性能的好
坏。如同井损增加所显示的那样,所有水井都会先后经历效率降低的
过程。第三步抽水试验是量化井损唯一可靠的方法,不仅应在第二步
水井检测完成后进行,而且也可在洗井的过程中定期进行,用以评价水
井的性能以及可能恢复的必要性。

一口井实测的总降深 s_w 等于线性损失与紊流损失之和,即

$$s_w = AQ + BQ^2 \qquad (7.4)$$

式中　A 为线性损失系数;B 为紊流损失系数;Q 为抽水量。

通常假设紊流损失为二次方,其他量用一次项表示。线性损失 A 包括滤管附近区域的地层损失 A_0 和线性损失 A_1,即

$$A = A_0 + A_1 \qquad (7.5)$$

实际上,A_1 通常可以忽略不计。地层损失或井的理论降深 s_0 通常用一个合适的单位流量条件方程式表示。例如,在承压含水层准稳态流情况下,其方程式为

$$s_0 = \frac{Q}{2\pi T} \ln \frac{R}{r_w} \qquad (7.6)$$

式中　s_0 为由于地下水流过含水层多孔介质而产生的降深;T 为输水率;R 为井影响半径;r_w 为井半径。

地层损失系数 A_0 可用下式计算:

$$A_0 = \frac{1}{2\pi T} \ln \frac{R}{r_w} \qquad (7.7)$$

如果可得到 2 个或更多监测井的数据,也可用图解法确定 A_0,见图 7.10。相同的图显示,抽水井 s/Q 的比值随着抽水量的增加而减少,而对监测井进行的 3 步试验中这一比值是恒定的。

总线性损失系数 A 和二次方的紊流损失系数 B 也可通过降深 s 与抽水量 Q 之比(即 s/Q)的曲线图确定,见图 7.11,这一曲线可用以下方程式表示:

$$\frac{s_w}{Q} = A + BQ \qquad (7.8)$$

式中　A 为截距;B 为根据 3 步抽水试验数据绘制的最佳拟合直线的斜率。

将根据图 7.11 曲线确定的 A、B 值代入式(7.4),就可计算任何抽水量情况下抽水井的总降深(要求为实际记录)。如图 7.12 所示,可用于绘制计算降深(要求在水井中实测)和理论地层降深(不含井损)的关系曲线。

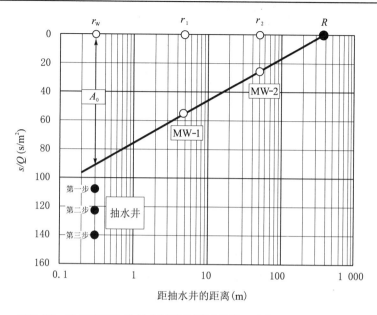

图 7.10　准稳态下 3 步抽水试验位置至井的距离与 s/Q 的关系曲线
（数据取自抽水井和 2 个监测井）

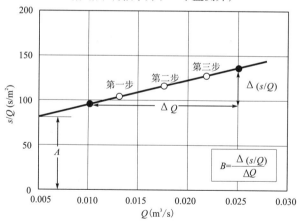

图 7.11　根据某一 3 步抽水试验数据绘制的 Q 与 s/Q 的关系曲线

紊流（二次方）井损系数 B 小于 2 500~3 000 s^2/m^5，一般是可接受的。该系数较大可能预示着水井潜在问题,如井设计或洗井不当、滤

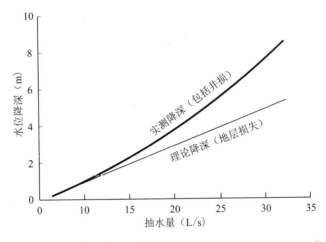

图 7.12　抽水量与用式(7.6)计算的地层损失(理论降深)关系曲线
和抽水量与用式(7.4) 计算的实测降深关系曲线

管堵塞或其他井老化问题等。理论上,B 与时间无关,而且不同抽水量的 B 值都相同。而从岩溶和裂隙岩体含水层抽水是个例外,其紊流井损可能随着抽水量的增加而增加。在这种情况下,Q 与 s/Q 的关系曲线可能是抛物线,而非直线。

当承压含水层处于不稳定状态时,地层损失系数可用泰斯(Theis)公式求得:

$$A_0 = \frac{1}{2\pi T} W(u) \tag{7.9}$$

水井参数 u 可通过式(7.10)求得:

$$u = \frac{r_w^2 s}{4Tt} \tag{7.10}$$

式中　r_w 为井半径;s 为蓄水系数;T 为含水层输水率;t 为抽水时间。

库珀(Cooper)和雅各布(Jacob)指出,对于较小的 u 值($u < 0.05$),即充分长的抽水时间,井函数 $W(u)$ 的计算式为

$$W(u) = \frac{2.25Tt}{r_w^2 s} \tag{7.11}$$

而地层损失(即理论降深 s)可用下列计算式表示:

$$s = \frac{Q}{2\pi T} \cdot \frac{1}{2} \ln \frac{2.25Tt}{r_w^2 s} \tag{7.12}$$

或

$$s = \frac{Q}{2\pi T} \ln \sqrt{\frac{2.25Tt}{r_w^2 s}} \tag{7.13}$$

或

$$s = \frac{Q}{2\pi T} \ln \frac{\sqrt{\frac{2.25Tt}{s}}}{r_w} \tag{7.14}$$

或

$$s = \frac{Q}{2\pi T} \ln \frac{1.5\sqrt{Tt/s}}{r_w} \tag{7.15}$$

值得注意的是,式(7.15)看起来类似于描述地下水流向承压均质含水层的完全渗透井的稳态方程,即

$$s = \frac{Q}{2\pi T} \ln \frac{R_D}{r_w} \tag{7.16}$$

式中　R_D 为井影响半径,不随时间变化(稳态流),又称为 Dupuit 井影响半径。

从式(7.15)和式(7.16)的相似性来看,在不稳定情况下,Dupuit井影响半径随时间的变化,可用下式表示:

$$R_D = 1.5\sqrt{Tt/s} \tag{7.17}$$

理论上,对于一个无限承压含水层,会无限形成地下水流,在井周围达到井的抽水量(r_w)。相应的井影响半径也在较长的抽水期($t \to \infty$)接近无穷,这意味着 Dupuit 井影响半径无实际的物理意义。但是,为了最适用,式(7.17)计算出 Dupuit 井影响半径,并在涉及泰斯公式的各种分析计算中求出满意的结果。此外,还应注意在均质承压含水层不会形成实际的有限井影响半径,除非有补给源,如来自边界或渗透的补给源。利用 Dupuit 井影响半径的公式,地层损失系数可表示为

$$A_0 = \frac{1}{2\pi T} \ln \frac{1.5\sqrt{Tt/s}}{r_w} \tag{7.18}$$

与稳态流情况相似,利用 Q 与 s/Q 的关系曲线可求出线性井损系数和紊流井损系数,分别见图 7.10 和图 7.11。但由于不稳定条件下井影响半径随着时间而增加,如果不充分稳定,在每步试验结束时记录的井水位降深必须加以校正。如图 7.13 所示为每步试验结束时记录的井水位降深分量,以及用 3 种水位降深(s_1、s_2 和 s_3)在不校正时绘制 Q 与 s/Q 的关系曲线出现的误差。克雷西克(Kresic)(2007)对这一校正过程作了详细地说明。

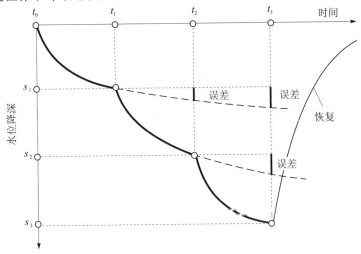

图 7.13　每步试验结束时记录的井水位降深分量
(可见直接采用该数据 s_1、s_2 和 s_3 绘制 Q 与 s/Q 的关系曲线出现的误差)

7.2.1.5　井效率

井出水效率是指水井的理论降深与实测降深的比例(%),可用式(7.19)计算,即

$$Well\ Efficiency = \frac{s_0}{s_w} \times 100\% \tag{7.19}$$

式中　$Well\ Efficiency$ 为井出水效率(%);s_0 为理论降深;s_w 为实测降深。

如前所述,理论降深是采用一个合适的流向水井的地下水流公式(理论降深等于地层损失)确定的。还可采用前述的图论分析法求得。

一般来讲,理论降深与实测降深之差随着抽水量的增加而加大,详见图7.12。因此,井出水效率随着抽水量的增加而降低。由于可提供相关井性能的有价值信息,还能用于相关井抽水量、维护及恢复方面的决策,因此强烈要求确定井出水效率和井损。井出水效率达到或者超过70%通常是可以接受的。如果一口新的洗井出水效率低于65%,则要对其原因进行全面分析,否则不予批准。还可在洗井后再进行井性能检测。

井出水效率通常是水井业主要关注的问题,但过去主要关注抽水设备方面。抽水效率很容易计算,大多数水泵厂商都会向客户提供。不同水泵效率的差别可能只有几个百分点。而水文地质条件很相近的水井,其效率也可能有很大的差异。但是井效率的确定通常在很大程度上被忽略,因为不同的影响因子是难以量化的。很多变量影响井的出水效率,如钻井过程、滤管设计、滤料粒径和洗井方法等。

井出水效率的问题关系到整个水井使用期中的运行成本。可通过成本对两口井进行对比,包括一口出水效率较高的井的节约成本。见图7.14,对同一含水层的两口井的效率进行了比较。耗电的直接成本可通过式(7.20)计算(Johnson Screens,2007):

$$Cph = \frac{m^3/h \times tdh \times 0.746 \times kWh\ cost}{270 \times pump\ efficiency} \tag{7.20}$$

式中 Cph 为每小时耗电的成本;m^3/h 为每小时的抽水量;tdh 为总动力水头,包括从水泵出口至抽水位的距离,加上高程压力超过泵出口的高度,以及由于水流的摩擦力和紊流产生的水头,m;0.746 为将英制马力换算成 kWh 的换算常数;$kWh\ cost$ 为每度电的成本,美分;$pump\ efficiency$ 为泵的抽水效率。

在抽水量相同的情况下,A、B两口井的单位时间出水量均为227 m^3/h,地表水头为50 m(即井 A 的总动力水头为50 m + 27 m = 77 m,井 B 的总动力水头为50 m + 20 m = 70 m),成本为10 美分/kWh。因此,总抽水效率为60%(或0.60)。值得注意的是,下降漏斗是相同的,但效率低的井需要更大的降深才能产生相同的水量,显著增加了抽水成本。

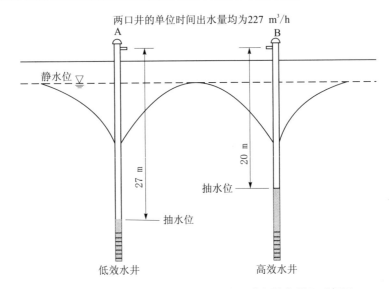

图 7.14　同一含水层的两口水井下降漏斗和抽水量几乎相同

（效率低的井 A 抽水位较低。多出的降深使井的抽水成本显著
增加。静水位为抽水前的地下水位）（图题作者为 Johnson Screens,2007）

根据上述输入参数,低效率井 A 每小时的抽水成本为 8.05 美元,
而效率高的井 B 每小时的抽水成本则为 7.32 美元。如果这些井每年
运行 4 000 h,则井 B 的节电金额为每年 2 920 美元;如果这些井每年运
行 20 年,则井 B 的节电金额将达 58 400 美元。在这种情况下,单是抽
水直接节电成本这一点 B 井就可作为高效率井保留下来,但节省的间
接成本也有可能超过节电成本。间接成本主要包括维护费、使用寿命
短和初始抽水成本。腐蚀、结垢和抽沙是造成维护费和寿命短的主要
原因,井的正确设计与施工可减少这些问题,并有助于提高井的效率
（Johnson Screens,2007）。

水井的单位出水量的计算公式为

$$Well\ Specific\ Capacity = \frac{Q}{s_w} \qquad (7.21)$$

式中　*Well Specific Capacity* 为井的单位水位降深抽水量;Q 为井的抽
水量;s_w 为实际进水降深。

以单位井水降深的抽水量表示(例如,井水降深 1 m 时的每秒抽水升数),与井的效率相似,井的单位出水量也随抽水量的增加而降低,因井不可避免的会老化,随着时间的推移,其单位出水量也会降低。选择一口井的最优抽水量要根据诸多因素确定。例如,如果一口井是用作短期施工抽水,则保持一个理想的水位降深可能是唯一的相关标准,有时没有备选方案,则确定一定的抽水量就是最重要的;如果井是用作长期供水,除抽水的耗电成本外,决定最优抽水量的最重要水力学标准就是最重要的,其中包括不同抽水量的井损以及井效率的对比分析。

7.2.1.6　井施工要完成的工作

井施工要完成的工作包括整个套管和滤管的消毒、永久性井泵的安装与泵房(井口)的建设及其所有卫生要求。强烈要求在井内安装专用小口径空心管(测深绳),以测量井水位和采样深度(离散深度采样)。图 7.15 显示了浅层非承压含水层井的整体设计要素。

井的整体设计因素中唯一不能由钻探工、水文地质专业人士或工程师保证的可能就是井的出水量及其长期持续性。由于种种原因,一口花几十万美元的井实际上只能生产出设计出水量的一小部分,令所有利益相关方失望的是,这种事情常有发生。然而,通常可通过一些公认的含水层评价的非常明确的水文地质准则,以避免这类令人惊讶的事情发生,当然还应确保井设计本身的合理性和可靠性。

7.2.1.7　井的维护与修复

井性能的连续监测是整个运行维护计划最重要的组成部分,能早期发现井的老化迹象,如被抽出井水的理化特性变化或抽水量相同时井水降深的明显增加等。如前所述,井性能测试是证实水井实际发生老化的最早方法,这有助于排除井水降深变化的可能外部原因,例如,地区性水位降深增加或受其他井的影响。通常,有一个测定井水位的便捷通道是非常重要的。最好是安装一个永久性小口径管道(测深绳)。空心的测深绳还可用来采集不同深度的井水样本或作为探头连续监测水位和各种理化参数,如水温、pH 值、Eh 值(氧化还原电位)和电导率等。永久性流量计尤其能够自动记录井抽水量者,是任何井运

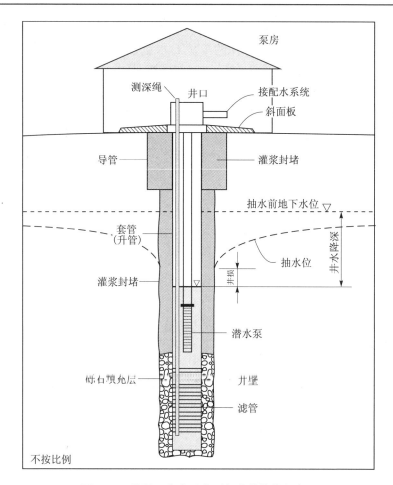

图 7.15　非承压含水层典型竖井的整体示意图

（改自 Kresic,2007;版权属 Taylor & Francis 集团;已授权转载）

行维护的必要工具。测量系统应能监测瞬时抽水量、总抽水量和实际抽水小时数以及待机小时数等指标。永久性测深绳和测流仪能使井业主不请外面的专家就能很容易地定期测试井效率和单位出水量,减少了供水系统供水中断的次数。

井性能的连续监测不能代替水泵的日常维护工作,包括厂商计划将水泵取出、清洗和更换零部件。当拆卸水泵组件时,还可利用井下的摄像机对套管和滤管进行随时检查。每隔 3 ~ 4 年应更换水泵的扬水管,必要的话要加大更换频率,不管其表面状态如何。虽然所有的井操作人员都担心这个完整更换扬水管的过程,但此过程可保证能早期发现井的老化迹象,如结垢、滤管以及井泵的腐蚀。

当通过 3 步抽水试验发现井效率降低 20% 左右时,就必须拆卸水泵组件,用井下的摄像机和地球物理勘探工具全面检查套管和滤管。该检查包括滤管堵塞物(水垢)的采样,确定其类型,选择适当的井修复方法。应该经常进行井效率检测,以便及时发现各种问题。当井效率降低到 40% ~ 50% 以上时,再采取任何修复措施都已为时过晚,难以奏效。应该在再次洗井的前后确定井效率和单位出水量,以评价该措施的效果。

抽水量过大等不正确的操作会导致过大的井水降深,包括井滤管的部分排水,这将大大加速井的老化。入井流速大以及滤管接触空气会改变入井水的化学平衡,引起或加速结垢和腐蚀。同样,频繁地改变抽水量和抽水循环(水泵的开启和关闭)会因水力应力而损坏滤管,因紊流和相关的水氧化(曝气)而加速结垢。由于长时间不抽水也可加速结垢,因此建议每天要连续抽水 18 ~ 20 h,然后短时停机,使含水层得到一定程度的恢复,重新达到基本平衡。长时间运行会导致抽水量非常小,同日需水量的井水降深也小。

有两个常见过程,如腐蚀和水垢(堵塞)可导致井老化并最终报废。但是,一般来讲,通过适当的井监测和及时修复等运行维护措施可延长井的使用寿命达几十年。采用适当具有防腐剂的不锈钢等优质套管和滤管材料,一开始就能显著延迟或避免化学腐蚀问题。对早已安装的套管和滤管采用原位阴极防腐法在某些情况下可有效地减少腐蚀,但石油行业的这一开发方法,还没有在水井业广泛运用,主要是成本过高的原因。但这种方法对延长大型饮用水生产井的使用寿命非常有效,不过其更换费和修复费非常高,而且要长时间不间断地运行。有时大口径水井已锈蚀套管,可用防锈材料(惰性的)进行衬砌。

一般来讲,水中存在一种或多种促进电化学腐蚀的成分,如溶解氧、二氧化碳、硫化氢、酸性水(pH 值较低)、氯化物和硫酸钙(如石膏)

等。因连续输沙造成的机械腐蚀,可使筛孔扩大,并可能造成不可修复的损坏。

有些形式的水垢是任何井都难以避免的,在极端情况下可导致难以修复的损坏。水垢使滤管、砾石填充层和含水层堵塞、胶结或者中断,这是筛孔和地层与砾石填充层介质孔隙内及附近物质沉积的结果(Driscoll,1986)。水垢既可能是硬、脆及胶结状的沉积物,也可能是软而黏的污泥或胶结状的沉积物。很多化学、生化和水力过程都可引发水垢的形成,但主要还是井安装本身改变了地下水系统的自然平衡。最常见的结垢原因是:①化学沉淀物包括碳酸钙、碳酸镁、氢氧化铁和氢氧化锰均以溶解液的形式被进到滤管;②细小粒状物的机械沉积物,包括被挟带进滤管的悬浮黏土和淤泥;③由铁、锰细菌引起的生化沉积物,包括其有机物的沉积物;④除铁细菌外的淤泥生物的活动(如以氨和有机物为食的生物)。

因细小物质造成的井堵塞可采用与新完成井相同的疏通方式,即采用前面提到的各种抽水、震荡和喷射的办法进行洗井。水的力学作用可冲刷掉滤管和填充层周围的细小物质。冲洗法还可有效地松动和去除那些不是过于坚硬和厚实的化学及生物沉积物,同时还可采用机械刷刷洗滤管。

酸洗等方法还可用于去除井滤管和砾石填充层沉积的水垢,对化学洗井剂输入地下的任何洗井方法的可应用性作评估时要十分小心。使用化学物质修复一口井的时候,要考虑的问题包括监管机构在审批时提出的许可要求和使用的化学物质与井材料(滤管和套管)之间可能发生的化学反应。例如,干硬性或腐蚀性化学物质(如酸)可损坏某些滤管材料,如聚氯乙烯。此外,酸还可使邻近的地层物质的完整性受到破坏,使堵塞问题更加严重。正如坎贝尔(Campbell)和莱尔(Lehr)(1973)指出的,盐酸以及其他酸性物质可引起某些硅酸盐膨胀,使单个颗粒的粒径扩大到原来的 5 倍。这种反应会导致地层完全堵塞,抵减了盐酸以及其他酸性物质增加透水性的效果。在某些情况下,酸可以溶解含铁的地层物质,如形成氯化铁。当 pH 值小于 3.5 时,氯化铁可保持溶解状态。当 pH 值大于 3.5 时,铁以氢氧化铁的形式沉淀,形成堵塞能力强的胶状物。因此,对使用化学物质修复水井要谨慎评估,其中包括全面分析化学物质、井材料(滤管和套管)与天然地层物质可能的相互作用。

7.2.1.8 铁细菌

铁细菌通常生长在 Eh(氧化还原电位)梯度较大的环境中,如地下水出流点和湿地。当氧化地下水与含铁离子的厌氧地下水混合时,井附近可形成类似的环境。有利于铁细菌生长的条件为:① pH 值为 $5.4 \sim 7.2$;②铁离子含量为 $1.6 \sim 12$ mg/L;③存在二氧化碳;④Eh 值为 -10 ± 20 mV;⑤入井水流速度快(Detay,1997)。不管滤管的材料(例如钢、铜和合成材料)性质如何,生物堵塞都会发生,但金属通常容易因堵塞和细菌活动而导致腐蚀。

滤管堵塞、滤管结垢和滤管(含水层)生物堵塞等都是描述有利于由铁细菌引起的井单位出水量减少的生化和微生物过程常用的词汇。与滤管结壳相关的锰(涉及二价锰氧化和氢氧化锰沉淀)不常见,但在有些水文地质环境下则可能发生。大多数铁细菌还可形成由氢氧化锰和细胞物质构成的生物膜(Walter,1997)。

铁细菌可引起井滤管的严重物理堵塞,促进硫细菌的生长,硫细菌对井套管和滤管产生腐蚀作用以及有"臭鸡蛋"味的二氧化硫。铁细菌是氧化剂,这种细菌将地下水溶解的铁或锰与氧结合。这个过程的副作用是产生有臭味的棕色黏泥,虽然不影响人体的健康,但其臭味问题使水变成红黄色或橙色,令人非常不悦。若条件适宜,这种细菌会疯长,只要几个月就会使整个井系统失去功能。铁细菌还可引起黏泥水垢下面的滤管和水泵生化腐蚀,使滤管中的分解金属增加。

据法国研究,生物堵塞不仅影响滤管和砾石填充层,而且其影响还可进一步扩展到含水层。在许多情况下,这种堵塞主要是由于异常性厌氧化硫还原细菌存在的缘故,而这类细菌靠抽水带入的营养生长,形成若干米粒大的生物膜,使介质的透水性显著降低(Detay,1997)。

可成功去除或减少铁细菌的处理技术有:①物理去除法;②巴氏灭菌法;③化学处理法。对于受铁细菌影响严重的水井,处理比较困难,费用昂贵,只能部分去除。铁细菌可在各种水文地质环境中传播,美国很多州立机构都提供了处理铁细菌的指南和技术支持。美国明尼苏达州卫生局环境卫生处对铁细菌作了以下论述(明尼苏达州卫生局,2007)。

对铁细菌污染严重的水井,一般先采用物理去除法,即将抽水设备拆下来进行清洗和消毒,然后用刷子等工具刷洗套管。用物理去除法处理之后,通常要进行化学处理。

巴氏灭菌法可有效控制铁细菌,主要是将蒸气或热水注入井内,使井水温度连续 30 min 保持在 60 ℃(140 ℉)。虽然其方法有效,但成本过高。

化学处理是去除铁细菌最常用的方法,使用的化学物质有三大类:①表面活性剂;②酸和碱;③消毒剂、杀虫剂和氧化剂。表面活性剂为洗涤剂样的化学物,例如磷,磷通常与其他化学物合用。如果用磷的话,应采用氯或其他消毒剂,因为细菌可能以磷为食物来源。

酸用于处理铁细菌,因其可溶解铁沉淀、杀灭细菌和松动细菌黏泥。酸也是一系列与氯和碱相关处理的一部分。使用和处理这些化学物时要非常小心。不允许酸与氯混合。酸处理只能由经过培训的专业人员进行。

消毒剂是铁细菌处理最常用的化学物质,其中主要是家庭洗衣用的漂白剂,包括氯漂白剂。氯比较便宜且易使用,但效果有限,需要反复处理。有效的处理需要有足够的氯浓度和其与细菌接触的时间,通常进行搅拌以提高处理效果。也可不断向井里注入氯,但一般不建议这样做,主要担心这样会掩盖其他细菌污染,以及腐蚀和维护方面的问题(明尼苏达州卫生局,2007)。

德泰(Detay)(1997)、麦克劳克伦(McLanghlan)(2002)和霍本(Houben)与特雷斯卡蒂斯(Treskatis)(2007)详细论述了井老化的各种修复方法和过程。

7.2.2　集水井

本节内容由集水井国际公司(Layne Christensen 公司所属)的萨姆·斯托(Sam Stowe)先生提供。

　　70 多年来,水平集水井(又称兰尼式井和辐射状集水井)主要用于来自大河附近冲积含水层的地下水开发,也用于来自其他未固结和固结岩石含水层的地下水开发。这种井也能用于地下水补给和含水层的蓄水与恢复计划,以及抽取沿海地区经过滤的海水。集水井一般建于松散的沙或沙砾沉积地层,通常包括一个环形钢筋混凝土出水沉井,用作泵站,还有从沉井伸进含水层的水平辐射滤管(见图 7.16)。

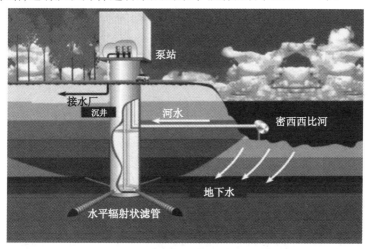

图 7.16　地表水进入集水井的途径
(图片由 Layne Christensen 公司所属的集水井国际公司提供)

　　水平集水井概念是由石油工程师利奥·兰尼(Leo Ranney)在 20 世纪 20 年代最早提出的。他开发了一种能在较浅含油岩层抽油的水平钻井方法。到了 20 世纪 30 年代,由于油价的下跌,兰尼先生改进了水平钻井工艺,使其能够在松散的沉积层进行水平钻井,以开发地下水。

　　第一个水平集水井由英格兰伦敦水资源委员会建于 1933 年。随后,兰尼先生将此技术引入欧洲,得到了广泛的运用,并安装了大量将多孔滤管水平顶入含水层的集水井,此方法也称为兰尼法。到了 1946 年,瑞士工程师菲尔曼(Hans Fehlmann)改进了顶进方法,将连续绕线滤管安于瑞士伯尔尼市的一口集水井内。此技术包括先将一根固体套管伸入地层,然后将其与地层粒径一致的绕线滤管插入其中,最后退出套管,使绕线滤管直接与地层接触。这种滤管方法可使细槽孔滤管与细粒度地层结合,提高了水力效率。

1953 年,德国工程师再次改进了安装方法,增加了一个人工砾石填充过滤层,使之适应细粒地层,这种方法称为 Preussag 法。这种方法也是先将一根固体套管整个伸入地层,再将一根特制滤管插入其中,然后将砾石滤料填入套管与滤管之间的环形空间,最后退出固体套管。这个人工砾石填充过滤层为细粒地层沉积物与更有效筛孔之间提供了一个过渡段。

集水井技术的这两次改进提高了集水井的效率,使集水井辐射状管能广泛安装于各种地质地层。菲尔曼法和填砾技术在 20 世纪 80 年代中期均传入美国,并得到了广泛的运用。

集水井可用于任何含沙、砾石和卵石的松散地质层,条件允许的话也可用于固结岩层。集水井在分层的或浅含水层的情况下具有优势,因为完整的滤管可安装于含水层水力效率最高的区域,因此水头损失最小。滤管水平安装可使其布置于含水层的底部,获得最大的有效水位降深和出水量。由于滤管长度不受含水层厚度的限制,可安装较长的滤管,因此通过滤管的水头损失最小,从而使堵塞率最低。

自从 1933 年英国安装了第 1 口集水井以来,全世界已安装了上千口集水井,其中美国有 800 多口集水井。有的水务机构只有一口集水井,有的则有多口,例如,塞尔维亚的贝尔格莱德市就有 99 口集水井。单井单位时间出水量为 $0.004\ 4 \sim 1.75\ \mathrm{m^3/s}(70 \sim 27\ 700\ \mathrm{gal/min})$,世界上最大的单集水井在美国堪萨斯州堪萨斯市公用事业局,其单井单位时间出水量达 $2.4\ \mathrm{m^3/s}(37\ 800\ \mathrm{gal/min})$。另外,堪萨斯城市的第二口井、加拿大不列颠哥伦比亚省的乔治王子城和美国加利福尼亚州索诺玛县各有 1 口集水井,单位时间出水量均接近这个水平。

7.2.2.1　集水井的设计与建造

集水井预期出水量和后续设计的确定与竖井很相似,都是依据探钻和含水层试验获得的数据。豪图施(Hantush)(1964)提出了不同水文地质背景下水平集水井预期出水量的专用计算公式。有许多模型可用来估算出水量和地下水汇流时间。集水井使附近的地表水渗入井内,利用天然河床和河岸沉积层自然滤除原水中的悬浮物质。因此,第一个要求是:井体及其辐射状滤管应布置于地下水补给源附近,例如河流。在工程可行性研究和选址阶段,还必须考虑许多要求,包括:①地表水源可补给含水层的水量;②河流与含水层之间的有效水力联系;③能够产生合适的含水层并将渗水输送到水井;④含水层及地表水源水质合适;⑤在预期取水流量条件下,河流可持续供给井的取水流量。

河岸渗滤作用(RBF)评价的关键参数是含水层的渗透系数和河床的透水性。深入了解这些参数和水文地质背景将有利于正确评价水平集水井的出水量和水质,以及全面评价设计方案。了解含水层有多大的河岸渗滤能力补给水平集水井被抽出的水量,是通过入渗地表水与地下水的平衡,确保集水井可持续出水量和目标水质的关键。

在同一平面上,通过立模和浇筑混凝土,建造混凝土沉井井段,然后挖出沉井内的泥土,使沉井渐渐沉入地下。沉井下面预留的一节有助于推入辐射状滤管的壁孔。每节沉井井段通常高 3 ~ 3.7 m(10 ~ 12 ft)沉入地下,井段与进段之间用钢筋和止水连接,并立模及浇筑混凝土。这一沉降过程一直要进行到预留壁孔的沉井段到达辐射状滤管的设计推管深度。一旦沉井达到设计深度,就用钢筋混凝土封底,以便抽出井筒内的水,并安装滤管。混凝土沉井的内径一般为 3 ~ 6 m(10 ~ 20 ft),必要时内径更大。采用一般的方法,沉井可安装深度为 46 m(150 ft)。如果采用专用液压辅助千斤顶设备可安装到更深的地方。美国的沉井安装深度平均为 21 m(68 ft),直径平均为 4 m(13 ft)。

一旦封底凝固,就要排空沉井内的水,以便从沉井内将辐射状滤管顶入地层(见图 7.17)。通常,按不同横向布置的形式,在水平集水井内安装滤管,其长度为 152 ~ 305 m(500 ~ 1 000 ft),具体取决于含水层的特性。迄今为止最大的集水井安装的滤管长度超过 792 m(2 600 ft),分为 2 层。

安装辐射状滤管的最早方法(兰尼法)涉及顶入被打孔或锯孔的管段。这一管段连有一个挖掘头,用来顶入横管。采用这种方法将管段顶入地层的预定位置,管孔通常最多可提供 20% 的空面积(这是有限的),因为横管需要有足够的结构强度承受顶入过程中的推力。由

**图 7.17　工人们正在直径为 4 m(13 ft)的集水井内安装直径为
30 cm(12 in)的滤管**

（图片由 Layne Christensen 公司所属的集水井国际公司提供）

于横管所用的打孔方法，最小的孔有时太大，不能有效截住洗井时的细
小地层物质，因此此方法主要用于砾石比例较高的粗粒沉积物含水层。

顶管方法涉及使用一根推入含水地层的专用重型套管。在插管的
过程中，采集地层样本，并分析粒径的分布。一旦套管放置到了含水层
的理想位置，就将绕线在滤管上连续割槽（其孔径与含水层的沉积物
相符）插入套管内，然后将套管退出，用于安置下一根辐射状滤管。采
用本方法安装的辐射状滤管的长度为 30～76 m(100～250 ft)，直径为
20 cm 或 30 cm。这种滤管设计采用不同的孔径，几乎与任何地层的级
配相符，包括从细粒到中粒沙。这些滤管用于去除细粒沉积物，在其周
围形成一个天然的砾石填充过滤层。采用这种方法对滤管的好处是：
①滤管可有更大的空面积（通常在 40% 以上）；②滤管更为耐用（通常
为不锈钢）；③滤管的割槽大小更为灵活，能与各种地层的沉积物相
符；④安装方法可使各滤管段所选的槽孔与其所安装地层的具体级配
相符；⑤这种过滤方法可根据用处选择其他滤料；⑥滤管可以安装在细
粒沉积物（如沙）含量较高的地层。

顶管方法还能利用适应咸或半咸环境的特殊滤料,还可能在含大卵石和巨砾的地层用这种方法安装辐射状滤管。

采用绕线连续割槽滤管的集水井除了上述的堪萨斯市外,还有奥莱斯市的 4 口饮用水集水井,其深度约为 23.5 m(77 ft),各井的出水量约为 0.4 m³/s(6 300 gal/min);亚利桑那州的一个城市的供水集水井,深度约为 32 m(104 ft),各井的出水量约为 1.1 m³/s(17 400 gal/min);俄勒冈州博德曼市的一个城市的集水井,出水量为 0.63 m³/s(10 000 gal/min)。中伊奥瓦的两家水务机构的 10 口集水井,安装于9 ~ 12 m(30 ~ 40 ft)深的浅层冲积含水层,各井的单位时间出水量为 0.09 ~ 0.13 m³/s(1 400 ~ 2 100 gal/min)。

填砾滤管多采用与绕线设计相同的方式安装,但在滤管周围有一个人造砾石填充层。采用这种方法,一旦将套管推入整个设计深度,就将专门设计的滤管(通常为不锈钢做成)插入其中,然后退出套管并在滤管周围填充人造砾石过滤料,或者安装一个预填滤料的滤管组件,采用双重过滤管段设计,即在两管之间填上人造滤料,见图7.18。这样,填入的滤料充当了细粒

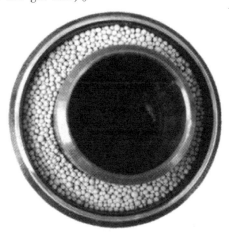

图 7.18　Johnson Muni-Pak™预制滤管
(钙、铅、碳、硅石颗粒有助于抑制生物膜的聚积
(图片由 Johnson Screens 公司免费提供))

质含水层和滤管滤孔之间的过渡带,防止沙进入水井。这种方法也适用于海水和淡水(内陆)。

采用这类带有填砾辐射状滤管的集水井所属单位为新泽西州某城市水务公司,其井深为 20 m(66 ft),单位时间出水量为 0.22 m³/s(3 500 gal/min);密苏里州某城市水务公司,井深为 42 m(137 ft),单位时间出水量为 0.53 m³/s(8 400 gal/min);一个工业机构,其井深为

27 m(90 ft),单位时间出水量为 0.19 m³/s(3 000 gal/min);墨西哥的 3 个带有填砾辐射状滤管的海水集水井,井深约为 30 m(98 gal/min),每口井约可生产淡化水量为 0.19 m³/s(3 000 gal/min)。

一旦完成滤管安装,就要进行清洗,以去除其周围的细粒质地层物质,优化过滤层的透水性,改善靠近滤管时滤层内的水流水力学条件。水平辐射状滤管的清洗过程应逐个逐段全面进行,以保证所有滤管段得到统一清洗,满足沙的规格要求。

7.2.2.2　集水井维护

与其他水井一样,集水井也要进行维护,以恢复损失的井效率和出水量。作为监测计划的一部分,要收集资料和绘图,了解井性能的降低情况,提前考虑并适当安排维护工作,最大限度地减少对正常服务的干扰。当保持中央沉井排水时,将专用设备插入辐射状滤管内,维护效果最佳。这样可冲洗在洗井过程中松动的管内水垢、结壳以及细沙。这种清洗和再清洗可从滤管内部去除碎屑、滤管割槽缝隙内的聚积物和滤管外含水层以及砾石滤料内的沉积物。如果集水井是水务机构唯一的一种供水源,且仍在运行,那么也可采用专门的方法对井进行清洗和再清洗。这些方法中任何一种都可在集水井中不中断地连续向系统抽水的同时进行清洗或再清洗。这说明了集水井独特的灵活性。

维护还包括更换已腐蚀、老化或过度堵塞的旧滤管。使用 40 年后,很多旧集水井(由软钢滤管做成)需要更换新的水平滤管。然而,近些年所建的大多数集水井都采用了不锈钢滤管工艺,使用寿命延长,抗腐能力增强。这种新的辐射状滤管可通过安装新的接口部件,推入新的辐射状滤管,安装现有设备。进行这种维护可恢复那些需要更换旧滤管的水井抽水量,或者现有井增加滤管,以提高水井的有效抽水量。

7.2.2.3　河岸渗滤

随着水平集水井设计和建造方法的改进,很明显,在地表水源附近或下面安装水井能形成更大的出水量。抽水导致地下水位降低,而含水层的水力坡度利于水从邻近的河湖渗透过来,使集水井抽水时所失去的水量得到补给。这个渗透过程是河水透过河床沉积物补给含水层的,并在最终流入滤管前对其进行预过滤,消除河水中的有害物质,如浊度很大的水中引起混浊的物质和一些微生物等。由于来自河流的补给水渗透面积很大,因此渗透率较低,大多数情况下过滤度较高。这种通过自然过滤过程补水给含水层并支持井出水量的过程通常称为河岸渗滤。

由于监管机构于 20 世纪 90 年代着手评价地表水对地下水的直接影响问题,据此,对集水井的选址和设计原理都进行了修订,以充分利用河岸渗滤的作用。新的设计要求旨在:①改善地表水的渗滤;②所选井址要使地表水源的污染最小;③改进沉井的安装方法,尽量减少对含水层的扰动;④改进沉井周围表面密闭技术。

这涉及安装层位或高程的适当选择,有时还需将井址远离河流,以获得充分的过滤度和补给水的汇流时间。河床和含水层物质过滤有害微生物以及降低地表水浊度的能力(或者效率)存在较大的地区差异和地点差异。在大多数冲积背景下,有可能达到一定改善水质程度的过滤度。如果自然过滤过程进行得很充分,河岸渗滤系统就可作为监管机构批准的可供选择的处理技术,并可获得去除有害微生物的过滤信贷。

7.2.2.4　其他集水井用途

集水井除有上述城市及工业供水用途外,还可用于施工排水、海水集水井,以及人工补给。沿海已有几个地方安装了集水井,以增加过滤后的海水供应,进行海水淡化。在海滩下面安装集水井,对环境的干扰和对水生生物的影响最小。通过天然海滩沙粒渗滤未处理的海水,可去除那些可能会堵塞反渗透膜设备的悬浮颗粒物,相当于主要海水处理过程的预处理。

集水井可连同一个地表水直接进水口一起修建,以形成一个可利用两种水源的系统,但这要视地下水位、河流水质、温度要求和系统需求而定。这种应用的典型实例包括密苏里州的一口工业集水井,井深约为 26 m(85 ft),单位时间出水量约为 0.13 m³/s(2 100 gal/min),详见图 7.16。

7.2.2.5　实例研究 ——塞尔维亚国贝尔格莱德水厂

Courtesy of Urosevic, U., Vrvic, N., Dolinoga, I., Teodorovic, M., and Miljevic, M., Belgrade Waterworks, Deligradska 28, Belgrade, Serbia; www. bvk. co. yu.

贝尔格莱德第一个供水的水平集水井是1953年采用兰尼方法建成的。随后40多年的时间里，又采用了改进的兰尼方法安装了94口集水井（见图7.19）。最近的4口集水井是采用Preussag方法安装的。该水厂目前已有98口集水井和44口竖井。如图7.20所示，1986年前，集水井数量持续

图7.19　位于 Ada Ciganlija 井场的兰尼式集水井
（此井邻近第2章图2.68的 Topcider 水库，由萨瓦河右岸与 Ada Ciganlija 岛间的3座坝堤围成，目前作为受纳渗滤河水的地下水补给水源（图片由贝尔格莱德水厂提供））

增加，之后由于该国家的政治经济问题而进入停止阶段。1988年集水井最大总出水量为6.2 m³/s，之后由于缺少井维护并且修复投资的减少，总出水量逐渐降低。大多数集水井很快老化，形成过大的水位降深，运行水位低于河床底部6~9 m。同时，由于抽水总量的减少，井场水头自1996年以来持续升高。形成过大的水位降深的原因是局部含水层从原来的承压到半承压系统又变为非承压流态。

集水井的所有滤管都插入冲积含水层的下层，该含水层位于较厚的第三系黏土层上。这一含有砾石和沙砾的强透水层厚度为5~15 m，渗透系数为0.1~0.001 cm/s。这一含水层的主生产带被厚0.5~10 m的沙、粉沙和黏土层覆盖，其渗透系数为 $1×10^{-3}$ ~ $1×10^{-5}$ cm/s。含水层的生产带被渗透系数低于 $1×10^{-6}$ cm/s、厚度为1.5~10 m 的粉土和黏土弱透水层覆盖。这些弱透水沉积物延伸到地表，在保护含水层不受污染方面起着重要的作用。同时，当这些沉积物在河道下面的时候，通常可直接显著降低河流的渗透率。

在运行的最初几年，系统内的集水井单位时间抽水量为150~250 L/s。萨瓦河水对集水井出水量的直接贡献率为80%~90%。由于地下水的大量抽取，较大的垂直梯度和失控的井老化，使抽水量减小，目

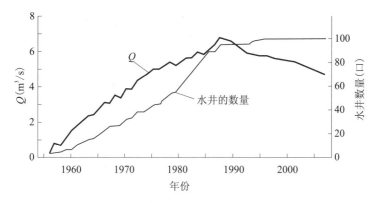

图 7.20　1957～2007 年贝尔格莱德水厂井场的集水井数量和出水量
（本图由贝尔格莱德水厂提供）

前井的单位时间抽水量为 30～100 L/s,平均为 50 L/s(其中竖井的单位时间抽水量平均为 12 L/s)。引起水井老化的因素有化学腐蚀、生化结垢(包括大多数部位的铁细菌过度增长)和机械结垢。除井结垢外,河床下面的含水层多孔介质被河流细沙堵塞,对系统性能的总体下降有很大的影响。水厂最近对井场状况进行了综合评价,包括集水井修复和去除(疏浚)河床细沙沉积物的研究及开发计划。虽然过去零星的水井修复工作有助于大部分地区供水保持在可接受水平,但对明显扭转单井单位出水量的下降没有效果(见图 7.21)。水厂也正在寻求新的排水技术,因为几乎所有集水井安装的都是兰尼滤管,没有填砾。

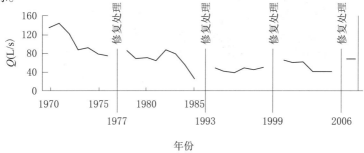

图 7.21　RB－25 集水井抽水量的变化及井老化和修复处理的影响
（贝尔格莱德水厂提供）

7.3　地下坝

　　美国自19世纪90年代就认识到了地下蓄水的好处。斯利克特(Slichter)(1902)对美国第一座地下坝的情况作了介绍。

　　另一个恢复河流潜流的方法就是借助地下坝。这类地下坝先是沿垂直于潜流方向开挖一条沟,并延伸到不透水层,然后用不透水材料回填。如果潜流受到不透水槽、峡谷的限制,则潜流会被地下坝引至地表。例如,加利福尼亚州洛杉矶县的帕科瓦马(Pacoima)河,1887～1890年就建有一座地下坝(见图7.22)。据称,此坝业主在1887～1890年3年的干旱中使用基岩水流,并成功地在费尔南多河谷种植柑橘、柠檬和橄榄。美国地质调查局第18届年度报告第四部分的693～695页和詹姆斯. D. 斯凯勒(James D. Schuyler)于1901年在《水库灌溉、水力发电》一书的205页均描述过此坝。

图7.22　1887～1890年加利福尼亚州洛杉矶县在建的帕科瓦马河地下坝
(图片由 USGS 提供)

　　与传统水坝形成的地表水库相比,利用地下坝蓄积地下水有以下优点:

　　(1)蒸发损失极小或可忽略不计。

　　(2)地下水库上面的土地可以继续利用(一般不会发生房屋、基础设施和建筑物的沉陷）。

（3）由于多孔介质过滤了空气和地表径流污染物以及病原体，水质一般都得到了改善。

（4）由于没有泥沙淤积，地下水库的功能可以是永久性的，而泥沙淤积正是地表水库使用寿命缩短的主要原因。

（5）没有溃坝危险和灾难性生命财产损失。

（6）对生态环境和动、植物栖息地的影响很小。

库岸经常发生的滑坡和岩崩是对地表水库的主要不利影响。水库水位会因水的利用和干旱而改变。地下水位改变可引发新的滑坡和岩崩，并激活老滑坡。据最近对塞尔维亚15座大型水力发电人工水库的调查，已登记的活动滑坡约400处，对水库和水坝的风险进行如下分类：10%以上（47座）的滑坡属于高风险滑坡，需要马上采取稳定措施；40%（151座）的滑坡为中度风险滑坡，需要安装永久设备进行连续监测；43%的滑坡对大坝和水库的运行具有低风险，尽管如此，对地区和局部基础设施、建筑物和环境仍具有重大的风险（Abolmasov,2007）。

地下水库的主要缺点是没有一种可行的（成本低廉的）建造方法可以保证地下坝完全不透水。但地下坝能实现可接受的透水。此外，地下水库的蓄水量难以确定，只能根据或多或少的不均匀多孔介质的现场资料进行估算。地下坝的缺点还有截断了下游的地下水流。但有一种合适的设计可控制地下水库排水，减轻这种影响。由于地下水位较浅而蒸发可能造成地下水库库区的盐碱化，但这仍可通过合适的设计加以避免，即使地下水位达到蒸发临界深度，仍可采用同样的方法加以避免。

地下坝可定义为截留或阻断天然地下水流，并积蓄地下水的建筑物。印度、非洲和巴西的地下坝最为常见，在这些地方年内地下水流量变化很大，雨后流量极大，旱季流量极小。根据用途，地下坝可分为两类，即地下坝和拦沙坝。前者完全建于地下，采用天然弱透水材料，如黏土或不透水材料、混凝土（见图7.23）。地下坝可使坝前地下水位壅高，蓄积地下水，减缓地下水位波动（见图7.24）。

非洲干旱地区采用在地表修建拦沙坝的方式蓄积地下水。拦沙坝

图 7.23　肯尼亚特坎纳区在狭长的沟槽里夯实黏土、兴建地下坝
（图片由 VSF-Belgium（比利时无国界兽医组织）提供,2006）

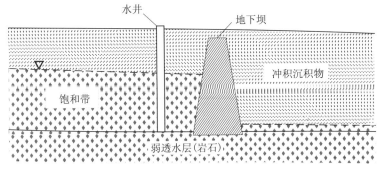

图 7.24　地下坝横截面示意图
（VSF-Belgium,2006）

可使汛期洪水输移的泥沙和土沉积于坝前,水则蓄积其中。拦沙坝一般可建几级,使沙粒沉积于薄粗颗粒层内,较细的物质则被冲刷到下游。如图 7.25 所示,提示出了这一原理。当拦沙坝的集水区被沙填满时,在坝体顶部再建一个拦沙坝,一直到集水区建成一座地下水库为止。这个过程可能要用 4 ～ 10 年的时间,时间的长短取决于洪水发生的频率。为了提高蓄水量,在拦沙坝工程的实践中,通常让河流的洪水将沙冲刷过一组专门设计的拦水堰,以使沙蜿蜒缓慢地流动。在这个过程中,粗沙粒多留在河底,而小颗粒则漂浮越过堰体(Diettrich,2002)。如图 7.26 所示为第一次洪水后沙坝形成的初始阶段。

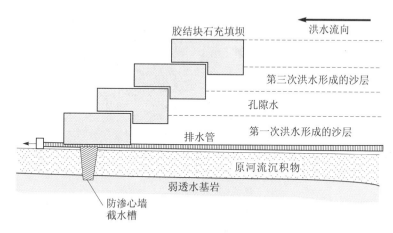

图 7.25　地下沙坝横截面示意图
（Thomas Diettrich 提供）

图 7.26　位于肯尼亚姆温吉区夸恩戈拉的地下沙坝
（沙坝坝脚正在渗出的水吸引了一群小学生(图片由 Thomas Diettrich 提供)）

　　与地面大坝和水库类似,地下坝和水库也不能在"任何地方"兴建,需要有一定的有利的水文地质条件,例如含水层物质具有足够的有效孔隙率、足够的非饱和带厚度,以适应升高的地下水位,由弱透水地层自然水平和垂直地拦阻形成的地下水流。如图 7.27 所示为一座地下坝,该坝建于河谷,河谷内填满冲积砾石和沙质沉积物,下伏弱透水基岩。

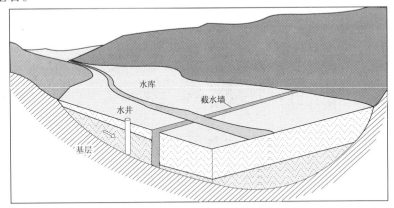

图 7.27　截水墙地下坝概念性设计图

(VSF-Belgium, 2006)

在撒哈拉沙漠以南的非洲干旱地区,水土保持属于高度优先,积累了大量修建小型地下坝和拦沙坝的经验。例如,比利时无国界兽医组织(2006)介绍了图尔卡纳牲畜发展计划(TLDP)的成果。该坝目在肯尼亚的图尔卡纳区实施,在那里,雨季到旱季,甚至丰水年到干旱年的蓄水对牧民的生活都十分重要。位于肯尼亚西北干旱的热带稀树干草原地区,具有沙漠的特征,年降水量低于 300 mm。如果选址和建造合适,图尔卡纳地下坝可蓄积足够的牲畜用水和少量灌溉用水及生活用水,可解决地区的需水问题。图尔卡纳地区大多数河流只有在雨季的几天才有水,这些河流的洪水除蓄于河流冲积沉积层地下外,都被直接排走。地下坝增加了冲积层的蓄积水量,同时减少了由自然水流情势改变引起的生态环境恶化。

为了评价纳米比亚库比布(Khumib)河拟建新地下水坝的影响,在缺乏数据的情况下,迪特里斯(Diettrich)(2002)利用模型法,用纳米比亚第一批地下拦沙坝的长序列时间数据进行校正。该地下拦沙坝由该国水利部于 1956 年建在霍阿尼布(Hoanib)干流河上。拟建立的模型用于复杂的非线性水文时间系列的运筹学离散型差分方程模型(动态模型)。利用地形资料、设计标准、降雨记录和含水层参数,该模型可生成一个流域的单位流量过程线并进行洪水演算和水量平衡。根据对模型的模拟,作者得出结论,地下坝的运行使河岸的蓄水量及其持续的地下径流量提高了 60%。从纳米比亚几乎 5 000 座浅水农田坝 3 000 ~ 8 000 mm 的年蒸发量来看,将这些坝转变为地下坝,可增加单位时间农用和旅游用淡水约 50 m³/s,增加收入 0.1 美分/m³。

　　非洲最大的地下土坝(见图 7.28)设计及建造由日本环境省(2004)作了详细的介绍,其中包括对地下坝选址的多学科广泛调查。该坝的建造为日本政府资助的布基纳法索的纳尔村防止沙漠化项目的一部分。其建造顺序是先向下开挖冲积沉积层,直到基岩,然后夯实黏土建坝心墙。在建心墙的同时,回填坝心墙上、下游面已开挖的空间,最后回填土将坝心墙完全覆盖。

图 7.28　位于布基纳法索纳尔村的在建地下土坝
(世界上最大的地下坝之一(日本环境省,2004))

7.4　泉水资源的开发和管理

　　泉水截留有 3 种基本类型:①按现状直接利用,这样人为干扰最少,甚至没有干扰;②进行一定形式的工程干预,主要是保护水源可靠利用和免受地面污染；③实施人工增加泉水流量的工程。如图7.29所示为第①种类型，多为源自裂隙岩体的小型泉水，其出水量较均匀（稳定）。这种获取泉水的方法并不推荐采用，因为很容易被动物接触，并且易受地表径流的污染。

图7.29　截蓄美国山麓自然地理区古生代变质岩裂隙流出的少量泉水

（这股泉水在内战前曾经是弗吉尼亚一农户的水源。虽然钻井是该地区的主要供水方式，但还有许多相似的泉目前仍然用作饮用水源或非饮用水源）

当泉用于饮用水供给时，应将泉完全封闭，防止污染，并安装固定装置，便于取水、清洁和配水。钢筋混凝土不透水泉水池（泉水箱）就是这种设计（见图7.30）。泉水池的一侧与含水层相通，水可流入。在从没有明确不透水边界的水平界面涌出的上升泉情况下，泉水池的底部是敞开的。无论出现哪种情况，泉水池流入地下水的一侧应该用砾石填充层或岩石碎片（对于裂隙泉）加以稳定。泉水池应开一个通地面的口，便于维护。3根带阀管道可用于：①使水溢出；②完全排干池水，以便进行清洗与维护；③输送水以供水或蓄水。所有管道的两端都有栅栏。如果水只能采用消毒方法来处理，则可在泉水池旁的维护室内安装氯化槽或紫外线设备。地表泉的卫生保护措施有设置栅栏、填充不透水黏土材料和在泉眼以上山坡设排水沟，用以拦截地表径流并引离泉水源。根据厂址的具体情况，图7.30所示为获取泉水设施的基本配置，包括其他设施，如排水管（或者在破碎岩石含水层情况下设排水沟）延伸至为截蓄更多泉水的泉水池下的饱和带。

截蓄泉水设施应该建于地下水的主要排水口处，因为其他排水口可能随时移动。如果排水口位于崩塌或其他类型岩屑处，则很有可能是次生泉水并且远离可能看不到的主要排水口。在这种情况下，应尽

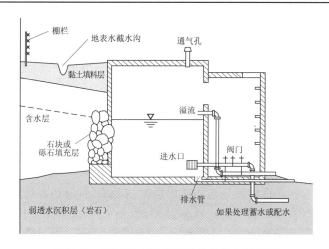

图 7.30 利用泉水池截蓄重力泉泉水示意图

(Kresic,2007;版权属 Taylor & Francis 集团;已授权转载)

一切努力清理岩屑和确定主泉位置。

截蓄渗水泉,主要在大面积土壤渗出地下水的地方进行,见图 7.31。渗水泉的开发过程包括截蓄广阔的地下流动的地下水并将其引至蓄水点,基本步骤如下(Jennings,1996)。

(1)在渗出点的上坡处打探孔,以找到含水层下不透水层位置,该位置距地面约 0.9 m(3 ft)。水在不透水层顶部的沙或砾石间向地表渗水。

(2)在坡上开挖一条宽为 0.61 m(2 ft)的横沟,其深度在含水层下 15 cm(6 in),另一

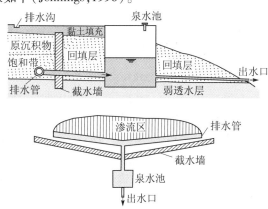

图 7.31 截蓄渗水泉示意图(Jennings,1996)

侧延伸至超过渗流区 1.22 ~ 1.83 m(4 ~ 6 ft),安装一个 10.2 cm(4 in)的集水管,并用砾石将其完全包围。

(3)将集水管与一根通向泉水池的 10.2 cm(4 in)的管线连接至泉水池的进水口。泉水池的进水口必须低于集水管的高程。

泉水在建造或维护的过程中常常会受到细菌污染,因此所有新建或维修的水系统都应用浓氯消毒法(Shock Chlorination)。如果泉上面的地表水源经常受到细菌污染,必须采用加氯或其他方法连续消毒。浓氯消毒法需要的氯浓度至少为 200 mg/L(Jennings,1996)。

几百用户的全部公共供水泉大部分都是岩溶泉,这种泉在各种类型的泉中一般平均出水量最大。较大的永久性岩溶泉(喀斯特泉)的排水点通常在地形较低处与弱透水层的接触面,且沿地表河流分布,这些河流充当岩溶含水层的地区侵蚀基面(见图 7.32)。由于岩溶地区

图 7.32　阿肯色州扎克附近用于公共供水的休斯泉水流出泉水池
(图片由 USGS Joel Galloway 提供,2004)

地质的多样性、岩溶过程的复杂性和岩溶地下水流对地质与构造的融蚀作用,岩溶泉可为以下任何类型的泉:上升的、下降的、冷的、热的泉,单位时间流量均匀或流量为 0 ~ 200 m³/s 较大变幅的泉。因此,截蓄岩溶泉泉水的方法从简单的泉水池型到修建人造混凝土池和截取一级集水池泉水的最大的坝。

近几十年来洞穴潜水技术的发展,也可能在岩溶区上升泉方面会有重大的发现(Touloumdjian,2005)。在大多数情况下,这类泉水来自岩溶化碳酸岩与非碳酸岩或非岩溶岩的水平接触面形成很深的垂直或

近垂直的通道。这类泉也称为沃克吕兹泉,是根据法国普罗旺斯地区索尔格河源头沃克吕兹泉(Fontaine de Vaucluse)(洞泉)的名字命名的。

目前,此泉竖井的探测深度为 315 m,是通过 MODEXA 350 小型水下机器人进行探测的。机器人上的照相机显示了这一深度为能见度很差的沙质底。地下水位在一年的大多数时间里都低于竖井的边缘。该泉看起来是一个非常深的蓝色小湖,但其下面的一些小溶洞通向干枯河床的几个泉眼,这些泉眼位于湖底 10 m 处。沃克吕兹高原的降雨补充了地下水源。大约在春季,下大雨之后,地下水位升高,超过泉眼口。每当此时,沃克吕兹才是一个真正的泉,单位时间出水量超过 200 m³/s(Showcaves,2005)。

上升的岩溶泉可照"原样"分别连接利用,或者通过安放于泉竖井的深水潜水泵过度抽水,或者利用竖井钻入与主泉竖井相连的深岩溶通道。

考虑将某泉用作公共供水时,自然出水量通常是限制因子。如图7.33 所示,流量过程线与此相似的泉具有可调节潜力,即有可能人为

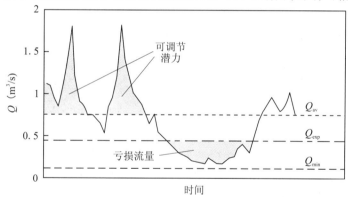

图 7.33　潜在开发储水量大于最低泉水流量的泉流量过程线
(Q_{av} 为平均泉水流量,Q_{min} 为最低泉水流量,Q_{exp} 为
潜在保证开采储水量(Stevanovic 等,2005))

增加其最小或年均流量。基本想法是在非蓄水高峰期可充分利用泉排出的大量水,例如在春季或晚秋,含水层自然排水量最大,这一"盈余"的水可用两种基本方法进行调节:①用它自然补给高峰需水期(如夏

季—初秋）含水层被过度抽取的水量；②将其蓄积于含水层高于泉水
自然排放的高程处，即通过修建地表或地下坝来蓄积地下水。如
图 7.34 和图 7.35 所示，分别反映了这两个概念。

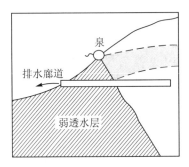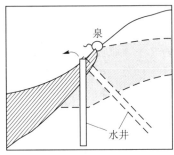

图 7.34　利用排水廊道或井过度抽水进行泉流量管理的可能有利条件
（阴影部分为高峰需水期含水层可能多抽取的储水量，假定其储水可
以在含水层的自然补给期得以恢复）

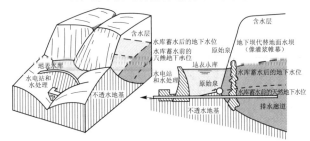

图 7.35　在地质或地形条件允许的情况下可利用地表或地下坝调节泉水
（Kresic，1991）

　　无论哪种情况，前提条件都是含水层具有足够的蓄水量，且分别低
于或高于泉的高程。第二种情况还多一个重要要求，即坝周或坝下没
有不可控制的水损失，这意味着泉水必须是来自于含水层与不透水层
之间的 V 形地表接触面。坝嵌入不透水层，并与一个排水廊道结合，
用于控制含水层的水头和水流量。用这种方法调节泉水通常可进行水
力发电，因为可使坝后含水层的水头抬高。

参考文献

[1] Abolmasov, B. , 2007. Evaluation of geological parameters for landslide hazard assessment. Ph. D. Thesis, University of Belgrade, Belgrade, 258 p.

[2] Aller, L. T, et al. , 1991. *Handbook of Suggested Practices for the Design and Installation of Ground-Water Monitoring Wells.* EPA160014-891034. Environmental Monitoring Systems Laboratory, Office of Research and Development, Las Vegas, NV, 221 p.

[3] Anderson, M. T. , and Woosley, L. H. , Jr. , 2005. Water availability for the Western United States-Key scientific challenges. U. S. Geological Survey Circular 1261, Reston, VA, 85 p.

[4] AWWA (American Water Works Association), 1998. AWWA standard for water wells; American National Standard. ANSI/AWWA A100-97, AWWA, Denver, CO.

[5] Campbell, M. D. , and Lehr, J. H. , 1973. *Water Well Technology.* McGraw-Hill, New York, 681 p.

[6] Detay, M. , 1997. *Water Wells; Implementation, Maintenance and Restoration.* John Wiley & Sons, Chichester, England, 379 p.

[7] Diettrich, T. E. K. , 2002. Dynamic modelling of the ephemeral regimen of subsur face dams in Namibia. A Method also for Jordan and other arid countries. RCC Dam Construction Conference Middle East, April 7th-10th 2002, Irbid, Jordan,11 p.

[8] Driscoll, F. G. , 1986. *Groundwater and Wells.* Johnson Filtration Systems Inc. , St. Paul, MN, 1089 p.

[9] Galloway, J. M. , 2004. Hydrogeologic characteristics of four public drinking-water supply springs in northern Arkansas. U. S. Geological Survey Water-Resources Investigations Report 03-4307, Little Rock, AR, 68 p.

[10] Gleick, P. H. , 2000. *The World's Water* 2000-2001. *The Biennial Report on Freshwater Resources.* Island Press, Washington, DC, 335 p.

[11] Guldin, R. W. , 1989. An analysis of the water situation in the United States: 1989-2040. U. S. Forest Service General Technical Report RM-177, 178 p.

[12] Hantush, M. S. , 1964. Hydraulics of wells. In: *Advances in Hydroscience*, Vol. 1. Ven Te Chow, editor. Academic Press, New York, pp. 281-432.

[13] Houben, G., and Treskatis, C., 2007. *Water Well Rehabilitation and Recon-struction.* McGraw-Hill Professional, New York, 391 p.

[14] Jennings, G. D., 1996. Protecting water supply springs. North Carolina Coopera-tive Extension Service, Publication no. AG 473 – 15. Available at: http://www.bae. ncsu. edu/ programs/extension/publicat/wqwm/ag 473-15. html.

[15] Johnson Screens, 2007. Well screens and well efficiency. Johnson Screens a Weatherford Company. Available at: www. weatherford. com/weatherford/groups/public/documents/general/wft029882. pdf. Accessed November 2007.

[16] Kresic, N., 1991. *Kvantitativna hidrogeologija karsta sa elementima zaštite podzemnih voda* (in Serbo—Croatian; Quantitative karst hydrogeology with ele-ments of groundwater protection). Naućna knjiga, Belgrade, 192 p.

[17] Kresic, N., 2007. *Hydrogeology and Groundwater Modeling*, 2nd ed. CRC Press, Taylor & Francis Group, Boca Raton, FL, 807 p.

[18] Lapham, W. W., Franceska, W. D., and Koterba, M. T., 1997. Guidelines and standard procedures for studies of ground-water quality: Selection and instal-lation of wells, and supporting documentation. U. S. Geological Survey Water-Resources Investigations Report 96-4233, Reston, VA, 110 p.

[19] McLaughlan, R. G., 2002. *Managing water well deterioration.* International Con-tribution to Hydrogeology, Vol. 22. International Association of Hydrogeologists, A. A. Balkema Publishers, Lisse, the Netherlands, 128 p.

[20] MDH, 2007. Iron Bacteria in Well Water. Minnesota Department of Health, Di-vision of Environmental Health, 4p. Available at: http://www. seagrant. umn. edu/groundwater/pdfs/MDH-IBinWW. pdf. Accessed November 2007.

[21] Ministry of the Environment, 2004. Model project to combat desertification in Na-re village, Burkina Faso. Technical report of the subsurface dam. Overseas Envi-ronmental Cooperation Center, Government of Japan, 77 p. Available at: http://www. env. go. jp/en/earth/forest/sub_dam. html.

[22] National Ground Water Association, 2003. The ground water supply and its use. Available at: http://www. wellowner. org/agrotmdwater/gwsupplyanduse. shtml/. Accessed August 4, 2003.

[23] Patten, D. T., 1997. Sustainability of western riparian ecosystems. In: *Aquatic Ecosystems Symposium*, Denver, CO, Minckley, W. L., editor. Western Water Policy Review Advisory Commission, National Technical Information Service, pp.

17-31.

[24] Postel, S. , and Richter, B. D. , 2003. *Rivers for Life—Managing Water for People and Nature*. Island Press, Washington, DC, 253 p.

[25] Slichter, C. S. , 1902. The motions of underground waters. U. S. Geological Survey Water-Supply and Irrigation Papers 67, Washington, DC, 106 p.

[26] Slichter, C. S. , 1905. Field measurements of the rate of movement of underground waters. U. S. Geological Survey Water-Supply and Irrigation Papers 140, Series 0, Underground Waters, Vol. 43. Washington, DC, 122 p.

[27] Stevanovic, Z. , et al. , 2005. Management of karst aquifers in Serbia for water supply-achievements and perspectives. In: *Proceedings of Internationl Conference on Water Resources and Environmental Problems in Karst-Cviji ć 2005*, Stevanovic, Z. , and Milanovic, P. , editors. Univ. of Belgrade, Institute of Hydrogeology, Belgrade, pp. 283-290.

[28] Touloumdjian, C. , 2005. The springs of Montenegro and Dinaric karst. In: *Proceedings of Internationl Conference on Water Resources and Environmental Problems in KarstCviji ć 2005*, Stevanovic, Z. , and Milanovic, P. , editors. Univ. of Belgrade, Institute of Hydrogeology, Belgrade, pp. 443-450.

[29] USBR, 1977. Ground Water Manual. U. S. Department of the Interior, Bureau of Reclamation, Washington, DC, 480 p.

[30] USEPA, 1975. Manual of Water Well Construction Practices. EPA-570/9-75-001. Office of Water Supply, Washington, DC, 156 p.

[31] USEPA, 1991. Manual of Small Public Water Supply Systems. EPA 570/9-91-003. Office of Water, Washington, DC, 211 p.

[32] VSF-Belgium, 2006. Subsurface Dams: A Simple, Safe and Affordable Technology for Pastoralists. A Manual on Subsurface Dams Construction Based on an Experience of Véctérinaires sans Frontières in Turkana District (Kenya). VSF-Belgium, Brussels, Belgium, 51 p.

[33] Walter, D. A. , 1997. Geochemistry and microbiology of iron-related well-screen encrustation and aquifer biofouling in Suffolk County, Long Island, New York. U. S. Geological Survey Water-Resources Investigations Report 97-4032, Coram, New York, 37 p.

[34] Walton, W. C. , 1962. Selected analytical methods for well and aquifer evaluation. *Illinois State Water Survey Bulletin*, vol. 49, 81 p.

[35] Wisconsin DNR (Department of Natural Resources), 2007. Iron bacteria in drinking water. Available at: http://www. dnr. state. wi. us/org/water/dwg/fe-bact. htm. Accessed November 2007.